江苏高校品牌专业建设工程资助项目（PPZY2015A011）

半塘集思录

扬州大学
敦复青年学者论坛
讲义稿汇编
(2016—2019)

胡镓 王逊 主编

凤凰出版社

图书在版编目（CIP）数据

半塘集思录 : 扬州大学敦复青年学者论坛讲义稿汇编. 2016—2019 / 胡镓, 王逊主编. -- 南京 : 凤凰出版社, 2020.6
ISBN 978-7-5506-3198-4

Ⅰ. ①半… Ⅱ. ①胡… ②王… Ⅲ. ①学术研究—文集 Ⅳ. ①G30-53

中国版本图书馆CIP数据核字(2020)第080099号

书　　名	半塘集思录:扬州大学敦复青年学者论坛讲义稿汇编(2016—2019)
主　　编	胡　镓　王　逊
责任编辑	许　勇
装帧设计	徐　慧
出版发行	凤凰出版社(原江苏古籍出版社) 发行部电话025-83223462
出版社地址	南京市中央路165号,邮编:210009
出版社网址	http://www.fhcbs.com
照　　排	南京凯建文化发展有限公司
印　　刷	江苏苏中印刷有限公司 泰州市经济开发区鲍徐镇,邮编:225315
开　　本	880毫米×1230毫米　1/32
印　　张	9
字　　数	234千字
版　　次	2020年6月第1版　2020年6月第1次印刷
标准书号	ISBN 978-7-5506-3198-4
定　　价	68.00元 (本书凡印装错误可向承印厂调换,电话:0523-82099008)

前　言

《礼记·学记》有云："独学而无友，则孤陋而寡闻。"随着学科细分日益加剧，由过度专业化导致的自我封闭倾向日益加深。当今之众多学术工作者或自觉或不自觉地陷入畛域分明的自说自话中。一方面，我们不断呼唤"大人文"意识，呼唤跨学科沟通；另一方面，又不断在现代学术分工的"生产模式"下加剧人文研究领域的内卷化(involution)。踯躅间，激励着不少读书人寒窗十载的初心之问似已依稀难寻。唯有各种论文、项目、考评愈发清晰地悬在眼前，动摇为学者之初心。

这是一个现实不断迫近科幻的时代。但聪明的人已有多久不做梦了？理想主义者的相遇是小概率事件，但终归他们会相互吸引。近年来，扬州大学的一批年轻人自发组织了一个不用考虑各种"指标"，也不需在意太多"繁文缛节"，只为探索、展示、交锋与相互学习的读书沙龙——"敦复青年学者论坛"。

"敦复"，语出《周易·复卦》："敦复，无悔。"王弼注云："复者，反本之谓也。"又云："居厚而履中。"秉持"拓展学术视野，促进学科交融"的宗旨，怀抱着重返浑朴敦厚的学术品格这一初衷，数年间，在各方师友的提携帮助之下，这一小小的活动，竟也迈入了第五个年头，陆续推出了三十三期活动。因为论坛组织采取志愿轮值制，"敦复"没有固定的专业、门派之见，亦不反对任何一种真诚思考的尝试。所以论坛在形式和内容方面均有积极探索——既有不同专业领域的论文报告，又有文学创作和评论的集体研讨，还有围绕热点文化事件的主题对谈；论坛主讲人和对谈人除本院青年教师外，还延请来自国内外知名大学和研究机构的学者，以及诸多活跃在当下的著名作家、导演等文艺创作者。时至今日，论坛已实现了基本上每月一期，期期有其特色，成为扬州大学瘦西湖校区师生激荡思想的重要所在。

敦复论坛在茁壮成长的过程中，多得阳光雨露的滋养。我们要感谢扬州大学文学院、扬州大学人文社科处。自敦复论坛创立以来，他们给予了我们莫大的支持和鼓励，为论坛的健康持续开展，特别是青年学人成长，提供了不可多得的氛围、平台和保障，使得我们能更好地聚焦于活动本身，更好地丰富交流渠道、提升交流层次。

为记录论坛的成长，亦为了感谢一路伴随论坛砥砺前行的伙伴，经作者允许，我们从 2016—2019 年历次活动中撷取佳作 19 篇汇聚成册，分别辑以“古卷新思”和“学林集萃”两个主题，又借扬州大学瘦西湖校区东隅“半塘”景致之意趣，命名全书，为《半塘集思录》。我们想借此小书展示这批青年学者“居厚而履中”的学术态度，更为感佩他们赤心问学，以求“见天地之心”的执着。

无往不复，敦复无悔。是为记。

目　次

下编　学林集萃

上编　古卷新思

《庄子》论学的内外视角及其视野中的先秦思想世界*

冯　坤

《庄子·天下》是先秦学者综论当代学术史的第一手文献，传世至今，甚可宝贵。《天下》篇之外，《庄子》书中也存在一些段落论及当时思想家，但分布零散，数量也并不多。如果我们认为庄子及其后学作为完整的学派创作了《庄子》一书，那么《天下》篇一向被视作该学派对先秦学术的关注焦点。许多庄学论著，如郎擎霄《庄子学案》、蒋锡昌《庄子哲学》，都罗列《天下》篇所论学者，益以列子、杨朱，用来衡量庄子学派与其他先秦诸子之间的关系。亦有不少学者以《天下》为全书后序，甚至宣称非庄子手订不能当之。另外一些学者对此持怀疑态度，如严灵峰在《〈庄子·天下篇〉的作者问题》注意到某些思想家在《庄子》全书中的地位与在《天下》篇中并不相称，任继愈《中国哲学发展史》则关注《天下》对儒家思想的回避和对诸子百家的批评，于是他们转而怀疑《天下》作为道家文献的性质，而非深入考察庄子学派关注先秦思想史的方式，相应地也失落了《天下》篇的旨趣。实际上，我们确实可以看到，《庄子》的文本中隐藏着一个不同于《天下》篇的学术格局——《庄子》行文称引、借重甚或戏谑其他先秦诸子时表现出的特定偏好，与《天下》篇的关注可谓大相径庭。无论是关注对象还是所持态度，两相对照，都会呈现出意味深长的差异。而详细审

* 此文原载于《文史知识》2015 年第 4 期。

视二者在《庄子》中的不同语境，便会发现它们体现出了庄子学派关注当时学术思想的不同面向。

二者的区别，或许出于写作宗旨的不同。《天下》感慨“百家往而不反”“道术将为天下裂”，源出学术大一统的理想。故其纵论百家道术，不仅旨在介绍当代诸子的一家之言，更要以此来对照理想化的“天地之纯、古人之大体”，暗示期待以道家为基础的学术统一。《天下》描述上古的理想时代，最为推崇的是道家精神境界，其后将儒、法诸家所对应的理念安排给不同的阶层，从而体现出对各家学术的兼容并蓄与高下评判：

> 不离于宗，谓之天人；不离于精，谓之神人；不离于真，谓之至人。以天为宗，以德为本，以道为门，兆于变化，谓之圣人；以仁为恩，以义为理，以礼为行，以乐为和，薰然慈仁，谓之君子；以法为分，以名为表，以操为验，以稽为决，其数一二三四是也，百官以此相齿；以事为常，以衣食为主，蕃息畜藏，老弱孤寡为意，皆有以养，民之理也。古之人其备乎！配神明，醇天地，育万物，和天下，泽及百姓，明于本数，系于末度，六通四辟，小大精粗，其运无乎不在。

上文所描述的理想状态，如“不离于宗”之“宗”，见《庄子·大宗师》论“道”之为“大宗”。而“神人”“至人”“圣人”之语，见《庄子·逍遥游》“至人无己，神人无功，圣人无名”。在此之下，代表儒家的“仁义礼乐”归于“君子”，法家“以法为分，以名为表”归于百官，生产活动归于民众。《天下》对儒家与法家的肯定，是将其作为治理具体阶层的原则而统一于道家理想状态之下的。

在此基础之上，《天下》所讲论的百家之学，包括庄子学派自身，相比于兼容并蓄的“古人之大体”，都是继承前代历史资源的一部分而产生的一家之言。《天下》论列这些“一家之言”，自墨家始，其次为近于墨的宋钘、尹文，再次是近于黄老的彭蒙、田骈、慎到，继以博大真人关尹、老聃，到庄子为止，后附辩士惠施（惠施部分可能并不属于《天下》，参见谭戒甫《现存〈庄子·天下〉篇的研究》，《中国哲学史论文初集》）。这些学者也并非作者所关注的学术思想全部，对于当时所继承的历史资源，《天下》将其分为三类：其一为旧法、世传之史，其二为儒家经典，其余才是上述百家之学：

> 其明而在数度者，旧法、世传之史尚多有之。其在于《诗》《书》《礼》《乐》者，邹鲁之士、缙绅先生，多能明之。

旧法、世传之史及六经，《天下》篇中存而不论，因此对主要称引法令制度的部分法家及"述而不作"的儒家没有详细展开，从而将所论"百家之学"限定在与道家学说相去非远的诸子之内。上文列出的《天下》所论诸子，正是从前至后，与庄子学派在思想上距离越来越近，相对而言评价也越来越高。

而另一方面，我们从中可以看到，这样宏大背景之下的学术综述，意味着对上古理想世界的追慕与回应，故而其旨既求客观，又存大体。作者不必考虑描述的对象带给庄学什么样的影响，也不必考虑他们是否与自身有所唱和，只需要简明扼要列举一个时代的主要思想流派。它是写给学派之外看的，选人和评论依照的是当时的公论。

实际上，战国末年其他综论当时学术的文献，大多包含《天下》诸子在内。如《荀子·非十二子》所论，有它嚣、魏牟，陈仲、史鳍，墨翟、宋钘，慎到、田骈，惠施、邓析，子思、孟轲；《荀子·解蔽》则论及慎子、申子、惠子、庄子；《荀子·天论》可见慎子、老子、墨子、宋子；《韩非子·显学》论儒、墨，并附儒家后学漆雕及墨家近亲宋钘；《韩非子·难势》亦论慎子；《韩非子·六反》又论老聃。上述当代人论当代学术史的文献中，派系的划分也与《天下》相近：并列存在者有墨翟、宋钘及慎到、田骈，对举出现者有惠施、庄周。足见《天下》所论，为当时思想家所普遍认同。《天下》批评墨子“生不歌，死无服”“不与先王同”“毁古之礼乐”，或以为即儒家思想；其实《天下》对墨子主要批评其背离风俗习惯、世态人心：“使人忧，使人悲，其行难为也，恐其不可以为圣人之道，反天下之心。天下不堪，墨子虽能独任，奈天下何”，这种批评可以视作适应“公论”的从俗之举。《天下》批评慎到，亦称其遭致“豪杰相与笑之”。相比于《淮南子·要略》这类与全书内容结合紧密的典型后序，《天下》更加力求“公论”——与其说它是“后序”，不如称之为“代序”。

相比之下，《庄子》行文中称引人物，则随文设义，适合具体语境下的表达需要。或许其人主张与庄学相近，便于同类称引；或许其人在对抗中作为标靶，促进庄学发展；或许庄子学派的写作者有意取材于自己的对立面，以达到反讽效果。这些人物形象对庄子学派的学术思考、自身定位和宣传策略起到了实际影响，他们所反映出的，是庄子学派的内心。

《庄子》行文中提及的人物，其中与先秦学术有关的，经笔者统计，出现 5 次以上的如下：孔子 49 次（另存疑 4 次）居首，庄子 30 次（3 存疑）次之，再次老子 16 次（5 存疑），颜回 14 次，惠子 13 次，子贡 8 次，子路、列子 7 次。上述人物大部分通过寓言的形式形象地展现，其形象在全书中分布较为平均；只有《骈拇》《马蹄》《胠箧》《刻意》《缮性》纯为论述文，不使用寓言说理，因此少有思想家形象出现。此外，《庄子》6 次论“儒墨”，《齐物论》《在宥》《天运》《知北游》《徐无鬼》5 篇各有泛论，《列御寇》篇又有寓言“郑人缓为儒而使其弟为墨”。对比《天下》篇的诸子序列，庄子学派最为关注的是儒家师徒，而他们的主张在《天下》中并未具体直接地体现；惠子、列子的地位也远超《天下》的格局；墨子受到重视，但多为泛论；稷下诸子完全被忽略，《天下》于宋钘、尹文、彭蒙、田骈、慎到着力甚多，但《天下》篇之外，仅《逍遥游》1 次泛论宋钘（宋荣子）；只有老子和庄子，在《天下》与全书行文中地位相称。

庄子学派的关注与忽略，其中必有缘由。庄子宋人，其活动与影响也施之不远。历史上传为庄子故里的山东曹县、河南民权、安徽蒙城三地，与宋都商丘及出土《庄子》简的安徽阜阳，均分布于山东、河南、安徽交界处京九铁路沿线及周边的狭长地区。与此同时，《庄子》行文中所关注的思想家，老子楚人、列子郑人，与宋地相邻；其余人物均与宋地存在直接而绵密的联系。这种情形或许并非偶然，正是宋地学术的耳濡目染，决定了庄子学派的学术视野与学术实践。

宋地学术，以儒、墨及辩士为大宗。儒、墨的活动，曾在有宋之野各自展开。孔子祖上本是宋人，本人又娶于宋，《庄子·列御寇》甚至称道了孔子先祖宋大夫正考父的一段格言。宋是儒家的故地，也是墨家的据点。墨子拒楚救宋，《史记》本传与《汉书·艺文志》均以其为宋大夫；墨子亦遣弟子曹公子仕宋；墨家后学中，宋人田襄子曾任钜子，做了墨家的领路人。《庄子》在这样的背景下关注儒、墨，在批判的基础之上，自然对孔子和墨子两位先贤怀有相当程度的尊重和理解。儒家作为庄子学派最主要的针对对象，《天下》并不详细论述，但安排了较高的地位；墨家在《天下》中位置离庄子最远、受到肯定最少，但得到的关注仍然远超思想更为相近的稷下诸子。

宋人又多辩士，惠施最为知名，墨家亦有墨辩。《韩非子·外储说左上》记宋之善辩者兒说，持“白马非马”之说，能服稷下辩者。其人据《淮南子·人间训》注为宋大夫，据《吕氏春秋·君守》载亦有弟子在宋。兒说活动于宋元王时，而元王正是《庄子》中屡次作为正面形象提及的“宋元君”。这正是庄子与惠子相争的思想背景。惠子并不只是附于最末的存在（《天下》篇末对惠子的论述甚至可能并不属于该篇），在全书行文中，庄惠相争几乎是惠子故事唯一的主题，也占了庄子故事三分之一的分量。《天下》所记惠子辩题，结于“泛爱万物，天地一体”，庄惠共同关注“万物齐同”和“道物关系”这种时代性命题，庄学的认识论是在与惠子一类辩士的对抗中建立的。《齐物论》批驳的一些命题，如“今日适越而昔至”“彼是方生之说”，即《天下》篇末所记惠子“历物十事”。《齐物论》亦引其他辩士论题如经典的“马之非马”，该篇实际上是有针对性的作品，是对辩士论题的回声。

无论《庄子》之书，还是书中庄子的形象，都竭力避免与惠子直接对立，而是自任以止辩之事，认为惠子的形式逻辑沉溺于具体层面。但《齐物论》提出“彼是莫得其偶，谓之道枢”来超越矛盾对立与具体层面之时，作者似乎还是意识到了这种形诸语言与逻辑的表达方式与对方可能并无本质区别：

> 今且有言于此，不知其与是类乎，其与是不类乎？类与不类，相与为类，则与彼无以异矣。虽然，请尝试言之。

《齐物论》的作者，不置可否地继续写了下去。而实际上，《庄子》的论说与庄子的形象依然始终与辩士对立统一，从任何一面都可以看得到对方的影子。《徐无鬼》篇中庄子过惠子之墓，慨叹“无以为质”，成玄英疏云：“质，对也。”《至乐》篇中庄子遇髑髅，髑髅称庄子“子之言似辩士”，并对其大加教导。髑髅故事本来只讲生死，通过这一层设置却微妙地表现出对辩士的批判，同时又微妙地将庄子归于辩士加以自嘲。深受辩士影响并致力与辩士相争的庄子学派，自身实际上也很难自外于辩士传统。

《庄子》多用寓言的写法，使其在先秦子书中呈现出鲜明的特色。但也正是这些寓言故事，使全书蒙上了恍惚难辨的不确定性。它们的史料学意义难以确定，传统上学者的态度和对这些材料的利用方式也相当摇摆而暧昧。不过综上所述，我们至少可以看到，这些寓言故事，以一家之言的视角，折射出了当时波澜壮阔的思想背景；与传统上受到关注的理论性论著，如《庄子·天下》篇，互相参照，亦能有所发明。这或许可以为思想史研究寻求更多的补充和旁证。

（作者单位：国家图书馆）

汉隶中的饰笔现象概述

于　森

饰笔现象任何时候都存在，古文字中居多。刘钊在《古文字构形学》中将“饰笔”定义如下：

> 饰笔，又称装饰笔画、美划、赘笔，是指文字的发展演变中，出于对形体进行美化或装饰的目的添加的与字音字义都无关的笔画，是文字的羡余部分。①

张振林在《古文字中的羡符——与字音字义无关的笔画》一文中指出：“隶变期间还存在着饰笔和羡符号只是未规范的古文字的孑遗。”“当整个时期管束不严，带羡符的字被广泛使用，就会被看作有某种合法性的异体字；如果管束严，政府和用字者的正字观念强，就会将衍笔、缺画之字称为不合法的错字。”②

汉代隶书，随着构件表意、表音功能性的增强，饰笔有时会起到分化文字或区别文字的作用。由于增加饰笔而产生的异体字，也往往易与其他字形混淆。汉代的饰笔现象可分为如下几类。

---

① 刘钊《古文字构形学》(修订本)，福建人民出版社 2011 年版，第 23 页。

② 张振林《古文字中的羡符——与字音字义无关的笔画》，《中国文字研究》第二辑，广西教育出版社 2001 年版，第 126—138 页。

1. 人、刀形饰笔

早期汉隶中“人”与“刀”形体或讹混，因此这里一并说明。“刀”形饰笔见于楚简，如“胃”作“”①、“宰”作“宭”②，汉隶中也存在“刀/人”形饰笔，如：

随：北·老子 128	镸左：马·五行 256	施：银一 582
龙：马·老子甲 113	庞：马·老子甲 156③	乇：马·十六经 49 上
椿：马·阴阳乙 31	谬：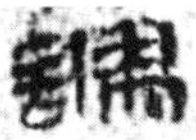马·老子乙 55	

成熟隶书中“刀”与“人”形有了明显区别，“刀”或“人”多为音义有别的表意偏旁，“刀/人”形的饰笔功能逐渐消亡。但汉隶异体字中往往有在声旁上增加“亻”或“彳”的繁化写法，盖为“刀/人”形饰笔的孑遗。如：

愈：敦煌简 1997	驰：苍山画像石	腹：北·老子 151

有些繁化写法，不见于《说文》，可看作是一字异体，有些《说文》中保存的字义与不加“人”形的字义有别。但从汉代出土文献的用法

① 李守奎、曲冰、孙伟龙《上海博物馆藏战国楚竹书（一——五）文字编》，作家出版社 2007 年版，第 218 页。

② 李守奎《楚文字编》，华东师范大学出版社 2003 年版，第 270 页。

③ “庞”字释读从张松如《老子说解》，齐鲁书社 1998 年版，第 182、184 页。

看,《说文》中的字义可能是后起义,或是从字形附会而得,与实际使用情况不符,典籍中也没有用例。

【诈一詐】

《说文·言部》:“诈,欺也。从言乍声。”

《说文·言部》:“詐,慙语也。从言作声。”

《段注》注意到“詐”与“怍”的联系:“(詐)与心部怍音同义近。《论语》:‘其言之不怍,则为之也难。’当作此詐。”①

传世典籍中皆用“怍”而不用“詐”,汉隶中“詐”皆表{欺诈}:

《张·二年律令》简261:“有贩卖贸买而詐(诈)给人。”

《银一》简412:“隐匿谋詐(诈)。”

《马·春秋事语》行91:“愧于诸毋(悔)德雋(诈)愙(怨)。”

汉隶从“乍”的字或从“作”,还见于《居延》简203.18“昨”作“𣈶”。“昨”与“𣈶”的异体关系,盖与“诈”“詐”相近,“诈”与“詐”早期隶书中也当视为一字异体。

【朴一樸】

《说文·木部》:“朴,木素也。从木菐声。”

《说文·木部》:“樸,枣也。从木仆声。”

“樸”用为“枣”于典籍无证。《段注》认为“樸”与“朴”乃古今字:

> 《释木》言:枣之名十有一。继之言梂梧。继之言朴枹者。是今《尔雅》朴不谓枣也。疑许所据有不同,故云尔。寇宗奭曰:“御枣甘美轻脆。”今人所谓扑落酥者是,樸枣岂即御枣欤,樸、朴古今字。《大雅》毛传曰:“朴,枹木也。”《方言》曰:“樸,尽也。南楚凡物尽生者曰樸生。”郭云:“今种物皆生曰樸地生也。”又曰:“樸,聚也。楚谓之樸。”郭云:“樸属、藂相箸皃。”按:《诗》《尔雅》

---

① [清]段玉裁《说文解字注》,上海古籍出版社1981年版,第96页。

之朴，皆当同《方言》作樸。樸从仆，附也。《考工记》朴属犹附著、《文选》麈闲扑地字皆当作樸。释木、毛传皆训樸为枹。许以为枣名则褊矣。[1]

段氏认为"樸枣"即"御枣"的观点似当可信。汉隶"樸"多用为"朴"，如《马·老子乙》行57上："沌呵亓若樸(朴)"。"樸""朴"当为一字异体。

此外，《方言》记载的"樸"字，盖"樸"字之讹。汉隶中"艹"与"木"作表意偏旁时，或可互换。表{丛生}义，"蘽""欉"或无别，汉隶"蘽"字有异体作"菆"。"丛生"有汇聚之意，"丛"字异体或作"蘩""莑"，其所从的"聚""冣"乃会意偏旁。

【貣一贷】

《说文·贝部》："贷，施也。从贝，代声。"

《说文·贝部》："貣，从人求物也。从贝，弋声。"

睡虎地秦简中有"貣"无"贷"，"貣"既可表{求}，又可表{施}。张家山汉简中亦然。如：

《张·算术书》简64："貣(貣)钱百，息月三。今貣(貣)六十钱。"

《张·算术书》简65："直貣(貣)钱以一月百钱息乘之。"

其中"貣"字或增加饰笔作"貣"。

"贷"字见于马王堆帛书，或假借为"殆"，或假借为"忒"：

《马·称》行19上："身薄则贷(殆)。"

《马·老子乙》行69下："恒德不僨(忒)。"

《段注》认为"貣""贷"本一字："求人施人，古无貣贷之分。……经史内貣贷错出恐皆俗增人旁。"[2]从秦汉出土材料中可证明其观

① 《说文解字注》，第244页。

② 《说文解字注》，第280页。

点。东汉以后，“贷”字渐兴，而“貣”字废，表{求}或{施}皆用“贷”。

【彻一徹】

《说文·力部》：“徹，发也。从力从彻，彻亦声。”

《说文·攴部》：“彻，通也。从彳从攴从育。”

《说文》中“徹”“彻”义别，但传世文献中或通用。《段注》：

> (徹)发者，躲发也。引申为凡发去之偁。徹与彻义别。彻者，通也。徹谓除去。若《礼》之‘有司彻’‘客彻重席’、《诗》之‘彻我墙屋’，其字皆当作徹。不训通也。或作撤，乃徹之俗也。[①]

汉代出土文献中“徹”或用为“彻”“撤”。如：

《银二》简 1159：“四路必徹(彻)。”

《银二》简 1173：“徹(撤)庐屋。”

由于隶书中从“刀”与从“力”常常讹混，以下字形，通常被释作“徹”字异体。

《马·相马经》行 4：“夫徹(彻)肉葳(散)前(筋)。”

《马·相马经》行 36：“徹(彻)肉也。”

《北·老子》简 192：“善行者无徹(辙)迹。”

① 《说文解字注》，第 700 页。

上述字形，用法或与“彻”“辙”相通，可以看作是“彻”与“彻”的中间字形，是在“彻”字增加了“人(刀)”形饰笔，这种增加饰笔的“衞”用法与“彻”相同，成熟隶书中“彻”字用法渐衰。

2. 点形饰笔

汉隶中的点形笔画的添加往往具有区分同形字的作用。如汉隶“士”与“土”同形，增加点形者为“土”。“社”或作“社”、“杜”或作“杜”。有时在偏旁中，这种区别作用往往不明显，如“庄”字从“士”，但异体或作“庄”。点在这里可看作是饰笔。

汉隶“王”与“玉”同形，增加点形者为“玉”。有时增加的点形不止一个，且位置不固定。如：

武威医简 85	敦煌简 2331	杨统碑阴

“王”字见于《玉篇》：“王，玉工也。”《段注》：“王，朽玉。”《武威医简》85 乙中用为“玉门”，当为“玉”字异体。

汉碑“中”字也往往添加点形饰笔。如：

赵菿残碑额	夏承碑	景云碑	戚伯著碑

这种饰笔的添加应当与《说文》“中”字籀文“休”形有关。

点形饰笔往往添加在偏旁中，造成一些偏旁的讹混。汉隶中从“厂”的“厥”“历”“厝”“厌”“磨”“历”“原”“反”多写作从“广”。从“冖”的“冥”“冠”“冣”“冤”“罕”等字多写作从“宀”。这种点形的添加现象还扩大到“冃”“罓”等形近偏旁中，如“最”作(张·奏谳书 213)、“冒”作(马·病方 275)、“罢”作(居延 109.15)等。在这种趋势的影响下，“冈”形也有与“宀”或“穴”形讹混的现象。如：《马·纵横家书》行 56“窍”字作，“穴”讹为“冈”，《英》简 3154 中“密”字或

作,“宀”讹为“冈”。

3. 八形饰笔

(1)“八”形饰笔多添加在竖画两侧。如:

璧:马·明君 8	辟:居延 428.7B	毕: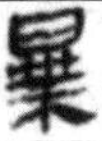马·二三 99 下
王:杨统碑	士:建宁三年残碑	皇:夏承碑
孟:石门颂		

有时“八”形饰笔的增加往往是对某种古文字形的回归。如“王”与“士”在古文字中下部带有肥笔,像斧钺之形。这种肥笔轮廓化之后就成了“八”形笔画。上中文提到的“玉”和“土”增加点形而与同形的“王”和“士”作区别。“王”和“士”或通过增加“八”形饰笔来区别同形的“玉”和“土”。

确定“八”形的饰笔功能,可以解决一些文字的释读。如:

《赵菿残碑》:“猗台君□。”

“君”字后碑文残断。《汉碑全集》将字释为“栽”。[1] 该字与“栽”字形不类,当为“我”字异体。汉隶“我”或作如下形体:

建宁三年残碑	马·称 7 下

字是将汉隶中“我”字下部所从“士”形上增加八形饰笔。汉碑中“我君”一词常见。如:

① 徐玉立主编《汉碑全集》第六册,河南美术出版社 2006 年版,第 2014 页。

《孔宙碑》："于显我君。"
《建宁三年残碑》："于穆我君。"
《孔彪碑》："穆穆我君。"
《堂谿典嵩山请雨铭》："于惟我君。"
《围令赵君碑》："戏我君。"

"猗台"为感叹词，汉碑中或作"猗余""猗欤"。如：

《赵宽碑》："猗余烈考。"
《刘熊碑》："猗欤明哲。"

(2) 有的"八"形饰笔添加在某一构件顶部，如：

豚：马·易卦 88 上	葱：马·相马经 70
马·遣一 5	马·天下 27

金文"恖"字在"心"上加点或短竖。裘锡圭认为"其本义似应与心之孔窍有关"①。

早期隶书中"恖"字在"心"上加一墨点。后来墨点被轮廓性的""形取代，或在""形中填充笔画而作""，进而演变为"囱"形。汉隶"恖"字演变规律大致如下：

→→→恖

东汉碑刻中从"恖"诸字如"聪""揔""总"等字的声旁或写作"怱""悤""葱"等形。裘锡圭认为"怱"字，改""为"公"以就"恖"声，

① 裘锡圭《说字小记》，原载《北京师院学报》1998 年 2 期，又收入《裘锡圭学术文集》第三卷，复旦大学出版社 2012 年版，第 415 页。

但是“公”“悤”二字声母不相近，“忩”长期以来被视为俗体。①

“悤”变为“忩”，是在“悤”字上部增加“八”形笔画，其构成的“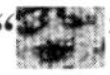”与古文字及早期隶书中的“公”字写法有别。古文字与早期隶书中的“公”字皆不作墨钉写法，其讹变的直接动因盖与“公”声无关。

《马·病方》行329，“窻”作，“忩”形盖来自形之省。“窻”字从穴悤声，汉隶中从“宀”与从“穴”往往讹混，且汉隶异体字的讹变具有打破构件重组的特点，形或可看作是从宀忩声。

《马·天下》简27“葱”字作，声旁“悤”沿袭了增加“八”形的繁体写法，“八”形对于“悤”来说当为饰笔。“苁”“蓯”两形当为“葱”字的繁简不同写法。

“忩”“苁”“蓯”三字作为声旁，其核心声旁未变，互换表音相同。《说文》分别收录有“繱”“总”二字，含义有别：

> 《说文·糸部》：“总，聚束也。从糸悤声。”
> 《说文·糸部》：“繱，帛青色。从糸葱声。”

《段注》强调二者有别，但在引用书证时也客观上说明了二者或发生混用：“《广雅》：‘绢，一名总。作繱者误。”②

汉隶中，二者用法相同，皆用为{总}：

> 《马·六十四卦》21下：“（丛）勒（棘）。”
> 《马·十六经》47上：“（总）凡守一。”

---

① 裘锡圭《说字小记》，原载《北京师院学报》1998年2期，又收入《裘锡圭学术文集》第三卷，第416页。

② 《说文解字注》，第651页。

《银二》简 1028:“万言有(总)。”

《樊敏碑》:“(总)角好学。”

“总”“繐”二字盖本一字异体,《说文》中训为{帛青色}的“繐”,是在“葱”字上增加“糸”形,借用了“总”的异体字“繐”形,二者遂发生分化。

4. 撇形饰笔

撇形饰笔往往添加在“弋”“犬”“夭”这样有明显捺形的笔画上,通常“丿”笔对原字不起到分化字义的作用。如:

弋:		
贰: 马 · 易卦 63	樻:武 · 特牲 1	腻:马 · 五行 43
弍:代大夫人家壶	貣:张 · 算术书 65	贷: 马 · 老子乙 69 下
试:马 · 明君 13	代:伐	
犬:		
突:赵宽碑	伏:白石神君碑	默:王君庙门断碑
瀻:武 · 王杖十简 8	哭:孟孝琚碑	厌:敦煌简 251
夭:		
夭:石门颂	殀:冯君碑	妖:刘宽碑
衣:		
依[1]:银二 2136		

① 陈伟武指出,银雀山汉简中的“倅”当读作“依”。参陈伟武《银雀山汉简考释(十则)》,载《容庚先生百年诞辰纪念文集》,广东人民出版社 1998 年版,第 685—686 页。

“丿”形饰笔的添加，有时会产生同形字，如上引“代”字增加饰笔与“攻伐”之“伐”字同形，“依”字增加饰笔与训为{副}的“倅”字同形。

同形构件有时会出现讹混的现象，如：

增加了“丿”形饰笔的“犬”字与“犮”字同形。从“犮”的字有时或写作从“犬”，如：《马 · 天文杂占》中“拔”作、《银二》简 2127“发”字作、《马 · 十问》简 6，“发”作。

增加了“丿”形饰笔的“衣”字与“卒”字同形。从“卒”的字有时或写作从“衣”，如：《银二》简 1707“猝”作。

5. 一形饰笔

早期文字中“一”形的增减通常不影响表意，“一”形饰笔也是最常见的一种羡余，汉隶中“一”形饰笔通常不影响文字的释读，如：

亚：马 · 老子乙 63	咸：张 · 奏谳书 227	和：洛阳黄肠石 70
单：马 · 纵横家书 296	族：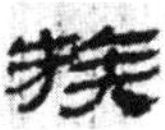北 · 妄稽 1930	旍：马 · 遣三 235
勒：石门颂		

【隹隼】

早期隶书中“隹”字下部笔画多一笔少一笔往往不影响其表意或表音。有时在“隹”字形上增加“一”形饰笔，造成了“隹”与“隼”形的混用。

谁：马 · 系辞 19 下	椎：张 · 二年律令 27

《马 · 足臂灸经》行 3 有。“脽”字见于《说文 · 尸部》，是“屍”

字或体。另,《说文·肉部》:“脽,尻也。”桂馥在《说文解字义证》中指出“膗”与“脽”乃是《说文》中的重出字形①。造成这种重出的原因,盖由于汉代“隹”“隼”字形常讹混。

6. 口形饰笔

“口”形饰笔是古文字比较常见的饰笔,汉隶中“口”形饰笔多来自对古文字的继承。如:

【鼓一鼔】

《马·经法》行 12 上:“棼(焚)亓(其)锺鼔(鼓)”。

“鼔”字图版作,乃“鼓”字异体。战国楚系、齐系文字中“鼓”字“壴”旁下或增加“口”形。《说文》“鼓”字籀文作“𡔷”,所谓从“古”声,盖由“口”形饰笔而来。该字与后世字书中记载的“鼔”字同形。《玉篇·攴部》:“鼔,戏也。”《正字通·攴部》:“鼔,歖字之讹。”

另外,《说文》有“鼓”“鼓”:

> 《说文·鼓部》:“鼓,郭也。春分之音,万物郭皮甲而出,故谓之鼓。从壴,支象其手击之也。《周礼》六鼓:雷鼓八面,灵鼓六面,路鼓四面,鼖鼓、皋鼓、晋鼓皆两面。凡鼓之属皆从鼓。𡔷籀文鼓从古声。”

> 《说文·攴部》:“鼓,击鼓也。从攴从壴,壴亦声。”

二字实为一字异体。其名词或动词的用法并不因从“支”或从“攴”而有所区别。唐兰《殷虚文字记》:

> 金文鼓字或从支、或从攴,殊无别。卜辞则有从支从殳二

① [清]桂馥《说文解字义证》,中华书局 1987 年版,第 348 页。

体，又𡨂字偏旁从支。盖古文字凡象以手执物击之者，从支、殳或攴，固可任意也。壴为鼓之正字，为名词。鼓、鼓、毂，为击鼓之正字，为动词。《说文》既以鼓为名词之鼓，遂以鼓专动词，而所谓读若属者，乃后世之变音，与壴转音为中句切同科矣。①

汉代隶书有“鼓”而无“鼓”。“鼓”字兼表名词和动词。东汉碑刻中{钟鼓}之“鼓”字作“皷”，盖以“鼓”之材质“皮”取代动作“攴”表名词义。

【𠂇－𠮩】

《张·盖庐》简12：“左陵而军，命曰清施。”

“左”字图版作，按照其与“右”字的对照，可隶定为“𠮩”。“𠮩”与“右”所从的“口”形，本是在“𠂇”“又”两种初文上增加的一种饰笔，汉代“左”与“𠂇”、“右”与“又”在词义上发生了分化，常用“左”表{左右}之义，而“𠂇”字渐或不存，张家山汉简中的对于“𠂇”字来说，就是添加了“口”形饰笔的异体字。而《说文》表{辅佐}的“左”字，在汉隶中别作“佐”。

与“左”字分化情形相似，《说文》“右”字重出：

《说文·口部》：“右，助也。从口从又。”
《说文·又部》：“右，手口相助也。从又从口。”

“又部”的“右”本当为“佑”，《大徐本》注：“今俗别作佑。”《马·十六经》行24下“佑”字或不加“口”旁作。

此外，早期隶书中的如下异体字形，也可能是增加了“口”形饰笔：

① 唐兰《殷虚文字记》，中华书局1981年版，第67页。

缀：马·疗射 9	崔：马·五行 57	炭：马·五行 130

战国齐系文字中缀字皆作此形。成熟隶书中“口”形大多有表意作用，其饰笔功能逐渐消退。

综上所述，我们总结了汉代隶书中的六种饰笔现象，可以看出西汉早期隶书的饰笔现象较多，且形态变化丰富。因为在手写过程中，饰笔现象较难避免，而西汉隶书多是毛笔书写的简牍材料。东汉以来，随着隶变的深入，文字形体规范性提高。在东汉碑刻中，饰笔现象只发生在个别文字和个别笔画中，许多原本是饰笔的笔画，在一些文字中起到了分化文字的作用。

（作者单位：扬州大学文学院）

从王熙凤形象审美价值谈《红楼梦》第68回版本异文优劣

郑　昀

正如《红楼梦》第65回兴儿所形容的："嘴甜心苦，两面三刀；上头一脸笑，脚下使绊子；明是一盆火，暗是一把刀。"①有心机而又恶毒，是王熙凤形象重要的性格特征。王熙凤的形象之所以具备复杂性，在于其巧妙运用外在言语，对阴险、毒辣这一内心奥秘加以粉饰。外在言语与内心动作的强烈反差，形成了"心口错位"②的现象。这是王熙凤人物形象审美价值的重要来源。"不管这种误差有多大，读者恰恰能从这种误差或'错位'中获得对人物的内心秘密的准确理解。"③由此，读者产生"恨凤姐，骂凤姐，不见凤姐想凤姐"④的独特审美感受。

以《红楼梦》第68回为例，王熙凤闻贾琏偷娶尤二姐，决定设计诱骗尤二姐入贾府。为实现这一目的，王熙凤欲以大段说辞打动尤二姐，以实现陷害目的。笔者参阅存有此回的10个《红楼梦》版本后

---

① ［清］曹雪芹著，无名氏续，程伟元、高鹗整理，中国艺术研究院红楼梦研究所校注《红楼梦》，人民文学出版社2008年版，第913页。

② 孙绍振《文学创作论》，海峡文艺出版社2007年版，第197页。

③ 孙绍振《文学创作论》，第198页。

④ 俞平伯等著，王翠艳选编《名家图说王熙凤》，文化艺术出版社2007年版，第14页。

发现，庚卯杨府戚觉列 8 本内部个别语句有出入，程乙 2 本文字相同，可归为一类。异文的存在，尤其是 8 本与 2 本之间的重要歧异之处，对王熙凤这一人物的审美价值影响甚大。下文主要运用现代汉语词彩学语用观，解析异文中能最大程度体现王熙凤“心口错位”这一特点的文字。

一　现代汉语词彩学语用理论对异文解读的规约

色彩意义与词汇意义、语法意义，共同构成词的意义内容。色彩意义具体可分为“感情色彩、形象色彩、风格色彩、时代色彩、外来色彩、民族色彩、地方色彩等类聚”①。色彩意义在动态语境中的运用，具有强烈的主观渗透性，体现在“主体往往依据‘此情、此景、此时、此地’的需要，选择符合自己表达意愿的词语，甚至于不惜改变词语的正常运用以达到有利于表达思想的目的”②。

在本文所要分析的异文语料中，感情色彩的运用产生的审美效果的差异，较其他色彩意义类聚更为突出。感情色彩描述的是主体对客体的态度、感受，存在方式多样，既存在于词句、语段之中，也存在于人物非语言交际手段的动作、神态、心理活动，在表义的同时，包含、显示感情内容和感情倾向。它“在语境中一如其他色彩甚至比其他色彩更突出地表现出了极大的主观性、灵活性、变化性”③。正是因为感情色彩“属于情感的范畴，而情能动人，则是人所共知的。所以带有情感色调、情感意味、情感倾向的感情词汇正是以其特有的情而显示着独有的感染力”④。

① 杨振兰《现代汉语词彩学》，山东大学出版社 1996 年版，第 295 页。
② 杨振兰《现代汉语词彩学》，第 298 页。
③ 杨振兰《现代汉语词彩学》，第 51 页。
④ 杨振兰《现代汉语词彩学》，第 74 页。

正是因为感情色彩具备上述特点，当人物有意将言语感情色彩与内心隐秘感情形成“错位”时，言语感情色彩越是丰富、充沛，“错位”的幅度就越大，人物形象就越是鲜明生动。

二 王熙凤“计赚”尤二姐的言语异文分析

在第 68 回中，王熙凤面对二姐的一番对白，异文间最明显的区别在于风格色彩不同。8 本中，戚序本、府本个别语句文白掺杂，其他 6 本运用文言词汇，具备文艺语体色彩；而程乙 2 本则词汇口语化，具备口语色彩。在此基础上，可将该节重要异文进一步分为两类，第一类为风格色彩、感情色彩有别但语义无明显差别；第二类为语义、风格色彩、感情色彩三个方面皆有明显差别，个别语句甚至此本有而他本无。

第一类异文数量较少，如“奴”与“我”，“奴亦情愿在此相陪”与“我也愿意搬出来陪着妹妹住”，“今可巧远行在外，故奴家亲自拜见过”与“目今可巧二爷走了，所以我亲自过来拜见”等。

从风格色彩来看，运用文言词汇的 6 本，呈现出典雅、庄重的表现风格；而 2 本的口语色彩则体现通俗的表现风格。文言语体的风格色彩是受王熙凤此时欲掩饰嫉恨与狠毒这一情感逻辑的需要而运用的。典雅、庄重的表现风格不仅使言语显得雅致，更体现了王熙凤此时的“委婉心理”①，以及避免粗俗的“避讳心理”②。

从感情色彩来看，“奴”为自指的谦词，较“我”更具贬义色彩，符合色彩意义的“谦逊准则”③；“早行此礼”“私自行此大事”较色彩信息相对模糊的“早办这件事”“私自办了”，具备更为鲜明的褒义色彩

① 杨振兰《动态词彩研究》，山东人民出版社 2003 年版，第 124 页。

② 杨振兰《动态词彩研究》，第 124 页。

③ 杨振兰《动态词彩研究》，第 120 页。

倾向，更充分地遵循了色彩意义的“赞誉准则”[①]，利于交际目的的顺利实现。

第二类异文歧异状况更为复杂，故将在下文结合例文具体分析。王熙凤这段对白，谈及自己多用贬义色彩词，论及尤二姐多用褒义色彩词，这一特征贯穿始终。另外，王熙凤称呼尤二姐时使用的称谓，庚卯杨觉列 5 本用“姐姐”，府戚程乙 5 本用“妹妹”。因凤姐较尤二姐年长，却呼二姐为“姐姐”，这一现象属亲属称谓“人物换称”：“凤姐用了 11 个‘姐姐’……当某人用长于自己的亲属称谓方式称呼对方时，首先表达了对对方的尊敬和礼貌。而且，这样的称呼形式用得越多，尊敬的意味越浓。通过亲属称谓‘姐姐’的使用，凤姐建立了一种亲属关系，这一关系距离近于社会称谓距离。社会距离的缩短能相应地缩短凤姐与尤二姐之间的心理距离。”[②]越是表现王熙凤表面上对尤二姐的尊敬，与其真实动机的“错位”幅度就越大；二人交流虽能顺利进行，但内心真实动机与情感却能形成“心心错位”[③]的奇观。

为便于分析，笔者把王熙凤的大段对白分为 3 个部分进行解读，重要异文以着重号标注。面对二姐，8 本在描写凤姐的开场白时这样写道：

> 皆因奴家妇人之见，一味劝夫慎重，不可在外眠花卧柳，恐惹父母担忧。此皆是你我之痴心，怎奈二爷错会奴意（戚序本：错会了我的意）。眠花宿柳之事瞒奴或可，今娶姐姐二房之大事亦人家大礼，亦不曾对奴说。奴亦曾劝二爷早行此礼，以备生育（府本“以备生育”4 字作“果然生个一男半女，连我后来都有

① 杨振兰《动态词彩研究》，第 118 页。

② 张征、段慧如《言语行为理论与名词式人物换称——以〈红楼梦〉前八十回对话句语料为例》，《湖南师范大学社会科学学报》2012 年第 2 期。

③ 孙绍振《文学创作论》，第 435 页。

靠”)。不想二爷反以奴为那等嫉妒之妇，私自行此大事，并不说知。使奴有冤难诉，惟天地可表。（戚序：若是在外包占人家姐妹，瞒着家里也罢了；今娶了妹妹作二房，这样正经大事，也是人家大礼。却不曾对我说。我也曾劝过二爷，早办这件事，果然生个一男半女，连我后来都有靠。不想二爷反以我为那等妒忌不堪的人，私自办了，真真叫我有冤没处诉。我的这个心，惟天地可表。）①

程乙 2 本此节略同，以程乙本为例：

皆因我也年轻，向来总是妇人的见识，一味的只劝二爷保重，别在外面眠花宿柳，恐怕叫太爷太太担心：这都是你我的痴心，谁知二爷倒错会了我的意。若是外头包占人家姐妹，瞒着家里也罢了；如今娶了妹妹作二房，这样正经大事，也是人家大礼。却不曾合我说。我也劝过二爷，早办这件事，果然生个一男半女，连我后来都有靠。不想二爷反以我为那等妒忌不堪的人，私自办了，真真叫我有冤没处诉。我的这个心，惟有天地可表。②

王熙凤首先以自贬、自怨开始，该节文字中，极力对尤二姐诉说自己的委屈，表明自己不仅不是妒妇，反而是凡事为贾琏考虑的“贤妻”，借此打消二姐对其此行目的的疑虑。

“慎重”指谨慎持重；“保重”指爱惜身体健康。“慎重”词义范围更广，且程度更深，较“保重”愈显王熙凤的“贤良”，故 8 本的“慎重”为好。

---

① 冯其庸主编，红楼梦研究所汇校《脂砚斋重评石头记汇校》，文化艺术出版社 1987 年版，第 3915—3917 页。

② [清]曹雪芹、高鹗《红楼梦》，人民文学出版社 1957 年版，第 882 页。

“外头包占人家姐妹”较“眠花宿柳之事”，在尤二姐听来暗含讽刺，违背了王熙凤此时的委婉和避讳心理。且王熙凤有意将“眠花宿柳之事”与贾琏偷娶尤二姐一事予以区别，亦表现出对对方的尊重。

“早行此礼”较“早办这件事”，“私自行此大事”较“私自办了”不仅有风格色彩的区别，“此礼”“大事”还带有对二姐的尊敬之情，更能体现王熙凤对二姐的重视，起到感动二姐的作用。

“以备生育”4 字在戚序本和程乙 2 本中作“果然生个一男半女，连我后来都有靠”，强调的是二姐嫁入贾府对自己的益处，而“以备生育”在语境中却并无此义。这就利于二姐对凤姐的“苦心”信以为真，实现诱骗尤二姐入府的目的。

紧接着，王熙凤进一步以示好的态度，陈述利弊，劝诱尤二姐：

> 前于十日之先奴已风闻，恐二爷不乐，遂不敢先说……若姐姐在外，奴在内，虽愚贱不堪相伴，奴心又何安。（戚序本：要是妹妹在外头，我在里头，妹妹想想，我心里怎么过的去呢？府本：若妹妹在外头，我在里头，妹妹白想想，我心里怎么过得去呢？）再者，使外人闻知，亦甚不雅观。二爷之名也要紧，倒是谈论奴家，奴亦不怨。所以今生今世奴之名节全在姐姐身上。（戚序：二爷之名听着不雅，我的声名不好听，就是妹妹的名儿也不雅。况且二爷的名声更是要紧，倒是谈论咱们姐妹们还是小事。府本：不但我的名儿不好听，就是妹妹的名儿甚不雅。况且二爷的名也要紧，倒是谈论咱们还是小事。）①

程乙 2 本作：

① ［清］曹雪芹著，无名氏续，程伟元、高鹗整理，中国艺术研究院红楼梦研究所校注《红楼梦》，第 941 页。

头十天头里，我就风闻着知道了，只怕二爷又错想了，遂不敢先说……要是妹妹在外头，我在里头，妹妹白想想，我心里怎么过的去呢？再者叫外人听着，不但我的名声不好听，就是妹妹的名儿也不雅。况且二爷的名声，更是要紧的，倒是谈论咱们姐儿们还是小事。①

"恐二爷不乐"表现出王熙凤对贾琏的尊敬，而"只怕二爷又错想了"却并没有这一感情色彩，故前者为佳。

庚卯杨觉列本与戚宁6本"虽愚贱不堪相伴，奴心又何安"，充满自我贬低和对对方的敬慕，反问语气的运用更是强化了语境的感情色彩；相比之下，程乙2本以及戚序本的"我心里怎么过得去呢"，是一般疑问语气，且词语承载的色彩信息十分模糊。

6本"使外人闻知，亦甚不雅观。二爷之名也要紧，倒是谈论奴家，奴亦不怨。所以今生今世奴之名节全在姐姐身上"一节，"不雅观"主要针对尤二姐而言，而对自己的非议，王熙凤则表示"不怨"；"名节全在姐姐身上"更是感情色彩强烈的祈愿。此处戚序本与程乙2本仅有个别字词差异，程乙2本"不但我的名声不好听，就是妹妹的名儿也不雅。况且二爷的名声，更是要紧的，倒是谈论咱们姐儿们还是小事"，则将对凤姐本人的"名声"的影响置于最前，最后还强调"谈论咱们姐儿们还是小事"，这不仅起不到感动进而拉拢尤二姐的作用，还显得不够委婉得体。

前文中，王熙凤对尤二姐的劝说与请求，强调的是尤二姐入府对"礼节""名节"的影响。在尤二姐面前，王熙凤极力表明自己不仅毫无嫉妒之意，且是处处为尤二姐和自己的丈夫贾琏着想的贤良之人。在该节文字中，王熙凤进一步动之以情，极言因持家太严而让下人生

① 冯其庸主编，红楼梦研究所汇校《脂砚斋重评石头记汇校》，第3917—3919页。

出污蔑给自己带来的委屈，强调自己不仅甘愿与尤二姐平起平坐，二姐还是她得以在贾琏面前立足的“大恩人”。最终，在王熙凤“诚挚”“委屈”的苦苦哀求下，尤二姐“竟把凤姐认为知己”[①]，就此落入陷阱：

“……那起下人小人之言，未免见我素日持家太严，背后加减些言语，自是常情。姐姐（府本作“妹妹”）乃何等样人物，岂可信真。若我实有不好之处，上头三层公婆，中有无数姊妹妯娌，况贾府世代名家，岂容我到今日。今日二爷私娶姐姐在外，若别人则怒，我则以为幸。正是天地神佛不忍我被小人们诽谤，故生此事。我今来求姐姐进去和我一样同居同处，同分同例，同侍公婆，同谏丈夫。喜则同喜，悲则同悲，情似亲妹，和比骨肉。不但那起小人见了，自悔从前错认了我，就是二爷来家一见，他作丈夫之人，心中也未免暗悔。所以姐姐竟是我的大恩人，使我从前之名一洗无余了。若姐姐不随奴去，奴亦情愿在此相陪。奴愿作妹子，每日伏侍姐姐梳头洗面。只求姐姐在二爷跟前替我好言方便方便，容我一席之地安身，奴死也愿意。”说着，便呜呜咽咽哭将起来。[②]

程乙2本作：

“……至于那起下人小人之言，未免见我素昔持家太严，背地里加减些话，也是常情。妹妹想：自古说的：‘当家人，恶水

① ［清］曹雪芹著，无名氏续，程伟元、高鹗整理，中国艺术研究院红楼梦研究所校注《红楼梦》，第941页。

② 冯其庸主编，红楼梦研究所汇校《脂砚斋重评石头记汇校》，第3919—3922页。

缸。'我要真有不容人的地方儿,上头三层公婆,当中有好几位姐姐、妹妹、妯娌们,怎么容的我到今儿?就是今儿二爷私娶妹妹,在外头住着,我自然不愿意见妹妹,我如何还肯来呢?拿着我们平儿说起,我还劝着二爷收他呢。这都是天地神佛不忍的叫这些小人们糟蹋我,所以才叫我知道了。我如今来求妹妹,进去和我一块儿,住的、使的、穿的、带的,总是一样儿的。妹妹这样灵透人,要肯真心帮我,我也得个膀臂。不但那起小人,堵了他们的嘴;就是二爷,回来一见,他也从今后悔,我并不是那种吃醋调歪的人:你我三人,更加和气。所以妹妹还是我的大恩人呢。要是妹妹不和我去,我也愿意搬出来陪着妹妹住,只求妹妹在二爷跟前替我好言方便方便,留我个站脚的地方儿,就叫我服侍妹妹梳头洗脸,我也是愿意的!"说着,便呜呜咽咽,哭将起来了。①

"姐姐何等样人物,岂可信真"和"今日二爷私娶姐姐在外,若别人则怒,我则以为幸"既是对尤二姐的赞美,具备鲜明的褒义色彩倾向,又是再次对言语饰以虚情假意,塑造自己贤良人的形象。前一处文字为程乙 2 本所无,后一处在 2 本中作"就是今儿二爷私娶妹妹,在外头住着,我自然不愿意见妹妹,我如何还肯来呢?拿着我们平儿说起,我还劝着二爷收他呢",相比之下,2 本文字缺乏鲜明的感情色彩,并且,此时提及平儿的身份,无益于突出对二姐地位的肯定和尊重,也就不利于拉近与二姐的心理距离。故 2 本文字不为佳。

2 本"进去和我一块儿,住的、使的、穿的、带的,总是一样儿的",强调仅是物质条件的平等,而 8 本"我今来求姐姐进去和我一样同居同处,同分同例,同侍公婆,同谏丈夫。喜则同喜,悲则同悲,情似亲妹,和比骨肉"一节,连用 8 个"同",且又说"情似亲妹,和比骨肉",这不仅仅是条件的对等,更是对尤二姐身份、地位的充分尊重,暗示二

① [清]曹雪芹、高鹗《红楼梦》,第 882—883 页。

人无地位高低之分，具有浓郁的褒义、敬慕、亲切的感情色彩，较 2 本文字更具感染力。正如前文分析中提到的，凤姐要实现计谋，需时刻表明入贾府对尤二姐百利而无一害，而程乙 2 本独有的“妹妹这样灵透人，要肯真心帮我，我也得个膀臂”虽具有对二姐的褒义色彩，但毕竟是王熙凤站出于自己的利益进行言说，故不为佳。

8 本“每日伏侍姐姐梳头洗面。……容我一席之地安身，奴死也愿意”一句中，王熙凤将充满贬义色彩的词语加诸自身，甚至夸张地表示若没有尤二姐在贾琏面前好言方便，自己无立足之地，有意让自己的诉说充满痛苦、悲凉的感情色彩。言语表面的善意体贴，与凤姐内心深处的阴险恶毒构成强烈反差。读者通过言语之“虚”，探寻到王熙凤这个人物内心隐秘的恶毒之“实”。程乙 2 本：“留我个站脚的地方儿，就叫我服侍妹妹梳头洗脸，我也是愿意的！”无论是用词还是语气，感情倾向的鲜明性都远不如 8 本文字，在“心口错位”的实现效果上有差距。

三　结语

通过上文的分析，笔者认为，王熙凤“计赚”尤二姐的言语行为在各个版本中的文字，在人物形象审美价值的发挥这一层面存在高下之分。从言语色彩尤其是感情色彩的语用观角度对异文进行对比解读后，本文发现：《红楼梦》8 种抄本——尤其是庚卯杨觉列本及戚宁本 6 本文字，相比程乙 2 本文字，更能凸显王熙凤“心口错位”幅度，其与内心的奸诈、恶毒冲突剧烈的言语色彩义，使得人物焕发出复杂人性的异彩。

（作者单位：扬州大学文学院）

试析清初遗民戏剧活动的文化意旨*

戴　健

江山易主、王朝更迭，这对秉持儒家忠孝之道的文人而言，是天崩地坼、君父丧亡的大悲痛，其时不唯个人志节无处安放，既有的文化统序也现存亡危难。每每于此时，文士都会在笔端抒发哀痛情志。近古时期，“言志”的诗文之外，历来被视为小道的词曲也得以跻身寄慨之列，如南宋亡国之后，王沂孙、周密、唐珏等人有《乐府补题》的唱和，即以词的方式表达失国悲痛；明清天步移易之际，遗民群体亦以戏剧方式抒情言志，发其故国之思，而此两例皆为各自文体发展中的新变内容。与土室自封、柴车终老的自我锢闭之隐不同，清初（顺治至康熙前期）遗民群体的戏剧交往中，仍然遵守“群居而切磋”的孔子之教，在氍毹之上、歌舞之间痛悼反省，相互慰藉与砥砺，在寻求个体生命意义的同时，更谋求文化的传承，故于戏剧及遗民两方面的研究，皆有内涵拓展之意义。

一　《南词新谱》修订与乐教传统的接续

《南词新谱》全名《广辑词隐先生增定南九宫词谱》，乃南曲曲谱，

* 本文系教育部人文社科研究规划基金项目“明清宴集与戏剧生态研究”（15YJA751005）阶段性成果。

剧曲与散曲兼收，系沈自晋根据其叔沈璟《南九宫谱》修订补充而成，凡二十六卷。此谱的刊刻时间，据沈自南《重定南九宫新谱序》所署，最早在"乙未"即顺治十二年(1655)，即明清易代的动荡期。吴江沈氏一族此时流离失所，但主事者"丹黄一束，虽仓皇朝夕未尝离手"[①]，直是视若生命。如此珍视的原因究竟为何？沈永隆(1606—1667)在《南词新谱后叙》中曾有明述：

> 《南九宫谱》，谱南人之曲也。曷言乎南？异北也。何异乎北？盖自我明祖回百六，跻三五，始风吴会，嗣格幽燕。以故播诸诗歌，奏诸明堂、清庙，咸取南词，以载赓明德。顾其流及下，声律允和，去抗激，趋婉柔，卑疏莽，崇绵丽，诚犹江汉化美、歌始二南也……嗟乎！南国鼎移，东迁祸烈，太史洒泪于陈编，国人吞声于闾谚，一代鸿章，数王休问，不滋惧风流歇绝哉？夫子返鲁正乐，其在迹熄《诗》亡之后乎？家君亦犹是志也。谱既成，乃呼隆而命之曰："向者，若肆举子时，是谱也，吾不若见，妄意若之异日隶太常、诏雅乐，当进而洞析黄钟、肇明律历，庶几煌煌炜炜，以勿坠我十五帝风，安用此游人冶女之什、唱和花间耶？不谓转眼沧桑，功名灰冷，秦淮明月与烟雾同销，玉树清歌并悲笳互奏，能不顾怀周道，伤心昔游也？今而后，若姑从事此，以卒我志。"言未既，泪且交下。隆亦不敢仰视。第勉草数章，用附入谱，聊见我南人歌南之意。[②]

上引文辞，可注意者有三。一是申明地域：曲谱所记区域乃"异北"之南也。这本是顺理成章、无须多言的常识：《南词新谱》自然是

---

① 沈自南《重定南九宫新谱序》，词隐先生编著，鞠通生重定《南词新谱》卷首，北京市中国书店 1985 年影印本。

② 《南词新谱》附录。

以南方的曲体文学为考察、整理对象。但当着重强调的是与朱元璋定鼎、南明帝基的地点关联时，遗民文化立场的意味就十分呼之欲出了——怀念前朝。由此，“异北之南”的“南”是基于历史与政治的立场选择：与当时定都北京、异族掌权的清王朝有鲜明的界限区分，在文化认同上有鸿沟。

二是揭蘖意义：将沈自晋修撰《南词新谱》之事与孔子“正乐”之举相类比。孔子自卫返鲁，然后乐正，《雅》《颂》各得其所。儒家先贤继承与发扬周代乐教思想的重大事件，与《南词新谱》之编撰又可有怎样的联系？这一点实与曲体溯源有关，如“诗变为词，词变为曲，曲之意，诗之遗也。则若曲者，正当与《三百篇》等观，未可以雕虫小视也”①之论，即用儒家经典《诗经》来提升曲体的文化地位。而王世贞所说“《三百篇》亡而后有骚、赋，骚、赋难入乐而后有古乐府，古乐府不入俗而后以唐绝句为乐府，绝句少宛转而后有词，词不快北耳而后有北曲，北曲不谐南耳而后有南曲”②，更是从《诗经》中直接拉出一条文体流变的线索，以证南曲源头之久远绵长，及在文化传承中应有的地位。故将南曲与《诗经》相系，不是沈永隆的发明，但将《诗经》的政治意义投射到《南词新谱》中，却为其创造。引文中“王者之迹熄而《诗》亡”一句，出自《孟子·离娄下》，朱熹解释“王者之迹熄”为“王者之迹熄，谓平王东迁，而政教号令不行于天下”，注“《诗》亡”为“《黍离》降为《国风》而《雅》亡”③，即指《诗经》在“王者之迹”的巡狩、会盟中有不可或缺的功用，它的消歇、代衰意味着必要且历史悠久的乐教传统的失落。沈氏引典意在通过凸显《诗经》在社会动荡中的文化传

---

① [明]闽光瑜《邯郸梦记小引》，《古本戏曲丛刊初集》，商务印书馆 1954 年影印本，第 1 页。

② [明]王世贞《曲藻》，《中国古典戏曲论著集成》第四册，中国戏剧出版社 1959 年版，第 27 页。

③ [宋]朱熹《四书五经》，北京古籍出版社 1995 年版，第 188 页。

承价值,来论证与之一脉相承的《南词新谱》之不可或缺。联系明清鼎革之际的文化语境,这一意旨的政治性与文化性特征,是不言而喻的。

三是记述传承。曲谱之事乃沈自晋郑重相托之事,为人子女者岂敢忘哉！上引文字中,沈永隆言明,父亲沈自晋曾授意“今而后若姑从事此,以卒我志”,足见兹事之大。文中“顾怀周道”典故有两义:一是张衡在《南都赋》中所述“皇祖歆而降福,弥万世而无衰。帝王臧其擅美,咏南音以顾怀”①,即对“南都”与“南音”的深深眷恋;二是《诗经·小雅·大东》中的“周道如砥,其直如矢”②,以表对前朝王室的难忘之意。故此,《南词新谱》在沈自晋与沈永隆父子心目中,不仅是家族文化的延续,更是儒家乐教思想的具体承载,更明确地说,是明代儒家文化正统地位的象征。

或言,蒋孝在早在嘉靖二十八年(1549)已揭“是集也,余实有俟于陈采,以充清庙明堂之荐”③之用意,即希冀《南词旧谱》可备政府乐教之选。诚然如此,但在沈璟编撰《南词新谱》时已不存此意,故而沈自晋在明亡后重申《词谱》与乐教之关联,乃不囿于“家族文化”之训的举动。可惜这一点尚未得到学界的应有重视。在文化价值的认定上,“家族文化”④意义仍是主流观点,而它实际上拉低了《南词新谱》的文化格局。

《南词新谱》所蕴含的遗民文化色彩,不仅体现在对儒家文化薪火相传的积极热切,而且还体现于参与者的政治身份与政治倾向。

---

① [汉]张衡著,张震泽校注《张衡诗文集校注》,上海古籍出版社 2009 年版,第 188 页。

② 周振甫译注《诗经译注》,中华书局 2010 年版,第 306 页。

③ [明]蒋孝《南词旧谱序》,《南词新谱》卷首。

④ 李真瑜《清初曲学典籍〈南词新谱〉的家族文化元素》,《厦门广播电视大学学报》2012 年第 4 期。

先看沈自晋,《乾隆吴江县志》卷三十三"隐逸"条目中曾有留名,故遗民身份确凿无疑。沈永隆为自晋长子,明末补邑庠生,入清后绝意仕进。据其叔沈自友之述:"(自晋)生有子而才,能世其家学。沧桑悲感,早裂青衫,于是不为扣牛之歌,而为鸣鹤之和。芝华疗饥,《黍离》赓咏,酒间击缶,灯下缺壶,相乐也,已而相泣。父子墙东之隐,欲与首阳争峻。"[①]则其在政见上与父同气,亦是遗民倾向。事实上,《南词新谱》更与清初江南一带的反清诗社有着隐秘的联系。

如与"惊隐诗社"。沈氏家族中沈永馨即为此社中坚,而他又是《重定南词全谱凡例》的编撰者。在此书《重定南词新谱参阅姓氏》所列 95 人中,另有惊隐诗社成员 12 人:沈祖孝、归庄、钱肃润、陈济生、程棅、施諲、吴炎、周安、顾有孝、顾樵、潘柽章、朱鹤龄。诗社与沈氏一族的联系,自是以沈永馨为纽带。如众人曾在沈永馨的"通晖楼"举行活动,惊隐名流叶世侗之从子叶舒颖(亦作"叶舒胤")有《元夕后一日顾茂伦樵水陈鹤客周长康吴闻玮沈茂宏同集建芳通晖楼分赋》诗(按:沈永馨字建芳),即述沈永馨与顾有孝、顾樵、陈三岛、周廷禧、吴锵等人聚首之事。惊隐诗社成员的姓名大规模地出现在《南词新谱》"参阅姓氏"中,应该不是巧合;甚或,他们是否真正"参阅"了《南词新谱》已不重要,将众人的名姓以特殊方式作纪念,才是沈自晋的真实目的。由此亦可解释为何沈自继在《重辑南九宫十三调词谱述》之"下篇"中,前后 20 次提到"十三"这个数字的原因——正是惊隐诗社成员被著录的数字。沈自继本人在国变后出家为僧,以极端方式抒发失国之痛,其对惊隐诗社抗清复明的政治主张自是赞同的,故以此隐晦方式向同道致意,与其政见是契合的。

又如与山阴秘密反清团体之关联。朱则杰先生曾研究表明:"山阴(绍兴)有一个秘密反清团体,其主要成员是魏耕、钱缵曾、朱士稚、祁班孙、陈三岛等人。他们以祁班孙家为联络点,暗中和海上郑成

① 《南词新谱》附录《鞠通生小传》。

功、张煌言的明朝水师通声息，共图恢复。”[①]后在《朱彝尊研究》一书中，朱先生又将这一团体的人数扩至9人，增加张近道、祁理孙、朱彝尊、屈大均等4人。其中位列《重定南词新谱参阅姓氏》者有魏耕、祁班孙、祁理孙、陈三岛、朱士稚等5人，他们又与惊隐诗社交往密切，前引叶舒颖之诗，亦其交叉重叠关系之证明。

故此，刊刻于顺治十二年(1655)的《南词新谱》，隐含了吴江沈氏怀念“前明”的政治倾向。在此，沈自晋等人既将曲体文学抬升至儒家乐教文化统序的地位，以“南人歌南”来希冀南音不断、朱明记忆可寻；同时也将抗清志士的名姓巧妙地混杂记录，以明不忘之情。这份遗民倾向中，有沈氏家族的血泪凝聚：国变之时沈自炳、沈自駉因兵败而赴水自杀；但更是清初江南士风的某种反映：“明亡而向有闻望者，多遁迹林泉，不求仕进，清风亮节，指不胜屈。”[②]遁迹而不消沉，仍以读书人的自觉意识谋求文化的传承不歇，显示出的是遗民群体在抗争中的韧性。

若将《南词新谱》放在明清易代之际曲谱编撰的大背景之下加以考察即可发现，它是“遗逸曲学”的代表作。与其同时、纂者姓名可考之作尚有：沈谦之《南曲谱》、范文若之《博山堂北曲谱》、张琦之《南九宫订谱》、张大复之《寒山堂曲谱》、查继佐之《九宫谱定》，以及徐于室、钮少雅辑订的《汇纂元谱南曲九宫正始》；徐庆卿、李玉辑定的《北词广正谱》等。以上诸人与沈自晋一样，易代后皆未仕清廷，都选择将人生精力投注到前代音乐文献整理和音乐理论建树中。从这种行为趋向中，不难读出异族统治时传统汉族文人深沉的文化寄寓意味。

---

① 朱则杰《朱彝尊与永嘉》，《温州师专学报》1985年第1期，第89页。

② [清]倪师孟、沈彤《吴江县志》卷三十八《崇尚》，乾隆十二年(1747)刻本。

二 得全堂夜宴与“岁寒之约”

得全堂是冒襄水绘园中的厅堂之一。顺治十七年(1660)五月，太仓陈瑚携门人瞿有仲造访，冒襄在得全堂设宴款待，二十余日中，多次以戏侑酒。据陈、瞿二人诗中所述，冒氏家班之演，至少有《燕子笺》《渔阳弄》《邯郸梦》《解歌妓》等剧。于斯，陈瑚曾作《得全堂夜宴记》及《得全堂夜宴后记》两文，细述观演情形。在《得全堂夜宴记》中，陈瑚记述因己“倦观歌舞也十有七年”而固辞《燕子笺》之娱，引发老友冒襄的慨然陈词：既有对明末峥嵘岁月的追忆——当年复社文人借《燕子笺》之搬演而戏弄、鞭挞阮大铖，也有对自身眼下“借剧而隐”的剖白——“予之教此童子也，风雨萧萧，则以为荆卿之歌；明月不寐，则以为刘琨之笛。及其追维生死，凭吊旧游，则又以为谢翱之竹如意也。”[①]在《得全堂夜宴后记》中，陈瑚抒发了自己对《邯郸梦》一剧的批评意见。择要言之，即借此剧批判佛道二家“为妄诞之辞，以炫惑当世”的消极态度，倡明儒学的刚健之姿：“吾儒之道与天地同其健，与日月同其明，与山川、草木、鸟兽、鱼龙同其变化……吾道独无穷极也，其可诿之一梦已耶。”文末有当日宴集诸人之反应：“诸君起而谢曰：‘善。敢不早夜以思，从吾子之训，毋忘今日之盟也！’”[②]其中，深可留意者乃“今日之盟”。此四字流露出陈瑚师徒的此访绝非仅为“会旧游”，而是有着更为重要的目的。但目的为何，陈瑚文中没有明说。所幸这是李清《得全堂夜宴记跋》一文讨论的重点，尚可借此得知。为便准确把握，现将全文引录如下：

---

① ［清］冒辟疆著辑，万久富、丁富生主编《冒辟疆全集》，凤凰出版社 2014 年版，第 848 页。

② 《冒辟疆全集》，第 849 页。

梨园之为忠义，一大鼓吹也。其事肇于两唐：一安禄山宴凝碧池，盛奏众乐，梨园子弟皆泣；一宋师下金陵，诸将置酒，乐人大恸。呜呼！忠哉。故今者梨园家独冠，故冠以寻源于唐，岂非两唐忠义之余波也。虽然，忠义犹孤唱耳。自予友陈确庵携及门瞿有仲过雉皋，时冒巢民见其二子，出梨园佐觞，而确庵乃嗟师伤友，辄唤奈何。且相与阐理学，扬风节，以徐及文章，或记或诗或序，如与好歌相响答。而所操皆南音，梨园至是，其不孤唱乎快已，然无如骂怀宁快。怀宁者，巢民前骂之阮大铖也。谁使赵家半壁，不获保其一块，若遇所南、皋羽辈，懊恼悲歌，视前骂孰甚！今座上人是乎？无乃今昔所歌《燕子笺》谱自怀宁者，非关正平善骂，实缘孟德召歌。渠歌我骂，有由来已。虽然，君等亦读屠赤水《昙花记》至"凶鬼自叹"一剧乎？"骂我卢杞者不少，学我卢杞者还多"。虽云谑笔，实堪刺心。故予愿与同志诸君子力谊勉行，共保岁寒，无使卢杞叹而怀宁又笑，所谓剧而正言之也。①

作为冒、陈二人的同道好友，李清对二人会面之事甚为关注，早有书信与冒襄一通声气："陈确庵文章气节，于今靡匹。弟往寓娄江，曾延为景升儿子师，然补衣徒步，径草萧然，惟苦乃以明坚耳。"②意在揄扬陈瑚身为遗民的守志之坚。而在上文之中，李清更将戏剧与"忠义"相关，从两唐溯源，顺流而至《燕子笺》骂座，以此来观照得全堂宴集的文化意义，得出陈确庵与冒辟疆皆为当世忠义之士的结论。这一阐释既肯定了冒襄是"借剧而隐"、并非一味沉湎声色，同时更提升了遗民戏剧活动的文化品格：贬奸扬忠、牢记亡国教训；友爱同道，砥砺守志之心。并由此而推论开去："故予愿与同志诸君子力谊勉

① 《冒辟疆全集》，第 895 页。

② 《冒辟疆全集》，第 964 页。

行，共保岁寒”，所谓“岁寒”，所取乃孔子“岁寒，然后知松柏之后凋也”之意，即鼓舞更多遗民在艰难处境中矢志不渝。由此亦可知，冒襄演剧中的“怀国”①意旨是十分明确的。

“岁寒之约”反映出顺治末年遗民心理上的颇多变化，如对同道交往更为渴求、对不同隐逸方式更为包容，以及对如何与当世取得和解、从而确立生命意义的更深思考等等。仍以陈瑚的雉皋之行为例，从其与冒襄的交往内容，可知遗民“岁寒之约”的丰富内涵。

一是讲学。陈瑚有《水绘园讲义》，乃其做客如皋时讲授《中庸》的文稿。据瞿有仲《跋语》所记，当日与会四十人中，以冒辟疆、张圯授、佘仪曾等一众遗民为主。水绘园的学术风气，瞿有仲曾从偶访者的视角作述：“吴白耳、石夏宗、宗彦先裔承、陆谧之、佘公祐诸先生馆于水绘园中，朝夕论学。先生将归，诸先生请先生一言赠别，乃为之略陈《中庸》大意。”②由此可明，对儒家学术的切磋探讨是水绘园遗民群体的文化自觉。

二是读史。陈瑚有《与巢民订读史之约，即以所携十七史奉赠》诗：“有巢人物树头仙（巢民有朴巢，其读书处也），下视尘沙总渺然。蜗国纷纷十七史，蝇场攘攘四千年。兴亡似梦原非梦，得失由天不是天。万卷赠君消永日，相期三绝等韦编。”③所述乃此次会友目的之

① 夏太娣先生在《冒襄借曲归隐考辨》一文中认为，冒襄“选择隐于曲，仅仅是出于对戏曲的迷恋，无关乎怀国复仇之宏旨”（《艺术百家》2006 年第 6 期，第 13 页），本文认为此说仍可商榷：第一，承认冒襄之“隐”，但又否定其“怀国”目的，此乃自相矛盾的说法；第二，在无实据的情况下将冒襄形容为口是心非之徒：“在以复国为己任的陈瑚和瞿有仲师徒面前，宣扬故国之思、复仇之志，显然很容易博得他们的回应和支持。”（第 14 页）这既欠公允，同时也低估了陈瑚的识人能力，结论尚可推敲。

② ［清］瞿有仲《水绘园讲义》，《确庵文稿》，《四库禁毁书丛刊》集部第 184 册，北京出版社 1997 年版，第 465 页。

③ ［清］陈瑚《确庵文稿》，《四库禁毁书丛刊》集部第 184 册，第 260 页。

一:读史。要知,诗中所言十七史,乃陈瑚师徒二人此行随携相赠之物,这在李清与冒襄的通信中有示:“所携毛刻《十七史》,卷帙浩繁,乞年翁多方玉成,使负重而来者获飏轻而去,则缕感不赀矣。”[①]所谓“毛刻”即毛晋刻本。明亡之后穷困潦倒的陈瑚曾坐馆于常熟毛家,故交谊深厚。己亥(顺治十六年,1659)七月毛氏仙逝,陈瑚作《和陶挽歌辞哭毛子晋并序》,痛陈失友之悲。毛氏辞世后,陈瑚不惮劳顿,以十七史为贽,实有不负老友心血、意欲光大之意。而另一方面,“史”对于遗民而言,又别具深意:除了在斑斑竹帛、殷殷史迹中寻求明鉴之外,还在于“史”是深远的记忆,最能抵抗因时间流逝而不可避免的遗忘,这于遗民有不致使生存价值虚幻化的意义。陈、冒二人相会期间,读了多少史书,此后又是否践约,有怎样的收获等,皆无史料明载,但于冒襄处,仍有一二踪迹可循。如其康熙二十六年(1687)款待遗民老友许承钦,有《步和许漱雪先生观小优演吴梅村祭酒〈秣陵春〉十绝句原韵》,即反映出对南唐历史了解之细致、见解之独到,冒氏之史学修养可得一窥。而这不妨看作当年陈瑚读史的期约,在岁月深处所得的应和。此时距陈瑚仙逝虽已十有二年矣,但这份因史而缔结的缘分,使得像冒襄这样“寿则多辱”的遗民在时光的等待中多了温情的记忆,也留下了更多文化应和的印迹。

三是评剧。陈瑚师徒在水绘园盘桓近一月,数观冒襄家班之表演,《确庵文稿》中现存陈瑚观剧诗 4 组、16 首,《同人集》亦收瞿有仲观剧诗 6 组、34 首,数量可观。其中陈瑚对家班演员秦箫的题赠引人注目,除《和有仲观剧断句十首赠别巢民》中有“秦箫北曲响摩天,刻羽流商动客怜。拟谱唐宫凝碧恨,海青心思倩伊传”外,尚有《秦箫歌》:

堂上醉葡萄,堂下奏云璈。左盼舞徐蓁,右眄歌秦箫。秦箫

① 《冒辟疆全集》,第 964 页。

> 秦箫调最高，当筵一曲摩云霄。《邯郸》卢生横大刀，磨崖勒铭意气豪。《渔阳》挝鼓工骂曹，曹瞒局缩如猿猱。长安市上悬一瓢，义声能激袁家嫠(歌《邯郸》《渔阳》《义卢嫠》诸曲)。一歌雨淙淙，再歌风萧萧，三歌四座皆起立，欲招鸣鹤惊潜蛟。喜如《苏门啸》，思如"江潭骚"。怒如秦廷筑，哀如广武号。引我万种之愁肠，生我一夕之二毛。泪亦欲为之倾，心亦欲为之摇。吁嗟乎秦箫，尔居楚地但解作楚歌，胡为乎悲壮慷慨，乃能为燕赵之长谣？我爱秦箫声，不惜秦箫劳。愿将义士忠臣曲，遍付秦箫缓拍调。君不见黄幡绰敬新磨，嘲笑诙谐何足慕？惟有千秋雷海青，凝碧啼痕感行路。[1]

由其所述可知，秦箫所擅乃北曲，诗中所及《渔阳弄》《苏门啸》皆为杂剧，即《邯郸记》一剧虽为传奇，亦有南北合套，如第二十出《死窜》中，【醉花阴】【喜迁莺】【出队子】及【尾曲】，皆为北曲，故使秦箫伎艺得展。陈瑚对秦箫高亢的嗓音、出神入化的表演赞许有加，但最扣心弦者乃"尔居楚地但解作楚歌，胡为乎悲壮慷慨，乃能为燕赵之长谣"，而且，比附的历史人物是唐玄宗时期的乐工雷海青——安禄山入主长安后不愿献艺、在凝碧池抗节而死者。由此，一方面可以看出陈瑚与李清在戏剧"忠义志节"认知上的趋同倾向，另一方面也可见燕赵之音在遗民心中独特的文化意味。赵园先生在《明清之际士大夫研究》一书中曾指出：遗民"对西北情有独钟"[2]，此言确乎为烛照之见。但惜其未阐因由。清初士人对西北的倾慕与向往，实与唐王朝以长安为都、乃汉文化光辉灿烂之时的史实有关，而背后的隐曲则是朱明王朝"衣冠如唐制"[3]，故而此处的"西北"更应是文化意义上

---

① 《确庵文稿》，《四库禁毁书丛刊》集部184册，第261页。

② 赵园《明清之际士大夫研究》，北京大学出版社2014年版，第85页。

③ 《明实录》"洪武元年二月"条，上海书店1984年影印本。

的历史坐标，遗民借“唐”而怀“明”，寄寓的是失国之痛。

陈瑚访皋的诗文留存表明，冒襄当时是有唱和的，但这类文字惜乎未见于《冒辟疆全集》中，因此不能晓其感想，只能从《确庵文稿》保留的一段冒襄跋文来稍窥一二：

> 巢民曰：余弱冠即出而交天下，一时文章、气节之士，无不延揽折节、倾倒平生。娄江赵我完先生，经学、理学精研潜究，极乎几微，而伉爽豪迈之气，坐人百尺楼下。设帐吾皋三年，晚年节义坊表三吴。确庵克绍师传，倡明正学，躬耕养亲，不出户阈。今过吾邑，访师友之遗踪，扶理道于未坠，风雨到门，冰霜满面。与之纵论今昔，幽抑怨断之怀，出于忠厚和平之蕴，浑浑噩噩，不可端倪。吾师乎！吾师乎！于斯世而得斯人，执鞭恐后矣。季翼、白耳、夏宗诸子咸立雪我完之门，重宴确庵于吾庐，载有此记，敬识数言，庚子夏冒襄记。[①]

这段《冒辟疆全集》失收的文字十分珍贵，冒襄对陈瑚的敬仰之情，二人相会的喜悦皆达之笔端。“吾师乎！吾师乎！于斯世而得斯人，执鞭恐后矣”的感慨还表明，同为遗民，坚守节义是二人之共识。

三　戏剧接受与审美意趣

面对明清改朝换代、天崩地坼的大悲痛，遗民生活中的“改易”确乎多矣，而戏剧观赏乃为数不多的“不变”之一。“不变”的原因，首先在于演剧风习具有延续性，明中叶以来“无剧不成席”的娱乐风尚在易代之际并未改变。如“鲁监国在绍兴，以钱塘江为边界。闻守边诸将日置酒唱戏歌吹，声连百余里……王召百官宴于廷，出优人歌伎以

---

① 《确庵文稿》，《四库禁毁书丛刊》集部 184 册，第 384 页。

侑酒……王平巾小袖，顾盼轻溜。酒酣歌紧，王鼓颐张唇，手箸击座，与歌板相应”[1]，所记乃明亡后从山东兖州逃难至浙江绍兴的鲁王与群僚同欢的场景。这样的记述常被用来批判统治阶层的醉生梦死、不知振作，但若参之以殉节名臣祁彪佳《祁忠敏公日记》中所录——在国事最为紧急的甲申、乙酉年间，祁氏无月不观剧、甚至一日观数剧——则“观剧”行为并不能等同于“腐败”。它反映出了观剧作为“文化习惯”在社会中的巨大影响力。正因为它是承自前明的“文化习惯”，再加上观剧行为的文化品性已有全新阐释——戏剧被赋予“忠义”的文化品格、观剧被认作是“怀国”的举动，故而遗民在诗文中并不讳言自己的这一娱乐行为。除前文已经论及的内容之外，以下再举顺康间遗民观剧之数例。

作　者	观剧诗	观剧时间	出处[2]
冯　班	《观剧口号寄李肤公》	顺治二年	《钝吟全集》，《清代诗文集汇编》第 20 册，上海古籍出版社 2010 年版，第 48 页。
方　文	《刘旋九召集韦园观家伎》	顺治二年	《嵞山集》，《清代诗文集汇编》第 38 册，第 418 页。
钱澄之	《中秋集吴中诸友于菩提下，戏仿虎丘盛会，再用秋字》	南明永历朝	《藏山阁集》，《续修四库全书》第 1400 册，上海古籍出版社 2002 年版，第 608 页。
方　文	《清明日饮窦计部署中观剧有感》	顺治九年	《嵞山集》，《清代诗文集汇编》第 38 册，第 435 页。

① ［清］李介《天香阁随笔》，《丛书集成初编》第 2901 册，中华书局 1983 年影印本，第 28 页。

② 此处已经注明出处的诗歌，在下文论述中提及时将不再重复作注，特此说明。

续表

作　者	观剧诗	观剧时间	出处
陆　宝	《十八日童村观剧》	顺治十年	《悟香集》,《清代诗文集汇编》第18册,第231页。
黎元宽	《沧浪亭观演秣陵春》	顺治十四年	《西江诗话》,《四库禁毁书丛刊》集部第138册,第208页。
方　文	《湖上观剧》	顺治十六年	《嵞山集》,《清代诗文集汇编》第38册,第526页。
方　文	《广陵一贵家宴客……》	康熙二年	《嵞山集》,《清代诗文集汇编》第38册,第640页。
陈　瑚	《苍岩招饮花下伶人歌〈逊国疑〉,即席成三绝句》	康熙十二年	《确庵文稿》卷十,《四库禁毁书丛刊》集部184册,第312页。
黄宗羲	《听唱〈牡丹亭〉》	康熙二十五年	《黄宗羲全集》第11册,浙江古籍出版社2005年版,第310页。
王邦畿	《铁冠图》	康熙初年	《耳鸣集》,《四库禁毁书丛刊》集部第87册,第107页。
傅　山	《金陵怀古》	康熙初年	《霜红龛集》,《续修四库全书》第1395册,第499页。
傅　山	《听吴歌》	康熙初年	《霜红龛集》,《续修四库全书》第1395册,第527页。
吴　锵	《春夜得全堂观邯郸记》	康熙初年	《冒辟疆全集》,第1512页。
顾道含	《和吴闻玮春夜得全堂观邯郸原韵》	康熙初年	《冒辟疆全集》,第1512页。

上述观剧诗可以证明顺康间遗民观剧风气确实存在,气节凛然如黄宗羲、傅山、钱澄之等皆有戏剧之好,故而,遗民观剧诗文理应是戏剧史的研究内容。事实上,这类资料蕴含了遗民群体在戏剧接受

中的独特心理感受与审美诠释，深具解读价值。

首先，观剧行为具有寄寓意义，主要表现为遗民“持节”品格之外显。以方文的观剧诗为例，如其在《清明日饮窦计部署中观剧有感》诗中有“久不见袍笏，优伶尚汉官。酒多情易伤，曲罢漏将残。令节惊相问，中心黯自酸。一生开口笑，只是旁人欢”，所述即遗民观众的特殊心理——想看又怕看：一方面“优伶尚汉官”，演员在场上保留汉家衣裳与礼制，满足了遗民重温前明文化仪制的心理；另一方面“中心黯自酸”，场上的悲欢离合与他们的人生动荡播迁何其相似，观此则忍耻偷生的挫败感怎不强烈？此诗写于顺治九年(1652)的清明节，正是遗民祭奠亡魂的敏感时刻，方文借机重申对前明的怀念，个人节志显露无遗。而在别篇诗文中，方文更借“剧”发声，宣扬遗民“持节”之坚定，如其《广陵一贵家宴客，伶人呈剧目，首坐者点〈万年欢〉。予大呼曰：“不可。岂有使祖宗立于堂下，而我辈坐观者乎?”主人重违客意，予即奋袖而起曰：“吾宁先去，留此一线于天地间。”王贻上拊几曰：“壮哉，遗民也。”遂改他剧》诗，即为此类：

> 黍离麦秀尚消魂，何况威仪俨至尊。莫道人心尽澌灭，也留一线在乾坤。虽然游戏事非真，优孟衣冠亦感人。却讶先朝曾扮此，当筵未见有人嗔。

《万年欢》一剧的资料罕见，据诗中之意，演绎内容应是明朝帝王故事。方文在宴集中极力主张改换剧目，反对理由是“祖宗立于堂下，而我辈坐观”是大逆不道的行为，流露出对前明帝王的尊崇：仍守君臣之礼。这一态度因得到当朝新贵王士禛的声援而获尊重。由此亦可知，在清初的文化交往中，遗民仍是被人敬重的群体，他们的持节行为亦能多被理解，其中原由乃在合乎儒家忠孝节义思想。事实上，遗民群体的接纳与肯定，甚为清初有识之士所重，王士禛即是通过与遗民的“布衣交”而积聚文化资本，“为日后雄踞文化盟主的地位积累了必要的声望”[①]。

其次，热衷于兴亡题材类作品的观赏研讨。如吴伟业所作《秣陵春》传奇，在冒辟疆水绘园盛演不衰、传播解读，主要是因为观赏者从中看到了明亡的历史教训，以及吴梅村之流的亡国痛楚[②]。此外，《逊国疑》《铁冠图》等作品亦是当日关注之焦点。

陈瑚有《苍岩招饮花下，伶人歌〈逊国疑〉即席成三绝句》：

> 鹃血猿肠故国悲，谁将遗恨谱新词？哀弦急拨秋风里，四座无声两泪垂。
>
> 雒蜀交战苦未休，酿成宗社作荒丘。皇天此恨应终古，岂报方黄十世仇。
>
> 白头供奉唱江南，红豆声残酒正酣。莫讶君王偏爱老，渭城高调是何戡。

此诗作于康熙十二年(1673)，是《逊国疑》剧作搬演的最早记载。此剧在焦循《剧说》、梁廷柟《曲话》、李斗《扬州画舫录》中皆归在叶雉斐名下，故作者无疑。但因剧作已佚，内容研究上尚有颇多不确，如刘荫柏先生据剧名中的“逊国”二字，推测内容当与建文帝有关[③]。若由陈瑚诗作入手，这一问题可得更直接地证明：“鹃血猿肠故国悲，谁将遗恨谱新词”说明此剧与前明相关；“雒蜀交战苦未休”言党争之祸；“岂报方黄十世仇”涉及方孝孺与黄子澄，故剧写建文逸事可以更

---

① 蒋寅《王士禛与江南遗民诗人群》，《北京大学学报》2005 年第 5 期，第 116 页。

② 详见拙文《论吴伟业的秣陵春传奇在清代的传播与接受》，《学术论坛》2016 年第 8 期，第 117—122 页。

③ 刘荫柏《叶雉斐及其剧作论考》，《苏州大学学报》1984 年第 1 期，第 82 页。

确定。诗作第一首表露观感:看到故国遗恨被搬上氍毹,引发的是无尽的伤感:“四座无声两泪垂。”诗作第三首赞赏演剧的“伶人”,用李龟年、何戡之典,抒发抚今追昔之意,其中的民族情感隐约可见。《逊国疑》的搬演记录,尚有褚人获之录:“《铁冠图》传《逊国疑》。”[①]诗前自注“甲申春连观演剧”。据作者康熙末年在世的生平经历,此处“甲申”当为康熙四十三年(1704),由此亦可知此剧兴盛时间之长。褚氏诗中的另一剧目《铁冠图》,据《曲海总目提要》之述,乃“影掠明末崇祯事迹”,此作亦为遗民群体的观赏热点。方文《湖上观剧》中有“谁谱新词忌讳无,优伶传播到西湖。惊心最是张方伯,不敢重看《铁冠图》”,乃其顺治十六年(1659)在杭州西湖的观演记述,此时“时事剧”对遗民观众仍有极大的心灵冲击力。王邦畿《铁冠图》诗“国破家亡泪未干,《铁冠图》演可谁看。杜鹃声在前山树,细雨如丝春气寒”,乃康熙初年的搬演记录,诗中歌哭之意亦甚鲜明。

再次,戏剧品鉴不仅着眼于作品内涵的揭示,而且致力于作品影响力的扩大。汤显祖的《邯郸梦》在如皋水绘园之搬演,前文已及顺治十六年(1659)之盛况,除陈瑚、瞿有仲师徒外,尚有他遗民观众。吴锵《春夜得全堂观邯郸记》“潦倒归鞍四鼓天,萧萧疏雨过城边。月移台树和花入,香散帘栊带酒眠。梦去笙箫犹细细,醒来情绪自绵绵。繁华一瞬家何在,牢落邯郸枕上缘”,即抒其盛衰难逆、意绪萧然的观演心理。此诗有冒襄、顾道含等人的和作。如顾氏之作“春风骀宕蔚蓝天,送我欢场对酒边。学步多人贪覆辙,回头无策醒长眠。歌桃颊艳何须粉,舞柳腰寒未脱绵。同是梦华前度客,黄粱应省旧因缘”,抒发的是人生无奈的感伤。尤其是“同是梦华前度客”,用《东京梦华录》之典,表达对逝去繁华的追思,黍离之悲隐约其间。这样的情感尚可在周拱辰处寻见,如其《蝶恋花·读邯郸记》“世事茫茫难忖

---

① [清]褚人获《坚瓠集》补集卷六《后戏目诗》,浙江人民出版社 1986 年版,第 14 页。

料。无奈芦花，扑上须眉早。赵州桥柱与年销。月明犹听驴儿叫。赶入枕中分梦好。店里黄粱，日日炊无了。试问梦回何处讨，杜鹃秋满邯郸道”①，所发亦为故国难回、旧梦难追的沧桑之叹。

遗民群体对《邯郸梦》传奇侧重于“史鉴”的品评，使之烙上特殊的文化标记，由此也直接影响其文学史评价。如黄周星将之推至“近代传奇”顶点的地位：

> 近代传奇，余惟取汤临川四梦；而四梦之中，《邯郸》第一，《南柯》次之，《牡丹亭》又次之；若《紫钗》，不过与《昙华》《玉合》相伯仲，要非临川得意之笔也。②

这一推崇当与冒襄家班的搬演之功不无关联。黄、冒二人早在顺治十八年(1661)已经定交，此从黄周星所作《鸳鸯梦引寄东皋冒子辟疆》《后鸳鸯梦引再寄东皋冒子辟疆》二诗可知。故而，这是建立在戏剧传播事实之上的评骘。康熙三年(1664)，宋琬、曹尔堪、尤侗、王士禄等人于西湖雅集时观赏《邯郸梦》，并有《满江红》词作的唱和，即是品鉴热潮的扩散效应之一，其中不乏对遗民群体阐释结论的心领神会，正如严迪昌先生所论：“这是顺康之际汉族士大夫在新朝廷上动辄得咎，所处境况极险谲的必然性表现。”③

以上从修撰、演剧、品评三个维度梳理了清初遗民群体的戏剧活动，实为传统文士失国后在戏剧中倾注心力的具体表现，除去政治立场、人格精神等认知价值外，文化史意义亦很深远。

首先，遗逸群体的曲谱编纂蕴含学术史价值。曲谱本为记录曲

---

① [清]周拱辰《圣雨斋集》，《四库禁毁书丛刊》集部第 86 册，第 328 页。

② [清]黄周星《制曲枝语》，《中国古典戏曲论著集成》第七册，第 121 页。

③ 严迪昌《清词史》，人民文学出版社 2011 年版，第 51 页。

牌格律体式和曲牌唱腔唱法，但在明清之际这类书籍却体现出了著述动机的特别及历史溯源之刻意。如前述《南词新谱》之编撰，从乐教统序角度来阐述曲谱修撰意义，显露的是前人未有之动机，此与《清史稿》对遗民撰史所论“明末遗逸，守志不屈，身虽隐而心不死，至事不可为，发愤著书，欲托空文以见志”[①]，甚是契合。曲谱纂辑与修史一样都被赋予了更深的学术意味以及托书言志、期于后世的目的。“历史溯源”亦为遗民曲谱编撰中的普遍趋向，最为突出者乃《九宫正始》对《骷髅格》的推崇。《骷髅格》一事或许有伪[②]，但从钮少雅着意宣扬其乃“汉唐旧传”可知，编撰者“托古正乐”的目的是真切的，即试图从格律角度建立南曲的传承统序，此与沈自晋“乐教统序”之动机，实出一辙。如此可知“遗逸曲学”的独特意义：不仅是以往曲学成果的总结与梳理，更是新的文化范式的树立；追求“复古”的过程，正是“新意”萌发的过程。这与李昌集先生总结的清代曲学之“文献学”与“历史学”特色[③]，存在启发与奠基关系。

其次，遗民群体的戏剧活动，从编创、传播、审美等多个层面确保戏剧文体的高品质发展，为清代戏剧承继晚明之盛奠定了基础。戏剧褒扬“忠孝志节”、承载儒家品行教义等方面的价值被着重拈出并阐明光大后，更多的遗民借剧发抒：“迩来世变沧桑，人多怀感：或抑郁幽忧，抒其禾黍铜驼之怨；或愤懑激烈，写其击壶弹铗之思；或月露风云，寄其饮醇近妇之情；或蛇神牛鬼，发其问天游仙之梦。”[④]遗民群体的创作，带来了这一时期作品的兴盛，如仅杂剧一体，即有 17 位

---

① 赵尔巽等《清史稿》卷五〇一“谈迁”条，中华书局 1977 年版，第 13864 页。

② 参看任荣《〈骷髅格〉真伪问题的考辨》，《中国典籍与文化》2011 年第 3 期。

③ 参看李昌集《中国曲学史》第三卷第四章《清代曲学的“复古”与历史学曲学的萌生》，华东师范大学出版社 1997 年版。

④ [清]邹式金《杂剧三集小引》，《续修四库全书》第 1765 册，第 293 页。

作家的 25 部作品已被学界认定为遗民之作[1]。而傅山、王夫之、黄宗羲等遗民中的大儒对戏剧的亲近态度,也使得清代经学家与事戏剧者增多[2],对改变其“小道”的文学地位,有积极意义。遗民群体在戏剧方面的多方探索,对清代前期戏剧更大的意义在于锻塑了《长生殿》与《桃花扇》这类经典“重史实、得史鉴”的特质。孔尚任明确提出的“借离合之情,写兴亡之感”的创作理念,与明人同题材作品如《浣纱记》等自是不同,集中表现为更侧重于对历史事实的客观考辨,以及对历史的反思与教训的总结,如前文已述,明显与遗民群体的审美趣味存在承继痕迹。综上可知,清初遗民群体在戏剧方面的诸多活动,“启后”的意义与价值更为突出。而这在宋元、元明易代中皆未见到,故其独特性是更为凸显的。

(作者单位:扬州大学文学院)

① 杜桂萍《清初杂剧研究》,人民文学出版社 2004 年版,第 332 页。

② 参看张晓兰《清代经学与戏曲》第四章《清代经学家的戏曲活动》,上海古籍出版社 2014 年版。

从“瓠落”到“桴浮”

——出土文献与早期中国文学史的习得性重构

倪晋波

美国汉学家宇文所安先生在《瓠落的文学史》一文中，用“瓠落”一词表达了对中国文学史著的困惑。“瓠落”一词源出《庄子·逍遥游》：“惠子谓庄子曰：‘魏王贻我大瓠之种，我树之成而实五石，以盛水浆。其坚不能自举也；剖之以为瓢，则瓠落无所容。非不枵然大也，吾为其无用而掊之。’”该词本意是“空廓”“落拓”。宇文所安先生借以指出，尽管现有的中国文学史著都充满自信，但问题是，“我们对文学史的理解和学术界常见的文学史存在相当大的距离”，故而这些文学史著“因为太大，反而无用”①。这便是“瓠落”一词在其文中的基本寓意。指陈历来的中国文学史著为“瓠落的文学史”，此论固然可议，但若视其为“完美的文学史”，亦确乎过于乐观。也正因此，一代代文学史家不断进取，意图弥补遗憾。然而，无论是“瓠落的文学史”，还是“完美的文学史”，多是基于编撰者的立场而言的；若从阅读者的视角看，“真实的文学史”可能更重要。那么，“瓠落的文学史”之叹因何而生？何为“真实的文学史”？达至此种文学史是否可能？对这些问题的回应，首先需要回溯百年来的中国文学史撰写历程。

---

① [美]宇文所安《瓠落的文学史》，《中国学术》2000 年第 3 期，第 237—254 页。

一　由“泛”而“大”：中国文学史撰写范式的百年嬗递

为了弥补“瓠落的文学史”之憾，宇文所安先生与孙康宜教授共同编撰了《剑桥中国文学史》，意在“质疑那些长久以来习惯性的范畴，并撰写出一部既富有创新性又有说服力的新的文学史”①。《剑桥中国文学史》最终能否达成此愿，还需要时间来检验，但不可否认的是，该书是一百多年来中国文学史撰写范式又一次转变的代表作之一。一般而言，二十世纪初以来的中国文学史撰写范式经历了三种变化。

第一种范式是以文体为导向、强调经世致用的文章流别史，出现在二十世纪初，以林传甲《中国文学史》等为代表。林氏明言，其书体例依《奏定大学堂章程》“中国文学专门科目”之“研究文学众义”而定：

> 大学堂研究文学要义，原系四十一款，兹已撰定十六款，其余二十五款，所举纲要，已略见于各篇，故不再赘。
>
> 目次凡十六篇，每篇十八章，总二百八十八章，每篇自具首尾，用纪事本末之体也。每章必列题目，用通鉴纲目之体也。②

以今言之，林著文学史大体以“经史子集”来分类，其与文学最近的“集部”则据文体分章，是“历代文章流别”。另一方面，作为林著纲领的《奏定大学堂章程》强调：“学堂不得废弃中国文辞，以便读古来

---

① ［美］孙康宜、宇文所安主编《剑桥中国文学史·序》，生活·读书·新知三联书店 2013 年版，第 2 页。

② ［清］林传甲《中国文学史》，陈平原辑《早期北大文学史讲义三种》，北京大学出版社 2005 年版，第 27—28 页。

经籍。中国各体文辞,各有所用。……中国各种文体,历代相承,实为五大洲文化之精华。且必能为中国各体文辞,然后能通解经史古书,传述圣贤精理。”[①]可见,以文体为核心来撰写文学史,其目的在经世致用、导承传统。此期文学史家对文学的认知具有明显的泛学术化特征,而《奏定大学堂章程》的指示更表明此时的文学无法完全走出政教附庸的地位,这也是此一时期文学史的明显缺陷。

第二种范式是以作者作品为主、体裁潮流为辅的作家作品史,二十世纪四五十年代以后出现的文学史著多以此为例。二十世纪五十年代出现了一次关于中国文学史撰写体例的大讨论,游国恩先生在其具有总结性的《对于编写中国文学史的几点意见》中说:

> 文学史的体例……大体不外两种:一种是以作家为主的编写法,一种是以问题为主的编写法。……各有短长,各有利弊。……一方面以作家为主,依时代先后叙述,必要时允许照顾到各种文学种类、文学体裁的发展,以及各个文学潮流的趋势,因而不妨采取以体裁、派别等为辅的办法来补救。[②]

由此,以作者、作品为核心,以体裁、思潮等为辅翼的作家作品史写作模式正式成为主流,其所主编的“游本文学史”堪称代表。此后,中国文学史著的写作大体依循此式。这一范式确立了文学的中心地位,但无法摆脱文学史等同朝代史的掣肘。

第三种范式是以文本为重心,强调文本、文学、文化互渗的“大文学史”,以上文提到的《剑桥中国文学史》等为代表。该书的作者之一

---

① 璩鑫圭、唐良炎编《中国近代教育史资料汇编·学制演变》,上海教育出版社2007年版,第499页。

② 游国恩《对于编写中国文学史的几点意见》,《光明日报》1957年1月6日第3版。

田晓菲说:“任何一部文学史,尤其是一部好的文学史,一定也得是‘文学文化’史。”[①]此言代表了《剑桥中国文学史》的撰述方法论。该书主撰者目前提出了“文学文化史”的观点,声称要“尽量脱离那种将该领域机械地分割为文类(genres)的做法,而采取更具整体性的文化史方法:即一种文学文化史(history of literary culture)”;“另一个随着文学文化的大框架自然出现的特点是:《剑桥中国文学史》较多关注过去的文学是如何被后世过滤并重建的”[②]。按照孙康宜和宇文所安先生接受公开采访时所言,所谓“文学文化”,“是一种把文学作品置于文本生成及相关制度的更大语境中的方式,它能够展现各种文体之间的联系”;而所谓“文学文化史”,关注的重点是:“一个文本是如何产生的?它是如何被接受的?在同一个时代里,这个文本和其他文本又有什么关系?”[③]两位主编都没有给出明确的定义,但所谓“文学文化史”的基本思路仍然可窥见。这一理论将文本、文学、文化视为有机整体,充分关注制度文化等与精神文化之间的互动及其对文学创作的影响,其基本方法是把文学作品置于文本生成及相关制度的更大语境中去考察,并探究不同文体之间联系及相互影响等,其撰写体例是突破文体中心和朝代分期的传统范式,而更多关注文学如何被过滤、重建、改写及经典化。总而言之,“文学文化史”的核心逻辑是将文学史视为某个时代或地域的特有文化阐释方式。尽管学者们心存疑惑,但在相当的程度上,“文学文化史”的写作范式是近年“大文学史观”下中国文学史写作的代表性理论,因而引发了学界强烈的关注和讨论。

对文学史编撰者来说,范式的转换是逼近“完美的文学史”的基本路径;然而,对于阅读者来说,范式的嬗迁也许并不能解决“瓠落的

①③ 石剑峰《在文本生成的历史语境中书写“文学文化史”——两主编谈〈剑桥中国文学史〉的编纂》,《东方早报》2013年7月19日第B02版。

② 《剑桥中国文学史·序》,第2页。

文学史”之惑。因为无论编撰范式怎样变化，文学史著都不能改变其缺憾：无法在第一时间将新材料补充入史。比如，近数十年来，出于地下的文学文献激增，引发了学界对于重写中国文学史的热切讨论，更有学者直言局部文学史“非得重写不可”[①]。然而，兹事体大，言易行难，一部“完美”地融合现有出土文献和传统文献的文学史至今未见。即使是局部改写，也异常缓慢。

袁世硕先生主编《中国古代文学史》是当下高校力推的中文系最新教材，使用者日众；其在 2018 年 8 月推出的修订二版，比较注意利用出土文献。如，第二编《秦汉文学》第二章《西汉辞赋》，有一小节“无名氏《神乌赋》”[②]。《神乌赋》出土于 1993 年，是国内发现的第一篇西汉俗赋。作为一种文体，俗赋过去因为文本遗存极少而罕有知者，二十世纪初，随着敦煌写本《韩朋赋》等赋的发现，其体裁、特征才逐渐被揭示。《汉书·艺文志》“诗赋略”录载“赋”70 家，1000 余篇，包括“杂赋”12 家，共 230 多篇，俗赋包含在“杂赋”中。上述赋文，绝大多数今已不存。由此可见《神乌赋》的文学史意义何其重要！但其被写入文学史又何其迟也！更重要的是，2009 年初北京大学收藏的西汉竹书中又发现了一篇俗赋，名为《妄稽》，长达 3000 余字。该赋的出土，不仅结束了西汉俗赋只有一篇《神乌赋》作为孤证的局面，而且表明汉赋除了骚体赋、体物大赋、抒情小赋外，还存在故事赋这一类型[③]。但是，上述文学史著对此竟不置一词。与之相类，该著第四编《隋唐五代文学》第八章《传奇和敦煌文学》，将敦煌文学分为以《文

---

① 廖名春《出土文献与先秦文学史的重写》，《文艺研究》2000 年第 3 期，第 28—30 页。

② 袁世硕主编《中国古代文学史》(第二版上册)，高等教育出版社 2018 年版，第 164—165 页。

③ 廖群《“俗讲”与西汉故事简〈妄稽〉〈神乌赋〉的传播》，《民俗研究》2016 年第 6 期，第 90—96 页。

选》和李白诗歌等为代表的文人文学和以变文、曲子辞和王梵志诗为代表的通俗文学[①],但却忽略了敦煌写本俗赋。要知道,早在 1900 年,敦煌写卷中就发现了 10 多篇以赋为名的作品,其中俗赋有《韩朋赋》《燕子赋》《晏子赋》《赵洽丑妇赋》等。1979 年,敦煌马圈湾汉代烽燧遗址中又发现了一枚与韩朋故事有关的西汉残简[②]。但是,这些价值颇大的文学文本和相关讨论同样没有出现在最新的《中国古代文学史》中,其滞后性显而易见。虽然意在提供可靠文本、共识判断和历史价值的文学史著述在利用最新文献和研究成果时自有其内在逻辑,但新见文献与文学史著长期存在“时间差”是客观事实,而它也必然会导致读者的困惑:我们面对的文学史是“真实的文学史”吗?

二　由“撰”而“读”:基于读者视野的“三种文学史”分类

目下可见的文学史著多由学者或研究者基于学术积累、理论认知和自我期待写成,虽然在写作中也虑及阅读者的感受,但呈现作者个人的文学史理解和意识却在有意无意间主导了其写作过程。二十世纪三十年代初,胡云翼先生有感于当时的文学史著“多数不能令我们充分的满意”,决心撰写一部“理想的完善的文学史”。胡先生言出必行,果然撰成一部自己的文学史,同时为了与前人著述相区别,特意名之曰《新著中国文学史》。胡先生在《自序》中说:

> 我自知这本书必有许多偏枯的地方,但我也自信我的编辑方法,取材见解,是比较进步的。……总之,我尽力的使我的文学史能够成为一部活的脉络一致的文学史,虽然这也许是我的

① 袁世硕主编《中国古代文学史》(第二版中册),第 125 页。

② 伏俊琏《韩朋故事源流考》,《先秦文献与文学考论》,上海古籍出版社 2011 年版,第 187 页。

一个力不胜任的妄想。[①]

虽然胡先生笔存谦逊,但“我的文学史”一语却袒露了其内心无比的自信和得意。事实上,“我的文学史”也是众多中国文学史编撰者追求之鹄的。对读者来说,接受编撰者自得的“我的文学史”,也就意味着接受了他者视角替代自我领悟的现实。他者性和上文论及的滞后性是编撰者主导式的文学史著的两种内在缺陷,这对追求“真实的文学史”的阅读者而言,显然是莫大的遗憾,“瓠落的文学史”之叹或正因此而生。因此,笔者认为,若要避免“瓠落的文学史”之憾,除了期待撰写者更新文学史理念、变革其撰写范式之外,还应该转换视角,从读者的立场来思考文学史的类型、范式,并基于此来探寻其研习方法。

关于文学史的写作,陈文新先生说:“从理论上说,文学史编纂包括前后两个阶段,第一个是搜集和准备资料阶段,第二个是解释资料和表达成果的阶段。第一个阶段以实证为主,致力于发现事实;第二个阶段以阐释为主,致力于在事实之上建立体系,并赋予事实以意义。”[②]就是说,文学史编纂有资料准备和建构文本两个阶段,这是基于编撰者视角而言的文学史写作。基于阅读者的期待视野,溯源文学史的生成与接受,本文以为,文学史可分成三种类型,也是三个层次:原生文学史、文本文学史和习得文学史。就其大略,分述如下:

第一,原生文学史。在最一般的认知上,文学史是由文学文本、文学思潮和文学资料(涉及作者、社会、文化等方面)等累积而成的。文学文本是基础,文学思潮是动力,文学资料是背景。原生文学史在

---

① 胡云翼《新著中国文学史·自序》,华东师范大学出版社2004年版,第4—7页。

② 陈文新《构建中国特色的文学史话语体系》,《武汉大学学报》2018年11期,第23—31页。

被整合成文学史著述之前，其基本存在形态是文献，在某种程度上，它形同文学史料。换言之，所谓“原生文学史”是一种“前文学史”，它呈现于多样性的文本，零散无序，且随着时间的推移而处于动态累积的过程中，因文学性、思想性或背景性而有被纳入文学史著的可能，也会成为习得性文学史的渊薮。

第二，文本文学史。文学文本、文学思潮和文学资料被整合成文学史著作之后，就会以固定的文本形态存在，此即文本文学史。这是一般读者接近和了解文学史的最直接、最常见的途径。正如上文所言，文本文学史是经过编撰者筛选、重组的主观性文本，在成文后即处于相对静止状态，虽然它们可能会不断被修订，但对新材料的吸收和纳入总是显得滞后。

第三，习得文学史。对于读者而言，阅读文学史的最终目标建构属于自己的文学史，即通过阅读文本文学史和相关的文学资料，进行主体性的建构，其结果也不一定要形诸文字。换言之，习得文学史是读者基于文学基本规律，贯通文学史脉络，熔铸各类原生文学史料而获得的一种理想模式或想象性建构。从过程来说，此一“文学史”的获得一般有三个阶段：初阶，熟悉文本文学史，这是了解文学史的一般途径，也是最常见的方法；进阶，了解多种文本文学史，旁涉相关研究性著作等，从而理解文学史的内在脉络、生成规律、观念体系等；终阶，在前两个阶段的基础上，直接进入原生文学史，融汇史料、观念和判断，将其积累、建构成习得性文学史。

“习得性”本是一个心理学概念，指人通过持续不断的实践或改造，形成一种近乎条件反射性的习得或其他行为意识。本文借用此一概念，指称读者经过长期阅读、积累、思考，利用各种文献建构文学史的主体性自觉思维。在最粗疏的层面上，习得文学史的三个阶段可以比拟为佛教的“三般若”：文字般若、观照般若、实相般若，从依经解义、辨明理路到知见立知、滞缘观境，再到明心见性、大开圆解。也正因此，习得文学史除了具有个体性、想象性特色之外，还是渐进性的，它的形成需要一个长期的过程。不过，对阅读者而言，这种具有鲜明个体性、会通性和理想性的“文学史”可能才是“真实的文学史”，或者“我的文学史”。

三 由“彼”而“己”：出土文献与早期中国文学史习得性重构的可能

正如上文所述，把握最新、最全的原生文学史料是达至“习得文学史”或“真实的文学史”的途径之一。就中国文学史料的来源实际而言，出土文献是此中主角。近数十年的出土文献中，文学资料极丰，其中很多改变甚至颠覆了读者对文学史，特别是早期中国文学史的认知。以下试从文体角度，稍作述论，以明利用最新出土文献或可接近“真实的文学史”。需要说明的是，这里的“早期中国”借用的是西方汉学学术范畴，指汉代灭亡之前或是佛教传入之前的中国；故“早期中国文学史”即谓先秦两汉文学史。相对而言，目前所见的出土文学文献以先秦两汉时期居多，故本文以之为证。

神话方面，如“牛郎织女”神话。“牛郎织女”神话最早的传世文献源头：《诗经·小雅·大东》“维天有汉，监亦有光。跂彼织女，终日七襄。虽则七襄，不成报章。睆彼牵牛，不以服箱”。根据传世文献，其人格化和分离的核心情节至迟在汉武帝时代形成，悲剧性意蕴则在东汉时期被突显。《三辅黄图》卷四“池沼”条引《关辅古语》云，汉武帝修昆明池，“立牵牛、织女于池之东西，以象天河”①。《古诗十九首·迢迢牵牛星》：“迢迢牵牛星，皎皎河汉女，纤纤擢素手，扎扎弄机杼，终日不成章，泣涕零如雨。河汉清且浅，相去复几许？盈盈一水间，脉脉不得语。”但是，从诗经时代到西汉早期，“牛郎织女”神话存在一个核心漏洞：二人是什么时候开始相恋的？又是何以成为悲剧？这一点，传世文献并未提供任何资料，但战国末期的睡虎地秦墓竹简

---

① 陈直《三辅黄图校证》，陕西人民出版社 1980 年版，第 95 页。

《日书》,恰可连接其缺失。睡简《日书》甲种一五五号正面和三壹号背面简文分别写道：

> 戊申、己酉，牵牛以取织女，不果。
>
> 戊申、己酉，牵牛以取织女而不果，不出三岁，弃若亡。[①]

后者较前者为详，增加了时间因素，暗示了相关神话的在其时的演进线索。两简相关的情节是“牵牛以取织女而不果”，可以看到，最迟在战国末期的相关传说中，牛郎和织女就已经人格化，相知相恋且欲结合，但因不吉而未果，二人的爱情悲剧亦由此成型。另外，1993年出土于湖北江陵的王家台秦简《归藏》涉及了同样著名的“嫦娥奔月”神话。简文谓：

> 归妹曰：昔者恒我窃毋死之□⧄(307)⧄□□奔(奔)月而攴(枚)占□□□⧄(201)[②]

按：“恒我”，即“恒娥”，又作“姮娥”。《说文》：“恒，常也。”故“恒我”又转为“嫦娥”。传世文献最早记载“嫦娥奔月”故事的是汉武帝时代的《淮南子》。《览冥训》篇云：

> 譬若羿请不死之药于西王母，恒娥窃以奔月，怅然有丧，无以续之。[③]

---

① 睡虎地秦墓竹简整理小组编《睡虎地秦墓竹简·释文注释》,文物出版社1990年版，第206、208页。

② 王明钦《王家台秦墓竹简概述》,艾兰、邢文主编《新出简帛国际学术研讨会论文集》,文物出版社2004年版，第32页。

③ 张双棣《淮南子校释》,北京大学出版社1997年版，第710页。

这个记载与王家台秦简《归藏》颇为相似。其实,“嫦娥奔月”之事,很多典籍均有记载,并明言是来自《归藏》。《文选》卷十三谢希逸《月赋》、卷六十王僧达《祭颜光禄文》李善注皆引《归藏》,云:

> 《归藏》曰:昔嫦娥以不死之药奔月。
>
> 《周易》《归藏》曰:昔常娥以西王母不死之药服之,遂奔月,为月精。[①]

但是,由于《归藏》全本早已失传,学者多疑这类佚文为伪,因此据《淮南子》之文,以为“嫦娥奔月”故事广泛流传于西汉武帝时代。王家台秦简《归藏》的出土,不但证明传本《归藏》之不伪,更将“嫦娥奔月”故事的流播时间提前至战国时期。可见,出土文献对建构习得文学史而言,有补苴罅漏之价值,更具溯源发生时间和主题迁变之重构意义。

诗歌方面,如《清华大学藏战国竹简》之《耆夜》。《史记·孔子世家》说:“古者诗三千余篇,及至孔子,去其重,取可施于礼义。”这是文学史关于《诗经》来源的“孔子删诗说”的最著名的一段材料。今天的文学史写作者一般已不信“删诗说”,并对“古者诗三千余篇”表述怀疑。虽然目前学界对《耆夜》所涉诗歌的作者和作年尚有争议,但是该简的面世,却暗示“三千篇”可能并非虚指;而且,从《耆夜》简所录《蟋蟀》与今传《诗经》之《蟋蟀》比较来看,《诗经》在战国时代可能不止一个版本[②]。这些问题虽然目前尚不能确证,但亦令读者不得不重新思考文学史关于《诗经》的一般论述,从而超越文本文学史的局限而有新的认知。再如,北大秦简《酒令》四首不仅为秦文学提供了

---

① [梁]萧统编,[唐]李善注《文选》,上海古籍出版社 1986 年版,第 600、2609 页。

② 李学勤《清华简〈耆夜〉》,《光明日报》2009 年 8 月 3 日 12 版。

新资料，也为文学史之“诗酒风流”提供了新溯源。据李零先生的隶定，其第四首说：“一家翁濡(妪)年尚少，不大为非勿庸谯(憔)。心不翕翕，从野草斿(游)。”意思是说，老夫老妻看起来很年轻，因为从不为非作歹，也不庸人自扰。(他们)与世俯仰、内心淡定，愿如野草随风起伏。这一首虽然没讲喝酒，但结合前三首来看，应该跟酒有关系。其最引人注目的是夫妻二人的人生态度：“愿如野草随风倒。”[①] “竹林七贤”之一的刘伶有“醉后何妨死便埋”的气度；其名篇《酒德颂》亦云：“枕曲藉糟，无思无虑，其乐陶陶。……俯观万物，扰扰焉若江海之载浮萍。”其人其文与上引诗句有内在相通之处。也许可以说，北大秦简《酒令》第四首是中国文学史上最早的关于“诗酒风流”的描述，其文学史溯源意义当不可忽视。

散文方面，如《睡虎地秦墓木牍家书》(两封)。该信写于秦王嬴政二十四年(前 223)，写信人是黑夫和惊两兄弟，收信人是他们的兄弟衷，这是中国目前可见的最早的家信实物。此前一年，项燕立昌平君为楚王，并在陈(今河南淮阳)起兵反秦，秦国遂派王翦、蒙武率军征伐。黑夫和惊两兄弟就是此役秦军中的两名普通士兵。黑夫和惊两兄弟披坚执锐，远征他乡，死生难卜，但他们在家书中却并未过多地渲染战争的残酷和自己的危险处境，而将大量的文字倾泻在对亲友的问候和关切上。两封家书可释读的文字共大约 520 个，但是表达问候、关切的文字竟多达 230 个左右，接近一半的篇幅。如：“黑夫、惊敢再拜问中(衷)，母毋恙也”“为黑夫、惊多问东室须(嫢)苟得毋恙也”“黑夫、惊多问婴汜季事可(何)如？定不定”“惊多问新负(妇)、嫢得毋恙也”“新负(妇)勉力视瞻两老……惊远家故，衷教诏

① 李零《北大藏秦简〈酒令〉》，《北京大学学报》2015 年第 2 期，第 16—20 页。

娶,令毋敢远就……""惊敢大心问姑秭(姊),姑秭(姊)子产得毋恙"①。两人在信中不厌其烦地问候母亲、多方问候表亲故旧、叮嘱妻子侍奉好母亲、恳请兄弟代为照看幼女,这些都是平常人之平常事,却渗透了牵挂和深情,千载而下,依然动人。在价值上,它们不仅为窥探秦军士兵的内心世界提供了第一手资料,更是早期中国文学史上不可多得的亲情题材作品,弥补了文学史的空缺地带。

辞赋方面,除上文提及的俗赋外,还有其他重要出土文学文本,特别是北京大学近年入藏的西汉竹书《反淫》。该文长达 1200 余字,以问答体的形制,设想了两个形象"魂"和"魄子",并以"魄子"患病,"魂"铺叙听乐、逐射、校猎、滋味美食、宴饮、登临、博戏、垂钓、弋射、修道、交游、要言妙道、游仙十三种事项以起其病为基本内容。其中,听乐、射御、校猎、美食、登台、要言妙道六事均见于汉代枚乘的《七发》,且听乐、要言妙道两事的文字多有同者。在思想上,《反淫》也以反对放纵欲望为宗旨②。显而易见,《反淫》与《七发》是高度相似的两个文本,且前者的出现时间要早于前者。《七发》在当前的文学史著中,被认为是汉赋"七体"的发轫之作,但《反淫》的出现却带来了新的思考,比如《七发》的题目问题。有学者指出:"如果可以将'反淫'视作篇题的话,就带来了一个很有意义的问题,即枚乘《七》是否为原题?如果不是,则令我们对西汉七体文写作有了一个全新的认识,也就是说《七发》可能并非原题,后人见其以七事铺叙而成,故名为《七发》,而枚乘原题却被掩没了。"③与之相关是"七体"赋作的流变问

① 孝感地区第二期亦工亦农文物区考古训练班《睡虎地四号秦墓木牍释文》,《湖北云梦睡虎地十一座秦墓发掘简报》附录,《文物》1976 年第 9 期,第 51—61 页。

② 北京大学出土文献研究所《北京大学藏西汉竹书(肆)》,上海古籍出版社 2016 年版,第 119—136 页。

③ 傅刚、邵永海《北大藏汉简〈反淫〉简说》,《文物》2011 年第 6 期,第 78—79 页。

题。刘勰在《文心雕龙·杂文》中对“七体”流变史有详细的描述:“自《七发》以下,作者继踵,观枚氏首唱,信独拔而伟丽矣。及傅毅《七激》,会清要之工;崔骃《七依》,入博雅之巧;张衡《七辨》,结采绵靡;崔瑗《七厉》,植义纯正;陈思《七启》,取美于宏壮;仲宣《七释》,致辨于事理。自桓麟《七说》以下,左思《七讽》以上,枝附影从,十有余家。”刘勰所举“七体”文,皆在《七发》之后。也就是说,从南朝刘勰的《文心雕龙》到当代的文学史著,枚乘《七发》是公认的“七体”之祖。另一方面,笔者注意到,《反淫》中的“夜饮”一节,未见于《七发》,但其句式、文字多见于《楚辞》。如,所谓“杜若申椒”“木兰”“薜荔”“江离”,还有“蕙”“蘅”等皆见于《离骚》;“结以琦璜”等则见于《招魂》:“结琦璜些”。这表明,正如西汉早期的骚体赋一样,《反淫》与楚辞也颇有渊源。总而言之,《反淫》的重见天日,不仅意味着“七体”赋的早期流变史要重新思考,而且暗示了汉赋与楚辞的关系比今人所认知的要更密切,为所谓“骚为赋祖”之论提供了新证据,具有重要的文学史流变价值。

小说方面,如放马滩秦简《墓主记》和北大秦牍《泰原有死者》。放马滩秦简《墓主记》1986 年出土于甘肃天水战国秦汉墓群的一号秦墓,写作时间在秦昭王三十八年(前 269)。简文讲的是一个叫丹的人死而复活的故事①。丹原籍大梁,本是魏将犀武的舍人,因在垣雍将人刺伤,惊惧自杀。弃市三天后,被埋在垣雍南门外。过了三年,犀武向司命史公孙强祷告,认为丹不该死。公孙强便把丹从墓中挖出,停放三天后,带他到了北地郡。四年之后,丹复活了。丹复活后,向人们讲述鬼的喜好爱憎,提醒人们祭祀时的注意事项,比如不要呕吐、不要把羹汤浇在祭饭上等等。情节类似《搜神记》卷十六“宋定伯卖鬼”。《泰原有死者》牍文的抄写年代下限在公元前 216 年至

① 甘肃文物考古研究所、天水北道区文化馆《甘肃天水放马滩战国秦汉墓群的发掘》,《文物》1989 年第 2 期,第 1—11 页。

210 年，即秦始皇后期。其文说的是泰原有一个人死后三年复活，被进献到都城咸阳后，向人们诉说死人的喜好和祭祀应注意的事项①。内容怪诞，与《墓主记》非常接近，可以视为同类文献。这两篇文字的叙述方式比较稚拙，描写方法单一，人物形象也较模糊，同时作为较长的志怪故事，都没有表现出明显的创作意识。但是，它们毕竟与魏晋志怪小说在主题、情节等方面极其相似，所以它们的出土不得不令学界重新思考志怪小说的出现时间和来源。值得注意的还有，丹复活的故事被邸丞郑重地记录下来，呈报给长官，表明志怪小说在渊源上与“史传”有密切关系，志怪与实录并存的写作思维对志怪小说的诞生具有重要意义。

需要说明的是，本文提出“习得文学史”等，并不是要否定历来的文学史写作模式及其成果，也不是要重写文学史，而是试图从读者的期待视野出发，讨论建构“我的文学史”的可能及其路径。上述梳理表明，当前的出土文文献中，已有较多文本能直接补写、改写或重写早期中国文学史，它们能引领阅读者比编撰者先行一步，超越文本文学史的限制，在审慎辨析的基础上，会通、思考、习得，重构“我的文学史”。也许，“完美的文学史”从来都不存在——无论其撰写范式如何转变或其撰写者何其自信。惠子忧虑五石之瓠“瓠落无所容”，庄子讥之且诱之曰：“夫子固拙于用大……今子有五石之瓠，何不虑以为大樽，而浮于江湖，而忧其瓠落无所容？则夫子犹有蓬之心也夫。”然而，如无楫棹之便，“用大”浮江又谈何容易？孔子曰：“道不行，乘桴浮于海。”如此看来，对早期中国文学史的阅读者而言，乘着出土文献之“桴”，渡越文本文学史之限，重构文学史，或能一解“瓠落的文学史”之惑。

（作者单位：扬州大学文学院）

① 李零《北大秦牍〈泰原有死者〉简介》，《文物》2012 年第 6 期，第 81—84 页。

诗教传统与刘履《选诗补注》诗学诠释论

宋展云

刘履《选诗补注》为元明之际“选诗”专题研究的代表之作，其诠释特点鲜明，影响较为深远，然其不足之处也显而易见。《四库全书总目》论及刘履《选诗补注》曰：“至于以汉魏篇章，强分比兴，尤未免刻舟求剑，附合支离，朱子以是注《楚词》，尚有异议，况又效西子之颦乎？”[①]《四库全书总目》影响较大，此说一出，后人评价《选诗补注》时，往往容易被“支离附会”的先见所蒙蔽，更难以给“强分比兴”作出合理的解释。然而，当我们追寻历史的足迹，走进作者所处的时代，或许可以得到不一样的论断。元人戴良序：“是书虽与文公诸书并传，可也。”[②]刘履好友夏时亦云：“发挥前人，而启迪后进。”为何四库馆臣对刘履《选诗补注》的评价与元明时期文士的说法不一，二者孰是孰非？元明文士在为《选诗补注》作序时，大多突出其教化意义，如元人夏时序：“言发乎伦理，事关乎世教。”明人王大化序：“超然诗教，莫有如刘坦之氏者。”诗教传统如何在刘履《选诗补注》中得以体现？明人余鼎注意到理学思想对刘履的影响：“藻鉴之明，非理学之精诣，

---

① 永瑢等《四库全书总目》卷一八八，中华书局 1965 年版，第 1711 页。

② 刘倬等纂修《刘氏宗谱》(上虞)卷十四“记序”类，上海图书馆藏光绪二十年怀贤堂木活字本。本文所录《选诗补注》序跋皆摘录自此，文中不一一列出。

曷克臻是?”具体而言,理学思想在哪些层面对刘履《选诗补注》有所影响?刘履《选诗补注》注重比兴、宣扬诗教的诠释理念对后世诗歌诠释产生了哪些深远影响呢?本文通过细读诠释文本,梳理家谱、传记、序跋等相关史料,并结合相关诗歌诠释著作,旨在对上述问题作出较为贴切公允的解答。

一 “主于体格,融其意旨”:选本与补注结合的诠释体式

刘履,字坦之,元末明初浙江上虞人,著有《风雅翼》十四卷,包括《选诗补注》《选诗补遗》《选诗续编》三部分[①]。后两部分主要是对《文选》作品的续补,而前八卷《选诗补注》则以选诗作品为诠释对象并加以训释解读。作为基于选本的诗歌诠释著作,刘履《选诗补注》的诠释体例及方法与诗话著作有所区别。刘履《选诗补注》采取“补注体”进行诗歌诠释,与经学诠释体例颇为类似,但在具体讲解方式上,有时又呈现出诗话的某些诠释特点[②]。通过对刘履《选诗补注》的凡例、选篇、注解等内容详加剖析,可以较为深入地理解刘履的诗学主张及其诠释路径。

对于选本而言,作品篇目的取舍可以体现出编选者对于诠释对象的好恶之情,从而间接体现其诠释理念。刘履《选诗补注》选篇精严,以继承风雅遗韵为宗旨。关于选篇标准,《选诗补注·凡例二》

---

① 《风雅翼》的版本主要有明宣德九年本、明正统三年何景春本、明嘉靖四年萧世贤本、明嘉靖三十一年顾存仁本等,参见范志新《文选版本论稿》,江西人民出版社2003年版。本文所引《选诗补注》原文依据《〈文选〉研究文献辑刊》所收顾存仁本,国家图书馆出版社2013年版,文中不一一列出。关于刘履著述及其生平,可参见张剑《刘履著述考》一文,《绍兴文理学院学报》2009年第5期。

② 总体体式上,《选诗补注》受朱熹《诗集传》影响而略有不同;诗篇串讲方面,《选诗补注》有些类似诗话,进行逐句评点,但主要侧重于诗歌意旨分析而非艺术赏析。

曰:“重选之法必其体制古雅,意趣悠远,而所言本于性情,关于世教,足为后学准式者取之。”元明时期,诗歌辨体之风日益盛行,刘履推崇古雅之体,追慕《诗》《骚》以及汉魏古诗传统。审美趣味方面,刘履看重意境悠远、浑厚含蓄之作。具体内容而论,刘履选篇重视“诗言志”传统,突出“性情”及“诗教”。以此为基础,刘履对“选诗”作品进行了增删。《选诗补注·凡例一》曰:“特于其中重加订选,得二百十有二首,又常恨陶靖节诗在《文选》者甚少,今就其本集增取二十九首。又于《后汉书》得郦炎诗二首,于《文章正宗》得曹子建《怨歌行》一首,于《阮嗣宗集》得《咏怀诗》二首,皆《文选》所遗者,总二百四十六首,厘为八卷。”《文选》共有四百余篇诗歌作品,萧统选篇以“事出于沉思,义归乎翰藻”为准则,分类颇细,篇目虽多,未免也有遗珠之憾。刘履于《文选》中得诗二百一十二首,又于作家文集以及《文章正宗》等选本中增取三十四首。例如,《文选》收录陶渊明诗仅有九首,《选诗补注》增取二十九首,其中卷五皆为陶诗,足见刘履对于陶诗的喜好及重视。陶诗因其自然浑厚的风格以及简淡悠远的意趣备受宋元士人的推崇,刘履所增加之篇目也反映出宋元文士诗学旨趣及诠释倾向与南北朝文士的差别。其他所增篇目,如汉末郦炎的《见志诗》,其作意在于自述怀抱,归于政教,因此刘履录于汉诗最末,并加以按语“可以观世变”。如此选篇及编排,充分体现出刘履选篇精严、重视诗教的诠释理念。

对于不录者,刘履也有其独到的考虑:“古乐府《伤歌行》,乃后人掇拾模拟,浅近易到。应休琏《百一诗》词多鄙俚,殊非雅制,傅长虞《赠何劭》等杂冗而不精洁,潘安仁《悼亡》徒发乎情而不至礼义。谢宣远《从戏马台集》景有余而意不足,颜延年《侍游京口》雕斫藻缋,而乏萧散之趣。故皆不得而录,其余自可类推。”对于浅易、俚俗、杂冗、失礼、雕琢等诗篇,刘履皆不录,正因这些诗作与其“体制古雅,意趣悠远”的选篇标准背道而驰。胡瓒宗序曰:“昭明其主于风韵乎,西山其主于理致乎,坦之其主于体格乎?大抵必出于古雅,必本于性情,必发于浑厚，而皆关于世教，否则不在所选矣。”胡瓒宗指出刘履的选篇标准与萧统以及真德秀的差异，此说具有一定的合理性。通过比较可以看出，刘履选篇以体格为重，偏于诗作的思想内蕴及道德教化意义，而不以辞藻为主[①]，所谓“古雅浑厚，关于世教”，体现其独特的审美追求以及诠释理念。

选篇上，刘履精于取舍；具体注解上，则力主客观会通。刘履《选诗补注》诠释视野开阔，在博取众说的基础上断以己意，力求做到圆融会通、实事求是。《四库全书总目》曰：“取《文选》各诗删补训释，大抵本之五臣旧注、曾原[②]《演义》，而各断以己意。”此说较为片面，未在细读注解文本的基础上而轻下断论。刘履《选诗补注·凡例八》已阐明其对于旧注之态度：“旧注李善释事而遗意，其子邕虽间为补附，而不及精详，五臣因其繁酿乃更为诂解，而乖谬尤多。近世曾原颇得梗概，又或详而不要，略而不明，使学者无所取正。然此诸家之说，互有得失，故补注多所采用之。”刘履指出李善、五臣以及曾原一等人注解的不足之处，在其诠释过程中亦能够详加甄别。《选诗补注》对于旧注或是择善而从，或是断以己意，体现其实事求是的诠释态度。具体注解作品时，刘履对李善注、五臣注以及宋元注本加以援引，彰显出较为广博开阔的诠释视野。经统计，刘履《选诗补注》共援引李善注 17 次，五臣注 16 次，曾原一注 13 次，从援引频率上看，《四库全书总目》所言尚有一定道理。刘履援引上述旧说时，不迷信陈见，而能够加以辨别，并附以己见。李善注以释事为主，刘履往往直接援引，或训释典故，或阐明本事，而对李善注有误者，刘履并未盲从[③]。对

① 如对于建安公宴诗，刘履认为“其辞藻有余，理义不足。或放志以流连，或倾情而取悦，今皆不录”。

② 按，曾原当为曾原一。

③ 如曹植《赠白马王彪》“大谷何寥廓”一句，刘履注：“大谷，东路所经行之山谷也。李善作‘太谷’，引《东都赋注》‘在洛阳西南者’，非是。”

于诗歌意旨的阐释，刘履援引五臣注、曾原一《选诗演义》之说较多，如赞同其观点，则曰“此说得之”，如二者有分歧，则曰“当以某说为是”①，对于二者皆非者，则断以己见。对于诸说存疑者，则云“旧说不能尽通”。此皆体现出刘履圆融会通、实事求是的诠释视野。《选诗补注》卷五注解陶诗时，刘履先后援引李公焕、杨恪、汤汉、韩愈、苏轼、赵泉山、朱熹、真德秀、祁宽等旧注，其中既有陶渊明研究名家，也有宋代著名文学家、诗话家，更有宋代理学家。对于旧注的广泛援引，体现出刘履在六臣注诠释体系的基础上，积极融入新的诠释视域，特别是理学话语，这为《文选》诠释注入了新鲜血液。

在诠释体例上，刘履《选诗补注》沿袭朱熹注本，而有所创建。《选诗补注·凡例七》曰：“补注者，补前人之所不足也。大意窃取朱子《诗传》为法，先明训诂，次述作者旨意，间有先正论及此者，亦附焉。庶几词达而义明，使初学易入。”朱熹《诗集传》为经学注解之“集解”体，其训释音、词、义在集说汉儒的基础上而附以己意，形成了以标明“赋比兴”为出发点，以训释字句为桥梁，以串讲意旨为重点的诠释体例。朱熹采取划分章句、逐章训讲的方式展开诠释，如《柏舟》“泛彼柏舟”一章，先注音释词，继而说明“比也”，最后再解释意旨。讲解主旨时，先明作意：“妇人不得于其夫，故以柏舟自比”，再以“言……”②，具体阐明意旨。《选诗补注》主体部分也采取此种体例。如《古诗十九首·青青园中葵》，刘履注曰：“比也。葵，菜名。此言人之待时犹葵之待日……”不过，除曹植《赠白马王彪》、张华《励志诗》等篇幅较长的诗作外，刘履并未采用《诗集传》分章串讲的方式，这和五言诗相对简短的句式也颇有关系。

---

① 如《古诗十九首·客从远方来》，刘履注：“李周翰以此为妇人之诗，谓其夫客行不归，忧愁而望思之也。曾原以为独醒之人忤世无俦，抚时兴悲之作。今详味其辞气，大概类妇人，当以前说为是。”

② 朱熹《诗集传》，中华书局 2011 年版，第 21 页。

刘履在继承《诗集传》诠释体例的基础上而有所突破。从名称上看，刘履《选诗补注》为“补注体”，此种体例旨在集合众说的基础上补正前人之不足。谢肃序曰：“《补注》凡例盖仿乎《诗》《楚词》之注，用之韵谱以协其音声，考之训诂以疏其守义，探之群籍以白其事实，绎之议论以融其意旨，然后著述之体以得。”谢肃将《选诗补注》之体例分为“音声”“训诂”“事实”“意旨”四个部分，大体把握其诠释脉络。标明“音声”，主要是在诗歌原文中加注，正如《选诗补注·凡例》所云：“诗有协韵，并依《诗传》及《楚词集注》例，仍参考吴才老《韵补》，各附其下。”“训诂”方面，刘履训释字句，以通文意。《选诗补注》还重视版本校勘，对讹误之字进行补正[①]。在每位作者名下，刘履还对其生平事迹加以简要补注，以求知人论世，《选诗补注·凡例六》对此已有说明：“凡诗人之家世出处，历仕年代，节行封谥，并详考史传，略具始末于始名之下，使览者有考焉。”具体串讲诗意时，刘履还对作品相关时事背景加以补注，《选诗补注·凡例十》云：“诗意本有关于时事，旧注或晦昧而不宣，今为考史传，发其归趣，然后知诗人之用意非徒作也。”上述皆为“白其事实”之例。意旨阐释部分，刘履往往先以简明的语句解释作品的写作目的，随之采用“首言，次况”的方式逐句疏解，继而“融其意旨”，揭示作品蕴含的深层意旨。

总之，刘履《选诗补注》形成了选本与补注相结合的诠释体式。就选篇宗旨而言，《选诗补注》“主于体格，出于古雅”。《选诗补注》选篇以体制古雅、意趣悠远为宗，经过增删，《文选》文本的原有面貌发

① 如张协《咏史诗》“贤哉此大夫”，“大”字下，刘履注曰：“旧作‘丈’，误。”又如陶渊明《始作镇军参军经曲阿》“时来苟冥会”，“冥”字下，刘履注曰：“《文选》作‘宜’，非是。”刘履对于校勘有其原则，《凡例十》曰：“诗中字有讹误，其证据明白者正之，注云：旧作某字，非是。若字本误，众说乃牵强而不通者圈之，注云：当作某字。有疑似者不圈，但云：疑当作某字。或有音声之讹，字画偏旁之误，当作某字者，并疏其下。”

生改变，篇章内容显得更加精炼，一些未收作品也得以续补。具体注解而论，《选诗补注》重在“白其事实，融其意旨”。《选诗补注》注重史实考索以及意旨剖析，如此则丰富了文本的意义空间，为刘履重视诗教的诠释旨趣奠定了基调。刘履通过补注诗作，旨在继承风雅传统，发扬诗歌比兴言志传统，继而达到关乎世教的现实教化目的。

二 “本于性情，关于世教”：情志与诗教融合的诠释旨趣

在具体内容上，刘履《选诗补注》彰显出“本于性情，关于世教”的诠释旨趣。刘履在《选诗补注·凡例》中指出：“汉魏及晋作者，去古未远，而风雅之余韵犹存，惜乎注者未悉其蕴，使诗人优游咏歌之趣，忠愤恳切、穷厄悲怨之情，可以使人感发而兴起者，不获见知于后世，是可叹也。予穷居草泽，窃以吟咏自娱，因获究夫作者之旨趣，而粗有得焉，辄不自揆，而为之补注。虽不敢妄拟前人著述之万一，然初学之士或有取焉，未必无所助也。”刘履好友夏时亦曰：“必务乎明天理，正人心，使不失为载道之器，意谓不如是不足以垂世而传后也。”揭示作品“明天理，正人心”的精神内蕴，使得读者有所感发，这正是《选诗补注》诠释宗旨所在。“本于性情”，旨在抒情言志；“关于世教”，则为诗教传统之发挥。详而论之，主要有如下体现：

其一，吟咏性灵、抒发情志之内涵阐释。

顾存仁序曰：“诗者，性情之发，道之著也。”[①]诗歌作品源于性情，情郁于中而发乎言，诗人以此疏泄性情、寄托志趣。顾存仁指出

---

① 元明时期，士人对于“性情”的理解有所差别，具体可参见查洪德《元代诗学通论》(北京大学出版社 2014 年版)。顾存仁所言“性情之发，道之著者”与理学家“心性论”有所关联，“性情”不仅是情感志趣的表达，更是诗人个体修养和道德伦理的体现。本文所论“吟咏性灵，抒发情志”，是指通过情感表达，彰显诗人志趣，继而对读者进行感发教化。

诗歌抒发性情与明道言志紧密相关，刘履《选诗补注》也重视对于诗人性情志趣的解读。刘履关注诗作内在的情志抒发，苏武、曹植等人的作品多言亲友别离、夫妇情义，刘履对此详加剖析。如苏武《诗四首·结发为夫妻》刘履注曰："此子卿出使时，别妻之诗。其夫妇之情义、臣子之忠诚，蔼然见于言外。"刘履此解有其深层文化内涵。儒家重视"修身齐家，治国平天下"的理念，夫妇情义深厚、家庭温馨和睦，是"治国平天下"的基础，因此，刘履揭示出诗作中的夫妇情义，有其现实教化意义。曹植后期诗作情蕴深厚，亲族挚友之情弥笃，忠贞爱国之志不减，诗歌情感真挚，感人肺腑。刘履对此也详加解读。如曹植《朔风诗》末章注曰："此章反覆申言怀恋之情。"《朔风诗》善用比兴，壮志难酬之情、亲友别离之痛溢于言表，刘履点明作者深层的眷恋与忧思之情。刘履除了分析离别忧思之情，还能深入分析诸如历史兴亡之感等更为深远之人情。如颜延之《还至梁城作》刘履注曰："时延年为豫章世子参军，奉使至洛阳，还过梁城，而作是诗。言道路险远，征役勤劳，而于息徒将夕之时，瞻望故国空城，已不胜其惨怆。况见丘垄之多，又皆荒颓，若此能不为之感伤焉？因思雍门周对孟尝君之言，则知千秋万岁以后，贤愚贵贱同一堙灭，岂独尊贵而能永存者乎？今我何为久游远道，而自致忧念哉！……若此篇之睹景增怀，感今兴喟，自有人情之所不能无者，况其词之可观也。"刘履先言诗歌的写作背景，继而能有"理解之同情"，进一步分析颜延之登临感怀的深层原因。"睹景增怀，感今兴喟，自有人情之所不能无者"一语，挖掘出古人登临感怀、触景伤情的普遍情感意义，使得读者为之兴叹而产生共鸣。

刘履还意识到诗歌作品具有疏泄情志、排遣忧思的功能，其注解中"自遣""自释""自伤"等词频频出现，并以此揣摩作者情感发泄之端以及志趣之所在。如曹植《赠白马王彪》刘履注曰："此章与白马王将别，乃言相亲在心，而不在迹，诚能万里不忘，犹同被也。忧思成疾，徒自苦耳。盖虽用以自遣，然于仓卒之间，骨肉分离，亦终不能忘情也。”“自苦”“自遣”“终不能忘情”等语将曹植借助诗作疏泄苦闷的情绪揭露无遗。又如刘琨《赠崔温》刘履注曰:“此诗盖子谅当洛阳焚毁之后,为幽州别驾之时,游览山川风景,感古念今,舒写情素,特以寄赠崔、温二子云尔。”赠答诗并非仅仅出于应酬,刘履阐明其中“舒写情素”的社交及文化功能,刘琨的爱国情怀因此显现。刘履还指出谢灵运诗作寄情山水、陶写性灵的作用,如谢灵运《从斤竹涧越岭溪行》刘履注曰:“此篇因登览山水有怀而作。其言山谷幽深,晓景清丽,于是乘此出游。……且当观此佳胜,遗去物虑,释然一悟,斯得排遣之道矣。”谢灵运狷介不羁,借山水悟道、排遣忧思,此可谓深得作者内心之解。此外,对于读者而言,诗歌也具有情志感发作用,刘履对此也多有阐发。如颜延之《秋胡行》刘履注曰:“古之贤妇能守其节义有如此夫,后人或有咏歌之者,词多不传,独延年此诗叙述周折,足以发其情志。虽若繁衍而不流于靡丽,亦可使人吟讽,而有以哀夫死者之不幸云。”刘履重视诗作的教化作用,但并非一味出于说教,而是希望通过“吟咏”与“感兴”,让读者体会其中的情志,见其忧思、哀其不幸,进而产生关乎现实的感化力量。而对于诸多情志表达,刘履注重性情之正,认为亲情、友情、哀思等皆不能过于偏执,体现其温柔敦厚的情志观,此与儒家诗教观颇为一致。

其二,道德修养、士人操守之意旨解读。

刘履推崇诗人的道德修养与人格操守,通过以经说诗,将儒家经典话语以及理学思想注入诗歌解读中,旨在起到道德示范、勉励世人的教化作用。如《古诗十九首·回车驾言迈》注曰:“立身,谓进德修业,使有所成立也。……此因回车涉道,瞻时物之变,慨然感悟,恨立身之不早也。”“进德修业”语出《周易》,意谓进益道德、修营功业,体现儒家思想重视道德修养、积极进取的精神。刘履此解淡化了汉末士人及时行乐、追慕功名的消极情绪,而强调立身修业的儒家道德标准,有其文化考量以及现实意义。刘履注解中多次以“进德修业”解读诗意,其道德劝勉意味较为强烈,这在解读张华《励志诗》时得以充分展现。萧统将张华《励志诗》归于“劝励”类，本身就有出于教化意义的考虑，刘履对于张华《励志诗》的解读颇为周详细致，俨然成为儒家宣扬进德修业、劝学自立的诗教典范。张华《励志诗》刘履注曰：“茂先志欲及时进德修业，故赋此诗以自励，而并以勉人。”首章注解即奠定其自励及勉人的思想基石。“吉士思秋”章，刘履注曰：“众士固当因时感念，以自强不息，何可以自止哉？”“仁道不遐”章，注曰：“此言仁道在人为甚近，求焉而无不至。德之在人为甚轻，但众人少有能举之者。”“虽有淑姿”章，注曰：“言人虽有美质惟自放心游惰，不敏于学，安望德业之有成。”“养由矫矢”章，注曰：“士之为道，苟能潜心积虑，优游厌饫于其间，至于默识心融，豁然贯通，又安有幽深而不至者？”……刘履注解详细剖析章旨，从“进德修业”到“仁道为近”，从“潜心求道”再到“为学自新”，正是在儒家思想注重道德修养的基础上，对诗作的现实教化意义加以宣扬。

刘履解读诗歌意旨，还重视分析其中体现的士人节操，以此劝诫世人慎于出处、保持操守。如《古诗十九首·驱车上东门》：“与其违理以求生，不若奉生以自养，斯亦不失顺正俟命之意。”“顺正俟命”语出《孟子》，意为修身养性、以待天命。汉末士人感叹生命无常，因此萌生及时行乐思想，刘履此解则依据孟子天命思想，重视顺应自然、修养心性，以此保持士人操守。刘履认为，对于天命不喜不惧，可保士人节操；而面对出处之困境，如能知止而退，亦可彰显高士风范。刘履对于苏武、陶渊明等士人之气节操守更是大加赞誉。如苏武《诗四首·烛烛晨明月》刘履注曰：“子卿既能杖节尊汉，扬名显亲，其于君臣、父子之道可谓尽矣。况诗中所述兄弟夫妇之亲、朋友之义蔼然充溢如此，校之其他篇什欲求无亏于五典如子卿者，盖绝无而仅有耳，学者不可不审也。”“五典”，语出《尚书·舜典》，孔颖达疏曰：“五常即五典，谓父义、母慈、兄友、弟恭、子孝。”[①]刘履认为苏武诗作符

① 李学勤主编《十三经注疏》，北京大学出版社 1999 年版，第 279 页。

合儒家“五常”的标准，意在树立道德典范，以求达到教化世人的目的。又如陶渊明《饮酒·积善云有报》刘履注曰：“向使不能固守其节，岂得垂名于后世哉？此不惟靖节自明其志，亦足以为穷士之劝也”。刘履推崇陶渊明固穷守节的人格操守，更阐明其对于贫寒之士的道德劝勉功效，如此解读则强化了诗作的现实教化意义。

其三，政治讽喻、劝诫规讽之深层挖掘。

《选诗补注》戴良序曰：“性情之发，寓诸吟咏之间焉。……于时政无所系，于治道无所补，则徒见诸空言而已耳！”除了对于诗歌作品吟咏性情、进德修业之类的意旨阐释之外，刘履关注较多的则是诗作中关乎政教、警世劝勉的深层内蕴。刘履充分利用以比兴说诗的诠释方式，并融会比附时事、以史证诗等诠释话语，挖掘作品中政治讽喻、劝诫规讽之内涵。以比兴手法托讽政治，可以发挥诗歌美刺讽喻的功能，同时也符合不直斥其君的“温柔敦厚”的诗教传统，刘履对此详加解读。对于诗歌中的“君”，刘履多理解为君臣关系，以此比附政治。于是，《诗经》中“后妃之德”、《楚辞》中“香草美人”之类的比兴传统得以发扬，忠臣见弃、小人当道、感时伤世等政治讽喻主题继而再现。如《古诗十九首·凛凛岁云暮》：“比也……此忠臣见弃，而其爱君忧国之心不能自已，故托妇人思念其夫而作是诗。言岁暮虫鸣以比世道渐衰，而小人得时也。凉风厉而游子无衣，以比阴邪既盛，而君无匡辅之者，且君虽有贤者而不能用，亦犹锦衾遗于洛浦而不以御。”《古诗十九首》继承诗骚传统而重视比兴寄托，刘履解读古诗，秉承了汉儒注解诗骚比附政治的传统①。妇人思夫寓意忠臣见弃，天象突变比喻世道见衰，凛凛岁暮暗指阴邪既盛……诸如此类比附政

① 如王逸《楚辞章句·离骚经序》：“善鸟香草，以配忠贞；恶禽臭物，以比谗佞；灵修美人，以媲于君；宓妃佚女，以譬贤臣；虬龙鸾凤，以托君子；飘风云霓，以为小人。”参见洪兴祖撰，白文化等点校《楚辞补注》，中华书局 2015 年版，第 2 页。

治的诠释话语被刘履加以继承并扩大，以此对《文选》中咏怀诗、咏史诗、杂诗等注重比兴寄托之作大加演绎。对于阮籍《咏怀诗》的解读，刘履重在揭示其中美刺时事的意旨。如阮籍《咏怀诗·二妃游江滨》刘履注曰："初司马昭以魏氏托任之重，亦自谓能尽忠于国，至是专权僭窃，欲行篡逆，故嗣宗婉其词以讽刺之。……所谓文多隐避者，如此亦不失古人谲谏之义矣。"刘履推崇诗作中的谲谏之义，语出《毛诗序》："上以风化下，下以风刺上，主文而谲谏，言之者无罪，闻之者足以戒，故曰风。"郑玄笺曰："谲谏，咏歌依违不直谏。"[①]刘履认为，《咏怀诗》虽多为讽喻之作，但要合乎儒家温柔敦厚、委婉讽谏之诗教准则，文辞不可过于直接与尖锐。一般认为，阮籍《咏怀诗》"文多隐晦"主要出于自身避祸考虑，刘履此解则将其列入比兴传统中加以分析，体现其独特的诠释视域。刘履还结合历史背景，将陶诗与时事相比附，阐明陶渊明诗作的政治讽喻内涵。如陶渊明《停云》"霭霭停云"一章注曰："此章言停云、时雨以喻宋武阴凝之盛，而微泽及物。表昏、路阻以喻天下皆属于宋，而晋臣无可仕之道矣。"又如《岁暮和张常侍》注曰："猛气严而飞鸟还者，以喻宋公阴谋弑逆之暴。"刘履继承了汉儒注解《诗经》的诠释方法，对于陶诗的政治讽喻色彩加以强化，并以此宣扬诗歌作品关乎政教的现实功能。

除了对于上层统治者的美刺，刘履还重视诗歌作品的现实劝诫功能，通过对于生死、贪吝、荣利等话题的解读，以期劝诫士人、有补世教。如缪袭《挽歌诗》注曰："人之有生至老必死，是皆一定之理，谁能离于此哉？世有营已而不知止者，观此亦可以深警矣！"魏晋挽歌诗本为士人感悟生命无常的哀叹之作，刘履此解劝诫世人不可过分营求，而当坦然知止。又如郭璞《游仙诗·翡翠戏兰苕》注曰："此篇盖刺时人之玩细娱而忘保养者。言翡翠戏于兰苕，其容色非不相鲜

---

① 毛亨传，郑玄笺《毛诗》，《汉魏古注十三经》(上册)，中华书局 1998 年版，第 1 页。

而可悦，以喻人之役于世网，苟趋禄利，莫不以身荣而自矜。然视山林潜遁之士怡情养性，超世绝尘，而时与群仙遨游上下者，相去远矣！”郭璞借游仙而言志，此篇则体现其超迈脱俗的人格追求。刘履此解，赋予诗作中“翡翠鸟”形象托意讽世的深层内蕴，通过“苟趋禄利”与“超世绝尘”人生境界对比，劝诫士人怡情养性、淡泊名利。总之，无论是情志之表达、道德之标榜，还是政治之讽喻、人生之劝勉，刘履《选诗补注》的诠释旨趣体现出较强的现实教化目的，这有其深层的文化成因。

三 “穷居学道，渊源关闽”：诗教传统与理学思想影响下的诠释视域

刘履《选诗补注》诠释视域的形成与文化传统、学术背景及其人生经历有着密不可分的关联。诗教传统由来已久、影响深远，这与儒家的诗教观关系密切。“诗教”一词始见于《礼记·经解》：“入其国，其教可知也；其为人也，温柔敦厚，《诗》教也。疏通知远，《书》教也；广博易良，《乐》教也；洁静精微，《易》教也；恭俭庄敬，《礼》教也；属辞比事，《春秋》教也。”《诗》教与《书》教等并列，郑玄称为“六艺政教”[①]。因为“诗语简约，可以触类引申，断章取义，便于引证”[②]，《诗》教的影响得以扩大，并逐渐由《诗经》之教拓展至中国诗歌之教。先秦两汉儒家诗教理论的生成，大体从两个层面展开，其一是对《诗经》文本的解释，以《毛诗笺》为代表，形成了作品解题、文字训诂、章句疏讲、宗旨概括为框架的诠释体式。其二是诗教思想的阐发，借助对于《诗三百》的诠释，形成了“美刺”“温柔敦厚”“兴观群怨”等理论范畴，

① 郑玄注《礼记》，《汉魏古注十三经》（上册），第181页。

② 朱自清著，邬国平讲评《诗言志辨·诗教》，凤凰出版社2008年版，第112页。

逐步建立起以诗教观为核心的话语体系[①]。汉代以降，经学衰微，魏晋六朝诗歌以“缘情”为主，诗教传统之声势有所减弱。及至唐代，优游不迫、温柔敦厚的诗教思想再次兴起，诗教理论的内涵得以扩充，如白居易提出“诗歌合为时而作”，强化了诗歌的政治讽喻意义。宋代理学思想盛行，诗歌的现实教化功能重放光彩。南宋时期，刘克庄等人提倡“风人之诗”，在重振“温柔敦厚”诗教传统的基础上赋予诗教新的内涵。朱熹重提“思无邪”之说，以补“温柔敦厚”说之不足，进而突出诗歌作品兴善惩恶的教化作用[②]。在先秦两汉儒家诗教传统以及宋代理学家诗教观的共同影响下，刘履《选诗补注》形成了以“关于世教”为核心的诠释视域。在诠释体例上，《选诗补注》继承了《毛诗笺》《诗集传》的注解模式，重在对于诗歌意旨及比兴内涵的解释，并以此宣扬其诗教理念。诗教思想方面，《选诗补注》对于汉儒的“美刺”“温柔敦厚”“主文而谲谏”等说皆有所继承。在汉儒重视从道德伦理层面解读诗作的基础上，刘履将平常人伦日用、士人道德修养、现实劝诫、性情感发等内容皆纳入世教范畴，因此扩大了诗教的内涵。

刘履《选诗补注》独特的诠释视域还受到理学思想的影响。顾存仁介绍刘履曰：“穷居学道，渊源关闽。”所谓“渊源关闽”，指其理学背景；而“穷居学道”，则言其人生经历。刘履通晓理学思想有其家学渊源，夏时序曰：“守志励行，以经术世其家。”《刘氏宗谱》将刘履列入“理学”类，此皆可见刘履深受理学思想浸润。余鼎序曰：“藻鉴之明，非理学之精诣，曷克臻是？”刘履积极融会理学家的诗教理论和诠释方法，并用以解读选诗作品，因此评判明确、分析精微，形成了鲜明的以理解诗的诠释特点。具体诗歌诠释时，刘履对二程、朱熹、真德秀

① 陈桐生《礼化诗学：诗教理论的生成轨迹》，学苑出版社 2009 年版，第16—17 页。

② 《诗言志辨 · 诗教》，第 139 页。

等理学家之说加以援引。刘履《选诗补注》共有三次援引二程之说。如张华《励志诗》刘履注曰："愚谓汉魏以下诸诗未有如茂先此篇能以圣贤之学自励其志者，且'逝者如斯'一语，程子谓自汉以来儒者皆不识此义，今茂先独得圣人之旨，则其知识超诣，有非浅学之士可得而拟者焉！"程子解释"逝者如斯"曰："此道体也，天运而不已，日往则月来，寒往则暑来。水流而不息，物生而不穷，皆与道为体，运乎昼夜，未尝已也。是以君子法之，自强不息，及其至也，纯亦不已焉。自汉以来，儒者皆不识此义。"[①]程子之说强调孔子思想与先秦儒家"自强不息"精神的贯通之处，刘履秉承此说并用以解读张协诗句。又如"吉士思秋"一章注曰："此承上章而兼言天运不已，日月寒暑之往来，万物变化而不穷，皆与道为体，运乎昼夜，未尝已者。如此嗟尔众士固当因时感念，以自强不息，何可以自止哉？"刘履化用程子之说解读张协作品，显示其对于理学家观点谙熟于心，刘履试图通过诠释诗句，宣扬理学思想中体道自修的道德劝勉意旨。

对于朱子之说，刘履《选诗补注》直接援引仅有两次[②]，据此尚不能全面洞见朱子之影响。据《选诗补注·凡例》可知，朱子《诗集传》之诠释体例及方法对刘履影响较大，具体可参前解。值得注意的是，朱熹理学化诗学诠释观对刘履也很有影响，尤其体现在涵泳诗句、体味诗意等方面。刘履《选诗补注》多次提倡涵泳诗句，如《饮马长城窟行》："此篇情思深宛，最宜涵泳。"又如陶渊明《饮酒·结庐在人境》："意味含蓄，最宜潜玩。"再如鲍照《东门行》："情意悲切，音调抑扬，读者宜咏歌而自得也。""涵泳"与"涵养"相关，本为理学家格物致知、提

---

① 朱熹《四书章句集注》，齐鲁书社 1992 年版，第 89 页。

② 其一，班婕妤《怨歌行》刘履注曰："此朱子所谓情虽出于幽怨，终不过于惨伤者。"此处强调了儒家温柔敦厚的诗教观。其二，陶渊明《咏荆轲》刘履注曰："晦庵朱子曰：'人皆谓渊明诗平淡，不觉其豪放，惟咏荆轲一篇始见本相，非平淡人所能道。'斯言信矣！"此引朱子以解具体作品风格。

升道德修养的方法，经过朱熹发展之后，逐渐运用到诗学批评领域，并提炼出“涵泳自得”的观点。朱熹认为，读者需要透过文本的字面含义解读诗作，并借助涵泳的方式对作品进行感发联想，从而探究言外之意以及深层意旨。而所谓“自得”者，则体现为读者的审美心理，朱熹旨在强调诗作的教化意义及审美作用，进而达到感化心灵的目的[①]。刘履发扬“涵泳”之说，希望读者通过反复诵读吟咏，体味或哀婉、或隽永、或悲切的诗歌内蕴，进而达到陶冶性灵、提升修养的教化目的。此种诗教模式，摆脱了汉儒单纯的政治美刺传统，而是将诗教与情志相融合，由外在约束转为内在感化，更加合乎人的认知以及情感特点。诗教观念从社会规范到心灵感发的历程，也是理学思想向诗学观念渗透的过程，刘履对此加以吸收采纳，为其诗歌诠释注入了新的文化因子。

作为朱熹再传弟子的真德秀对刘履也有所影响。《四库全书总目》指出：“其取去大抵本于真德秀《文章正宗》。”此说具有一定道理但并不全面。具体选篇上，《选诗补注》对《文章正宗》虽有所删补，但大多数所选篇目较为一致。真德秀《文章正宗》在选篇标准和篇目取舍上对刘履《选诗补注》有一定影响，然而刘履并未一味追从《文章正宗》，而有自己观点[②]。《文章正宗》序曰：“今所辑以明义理，切世用为主，其体本乎古，其指近乎经者，然后取焉，否则辞虽工亦不录其

---

① 参见王玉琴《朱子理学诗学研究》，南京大学出版社 2014 年版，第 209—220 页。

② 刘履选篇观念有和真德秀不一致之处，如谢惠连《捣衣》刘履注曰：“《文章正宗》亦专录《秋怀》一篇而已。以愚观之，惠连才气不逮宣远，《秋怀》一诗几无足取。即其首云‘平生无志意’，殆将何以为人？至如‘夷险难预谋，倚伏昧前算。未知古人心，且从性所玩’，则其智识浅狭，而自弃可知。且谓‘颓魄不再圆，倾曦无两旦’，其失理又如此。窃恐学者尊所闻而忽所见，犹未免于顾惜，故附着其说焉。”刘履解诗重视道德修养，因此对《秋怀诗》颇不认可。

目。"[1]刘履《选诗补注》也提倡体制古雅、关乎世教，这与《文章正宗》的选篇标准颇为相类，但刘履选篇并未纯粹以理致为宗，也重视性情之作、意趣之篇，这与《文章正宗》有所区别[2]。具体注解上，真德秀对刘履《选诗补注》也有所影响。《选诗补注》共有四次援引真德秀之说，如曹丕《善哉行》刘履注曰："西山真氏谓：此篇末意类《芙蓉池》，特以其中有可采者，故录之。愚按，《芙蓉池》一篇首言'乘辇夜行游，逍遥步西园'，末云'遨游快心意，保己终百年'，则是缺人君弘济之度，纵一已流连之情，其不取也宜矣。"真德秀认为，曹丕《芙蓉池》"不能迈志存道、克广德心"，此诗有悖于为君之道，因此不录。而《善哉行》末尾虽似《芙蓉池》，但总体有可观之处，因此采录。刘履对真德秀的看法表示赞同，可见二者皆重视诗作的道德教化意义。又如陶渊明《饮酒·羲农去我久》刘履注曰："西山真氏谓'渊明之学自经术中来'，今观此诗所述盖亦可见。况能刚制于酒，虽快饮至醉犹自警饬，而出语有度如此，其贤于人远矣哉！"真德秀推崇陶渊明的儒学化人格，而刘履在解读陶诗时也同样重视其高尚情操。此皆可见真德秀对于刘履《选诗补注》在选篇及注解内容等方面的影响。

此外，刘履《选诗补注》也受到曾原一《选诗演义》影响。曾原一虽非纯粹理学家，但其诗学思想也有理学渊源。曾原一祖父师事朱熹，曾原一继承家学，其《选诗演义》也具有一定的理学色彩。刘履《选诗补注》共援引《选诗演义》13 次，可见对其影响较大。刘履对曾原一以讽喻说诗以及推崇浑涵诗境予以肯定。曾原一《选诗演义》重

---

① 真德秀辑《文章正宗》，北京图书馆出版社 2006 年版，第 1 页。

② 真德秀主张"发挥义理，有补世用"，而刘履则看重"本于性情，关于世教"，二者皆重视文学作品的教化功能。相比而言，作为理学家的真德秀从性命义理之学出发谈论文学，而刘履吸纳传统诗教观以及元代诗学中的"性情论"，并结合理学中的格物致知、涵养修身等思想，因此，刘履更加重视文学作品中的性情表达。

在揭示诗作的讽喻内涵①，刘履《选诗补注》多次援引曾原一之说并加以发挥。如《古诗十九首·青青河畔草》刘履注曰："曾原谓'此诗刺轻于仕进，而不能守节者'，得之。言青青之草，郁郁之柳，其枝叶非不茂也，然无贞坚之操，一至岁寒则衰落而不自保，以兴世俗轻进之人自炫以求售，其才质非不美也，然素无学识，不知自修之道，一遭困穷则放滥无耻，而欲其固守也难矣！且不斥言之，而婉其词，以倡女为比，其深得诗人托讽之义欤？"刘履在肯定曾原一之说的基础上，挖掘出诗作以柳叶起兴托讽的深层意蕴，虽未必合于诗作原意，却成为讽喻说诗的典型范例。理学家解诗重视现实教化以及比兴寄托之旨，作为理学家后裔的刘履承其余脉，推而广之。与此同时，刘履推崇体制古雅之作，这和曾原一提倡浑涵诗境也颇为相似。鲍照《行药至城东桥》刘履注曰："曾原曰：'明远之诗，词气俊伟而之浑涵，然未至流于靡丽，下此则皆靡丽矣！'读者详之。"二者皆推崇古朴浑厚的汉魏诗作，而对于齐梁以后之作则不予肯定。刘履《选诗补注》以江淹《杂拟诗》作为最末一篇，因其模拟汉魏经典诗作，本质上正是追慕汉魏风骨之意，此与曾原一的观点不谋而合。江淹《杂拟诗》刘履注曰："曾原曰：'诗自灵运已后，气日益漓下，至玄晖渐致巧丽，以胚晚唐之风。休文辈又多靡浅，而文通独欲追魏晋诸公，逸驾其志，似亦可尚，然古作体制至此极已！寄之卷终，识者必有感焉！'噫！斯亦可谓知言也矣！"曾原一推崇汉魏高古诗风而轻视齐梁靡丽之风，刘履认为其知言。从朱熹推崇汉魏古诗为第一等，到曾原一推崇浑涵诗境，再到刘履追慕体制古雅之作，其重视汉魏古风的审美追求一脉相承。

除了诗教传统熏陶以及理学思想浸润之外，刘履的人生经历对其诠释视域也颇有影响。刘履身处元明之际，其时社会动荡不安，因

① 参见卞东波《曾原一〈选诗演义〉与宋代"文选学"》，《文学遗产》2013 年第 4 期。

此解读诗作，不免打上“有我之境”的烙印。《刘氏宗谱》将刘履列入“隐逸”类，并述其生平曰：“时值元末，隐居教授，自号草泽间民。尝与薛文举辈登临选胜，唱和陶情，并不谈及世事。”刘履好友夏时曰：“其立心行己往往自谓无歉于诸人，而身处乎兵戈扰攘之时，于是诗又或与之有近似者，此所以注意于选诗，而必为之发其幽深玄远，使不昧于千载之下也。”刘履解读选诗重在发其深意远旨，往往容易与其自身经历加以参照，因此对于士人出处与易代之悲这两大主题颇为关注。刘履在诠释阮籍、陶渊明等作品时，对此主题加以强化。如“忧魏祚将移于晋，故托喻”，“凡靖节退位后所作之诗，类多悼国伤时，托讽之词”，此类解读皆突出了易代之悲的文学主题。又如刘履指出陶诗“审时出处，与众异趣”，指出张翰《杂诗》“若季鹰亦可谓善自处者矣”，此皆肯定随时出处的人生境界。诸如此类的解读与强化，与刘履身处乱世以及屏居草泽的人生经历不无关联。因此，阅读诠释文本，要从文化上追溯其渊源，也需要关注作者自身诠释视域对于文本意义的发展与扩充。

四 “奢言比兴，附合支离”：教化与曲解并存的双重影响

中国古代诗歌诠释文本形式多样、内涵丰富，除了诗话文章及相关著作之外，选本在中国诗歌诠释史上的地位和影响也不可忽视。诗歌选本在篇目取舍、意旨阐发、艺术分析等诸多方面对后世诗歌作品的接受产生了深远影响。作为《文选》的重选本，刘履《选诗补注》丰富了经典作品的文化内涵，扩大了选诗文本的接受层面，使得后人对选诗作品有了更为深入的理解；而其对于诗歌作品独到的解读方法和诠释理念，对于后世诗歌诠释也产生了较大影响。

在《文选》诠释史上，刘履《选诗补注》具有继往开来的历史地位。纵观《文选》诠释体系，按其侧重点大体可分为事类考索、意旨剖析、艺术评点等几类。《文选》李善注“释事而忘义”，通过征引旧文中的

事典及语典来解释文意，此种诠释方法与考据学紧密关联，影响较为深远。在隋唐《文选》注释的基础上，宋代学术笔记中亦有零散的《文选》考据片段，清代产生了《文选旁证》《文选笺证》等以注音校勘、名物训诂、事类考索为主的《文选》诠释之作。五臣认为李善注存在“述作之由，何尝措翰”的问题，因此侧重于作品写作背景、作者创作旨意的分析，此种重视意旨剖析的诠释方法对刘履《选诗补注》、吴淇《六朝选诗定论》等著作有所影响。宋明时期，文学评点之风盛行，《文选》评点也成为明代《文选》诠释的主流①，出现了《孙月峰先生评文选》《合评选诗》等著作，这些诠释文本通过圈点、评论等方式，对《文选》作品进行轻义理而重艺术的评点分析。刘履《选诗补注》总体上以意旨分析为重，亦能结合注音校勘、名物训诂、本事考索等考据学方法，体现其博取五臣及李善注之长的学术倾向。值得注意的是，作于元明之际的《选诗补注》还采取了圈点的诠释方法，《选诗补注·凡例》曰：“语有精至，或意思悠远者，从旁点识。若含蓄有余韵者圈，意切要而语稍晦或未工者抹，庶使学者或得因此寻玩其意味也。”如陶渊明《饮酒·结庐在人境》“此还有真意，欲辨已忘言”一句，刘履在旁画圈，以示该句意味含蓄；又如《古诗十九首·西北有高楼》“无乃杞梁妻”一句，刘履在旁抹之，以喻该句不够工整。此种圈点方式虽然与后来《文选》评点著作寻章摘句、逐句点评的诠释方式尚有区别，但其开启明代《文选》评点诠释之先河的初步尝试可谓功不可没②。就选诗诠释而言，刘履《选诗补注》也有其重要地位，尤其是对于诗教观念的强化，此种理念逐步融入历代《文选》诠释文本之中。从唐代五

---

① 参见王书才《明清文选学述评》，上海古籍出版2008年版。

② 一般认为，元代方回《文选颜鲍谢诗评》开辟《文选》评点先河。笔者认为，方回评点相对简略，更多受诗话批评方式影响，与明代圈点妙句、分章品评的方式尚有很大差异。相比而言，刘履《选诗补注》无论在评点形式还是评点内容上更加接近明代的《文选》评点之作，因此更具开拓之功。

臣注对于美刺意旨的深层挖掘，到宋代曾原一《选诗演义》关于政治讽喻内涵的大加剖析，再到元代方回《文选颜鲍谢诗评》对于人格学养的推崇标举，继而元明之际刘履《选诗补注》重视世教的现实关照，再到清代吴淇《六朝选诗定论》尊经重教的人文追求，诗教内涵虽在不同时代的诠释文本中体现各异，但其中“文化天下”的现实关怀一脉相承。后人通过阅读《文选》文本及其注解，不仅可以吟咏性情，更可以提升学养、志平天下。

在中国诗歌诠释史上，刘履《选诗补注》也有着承前启后的重要意义，尤其是以比兴说诗的诠释方式，成为其鲜明的诠释标签，影响较大，但同时也因此受到一些后世学者的批评。诗教与比兴二者关系紧密，比兴具有关乎风化、美刺现实的作用，因此不只是修辞手法，而且成为“谲谏”的创作方式[①]。一方面，作者通过比兴，寄托着风刺谲谏、道德劝诫等深层意旨；另一方面，诠释者通过标明比兴，阐明诗作的微言大义，比兴由此成为沟通作者、诠释者以及读者的中间媒介。随着时代发展，比兴的内涵也逐步扩大。汉儒笺注诗骚，关注比兴，突出风刺谲谏的政治意蕴。宋儒诠释比兴，更将“诗可以兴”的诗教传统加以扩充，强调明理修身的现实教化作用。自《毛诗》标举“兴”体以来，以比兴说诗成为一道别样的诠释风景，贯穿于整个中国古代诗歌诠释史，但因时代不同有高峰亦有低谷。通过梳理可以发现，比兴说诗尤以汉代、宋代以及清代这三个时段最为突出，此三个时期也正是大力宣扬诗教的时代，刘履在此中起到的过渡作用也较为显著。从毛传标明兴体、郑玄笺注加以发挥，到朱熹《诗集传》逐章细分比兴，并以此贯通说诗，再到刘履《选诗补注》标明比兴，继而以此诠释诗句，此皆意图通过阐明比兴以发扬风人之教的文化传统。刘履对于《古诗十九首》、阮籍《咏怀诗》、陶渊明《饮酒》诗等作品的解读，大多借助分析比兴，阐明文字背后深层的政治讽喻以及修身明道

① 《诗言志辨·诗教》，第 53 页。

等内蕴,这对后人理解此类作品之深意颇有影响。及至清人陈沆《诗比兴笺》,亦重比兴说诗,魏源序曰:"以笺古诗三百篇之法,笺汉魏唐之诗,使读者知比兴之所起,即知志之所之也。……视中唐以下纯乎赋体者,固古今升降之殊哉!自昭明专取翰藻,李善注专诂名象,不问诗人所言何志,而诗教一弊。自钟嵘、司空图、严沧浪有诗品、诗话之学,专揣于音节风调,不问诗人所言何志,而诗教再弊。"①魏源指出,比兴言志的传统与诗教观念紧密联系,他认为名物训诂以及艺术评点式的诗歌诠释不利于阐发诗教思想,进而希望通过解释比兴,恢复汉儒注重风人之教的传统。比兴说诗作为一种诗歌诠释方式,对于中国古代诗教观的建构与重塑起到了极为重要的作用。刘履《选诗补注》承此余绪,为明清时期以比兴说诗者提供了较为典型的诠释范本。

刘履《选诗补注》虽然有其历史意义且深远影响,但其弊端也不可抹杀。以比兴解诗,便于挖掘作品深层意旨、阐发教化思想,但也很容易流入附会穿凿,甚至于随意曲解。对于意旨较为明了的离别闺怨之作,如《古诗十九首》中的一些诗篇,刘履常常比附时事,强以君臣之义进行解读,与诗作本意有所背离;再如陶渊明的一些抒情言志之作,也被刘履贴上了易代之悲的标签,仿佛自然界的任何风吹草动,皆有比兴之意,且与时代变革有关。对于归旨难求的诗篇,刘履援史证诗、比附时政,如对于阮籍《咏怀诗》的解读,认为大多与致讥禅代之意相关,使得原本丰富的诗意变得僵化无味。杨慎曾对《选诗补注》予以指摘:"曲说强解,殊非作者之意。"②善发幽隐之意、揭发政教之旨是以比兴说诗的长处,但同时也容易沾染上曲解原意、附会支离的弊病。此外,过度强调诗作的教化作用,容易脱离诗歌的艺术性主旨,进而忽略诗歌内在的审美特质。刘履强调诗作需要体制古

① 陈沆《诗比兴笺》,上海古籍出版社1981年版,第1页。

② 丁福保辑《历代诗话续编》(下册),中华书局1983年版,第883页。

雅、关于世教，而对于作品的辞采及美感不够重视，此种重道而轻文的趋向并不利于探寻文学作品的内在规律。

文本具有敞开的意义空间，诠释者无法摆脱先见而进行作品解读，也正因不同的诠释体式以及理念的存在，文学作品才被赋予更多的历史内涵。刘履《选诗补注》对于《古诗十九首》君臣之义的阐释，对于张华《励志诗》的道德化解读以及对于陶渊明诗作易代之悲的强化……诸如此类，皆与其独特的诠释视域有关。经过刘履的诠释与阐发，诗教传统得以延续，而曲解之弊端也由此彰显。我们再来回顾《四库全书总目》对《选诗补注》作出的评价："至于以汉魏篇章，强分比兴，尤未免刻舟求剑，附合支离，朱子以是注《楚词》，尚有异议，况又效西子之颦乎？以其大抵不失于正，而亦不至全流于胶固，又所笺释评论亦颇详赡，尚非枵腹之空谈。"①四库馆臣肯定了刘履注解之周详，同时也指出其强分比兴之弊病，此说有一定道理，但并未道出所以然。对于诠释文本存在的先见，我们要肯定其中的"效果历史意识"②，因为文本的意义由此变得丰富多元；而对于诠释文本的再度阐释，我们应该回归特殊历史语境，分析其文化渊源以及形成原因，不可仅仅作出简单的是非评判。刘履《选诗补注》不该因其弊端而掩盖原本的光辉，后世诸多诠释文本的历史价值同样应当引起我们更为深入而全面的思考。

（作者单位：扬州大学文学院）

① 永瑢等《四库全书总目》卷一八八，第1711页。

② 汉斯-格奥尔格·加达默尔著，洪汉鼎译《真理与方法——哲学诠释学的基本特征》，上海译文出版社1999年版，第8页。

其人与笔两风流

——袁枚和他的《随园诗稿》

郑小悠

一

说到袁枚这个名字，想必很多人都有所耳闻，是清代中叶著名的风流才子，著作等身的诗人、散文家。然而真正说到其人其文的特点风格，除了从事清代文学史研究的专业人士，一般大众恐怕也很难有系统的认识。那么，对于这个蜚声海内、誉谤交加人物，我们要从何谈起呢？我想，可以从公众认知度很高的一些文化常识说开去。毕竟，大众日常生活中很多名言警句，都出自他的笔下，只是读者未必留心。

譬如中学语文教师在教写作文时候常说的“文似看山不喜平”，就出自他的《随园诗话》。另外一句更常用的“取其精华，去其糟粕”，也是化用他《随园诗话》中的一句：“人能吸诸家之精华而吐其糟粕。”坊间劝人不要太在意金钱，常说钱这种东西是“生时招不来，死时带不去”，这是他一首五言绝句《钱》中的原话。赞美一个人能在平凡的职位上做出突出贡献，多用“苔花如米小，也学牡丹开”，源自他另一首绝句《苔》。至于那句描摹广大男性知识分子梦寐以求人生理想的“绿衣捧砚催题卷，红袖添香夜读书”，虽然不是出自他手，也与他息息相关，是他的得意女弟子席佩兰写来送给他祝寿的。

毋庸多引，单通过这几句妇孺皆知的诗文句，就大致可以看出袁枚这个人的文风和性格：性情中人，风流自诩，援翰写心，诗文句没有过多的雕琢和用典，比喻精辟，但在方家看来似乎过于浅显。事实上，在袁枚生活的清朝乾嘉时代，主流社会对文风的追求是比较严肃的，所谓乾嘉学术，是崇尚严谨考据的。那么袁枚诗文的这种审美旨趣，能够和当时的文化主流合拍吗？当时的士大夫和此后的学者又是怎么评价他的呢？

首先来看赵翼的说法。赵翼是一位文史兼修的才子，既是乾嘉三大史学家之一，也和袁枚一样，是性灵派诗歌的重要代表人物。赵翼和袁枚有过很深的交往，并应袁枚之邀为他的《小仓山房诗集》作序。序诗曰：

> 其人与笔两风流，红粉青山伴白头。做官不曾逾十载，及身早自定千秋。群儿漫撼蚍蜉树，此老能翻鹦鹉洲。相对不能惭饭颗，杜陵诗句只牢愁。

意思是说，袁枚无论为人还是文笔，都风流绝代，虽然做官的时间不长，但一生交游红粉、遍览青山，人生光彩绚烂。他就是当代祢衡、李白、杜甫，针对他的一切非议声音都是蚍蜉撼树，无法动摇他在文坛的地位。

因为共同倡导诗歌要书写“性灵”，反对泥古不化，赵翼在诗学旨趣上是很支持袁枚的，从这首诗序上就可以看得出来。但是，在为人的行事作风上，身为史学家的赵翼显然又比袁枚更正统一些，对袁枚风流无忌的个人生活，身虽在野而好攀结权贵的做法很看不过去，曾半开玩笑但又用词严厉地批评袁枚：

> 占人间之艳福，游海内之名山。人尽称奇，到处总逢迎恐后；贼无空过，出门必满载而归。结交要路公卿，虎将亦称诗伯；引诱良家子女，娥眉都拜门生。凡在罗陈，皆无虚假。虽曰风流

班首，实为名教罪人。

虽然是朋友间的玩笑，但这个定性，在“名教时代”，已经非常严重了。

除了赵翼之外，再看看稍晚时候两位诗人对他的评价。一个是洪亮吉，他是乾嘉时期的著名学者、诗评家，一个坚守儒家伦理精神、敏锐骨鲠而敢于针砭时弊的人。他对袁枚诗歌中轻佻机巧的一面很不买账。他在自己的诗评作品《北江诗话》中点评了一百零四位乾嘉诗人。其中提到袁枚时说：“袁大令枚诗，如通天神狐，醉即露尾。”又称：“诗固忌拙，亦不可太巧，近日袁大令枚随园诗集，颇犯此病。”意思是说，袁枚的诗过于讨巧，不够笃实深刻。

而另一位乾嘉诗评名家舒位对袁枚的评价就非常之高。舒位编写过一部《乾嘉诗坛点将录》，将乾嘉时代主要诗人按照《水浒传》一百单八将排座次的方式排列起来。在这部《点将录》中，舒位把袁枚排在了宋江的位置，即第一位，称其：“及时雨袁简斋，非仙非佛，笔札唇舌，其雨及时，不择地而施，或膏泽之沾溉，或滂沱而怨谘。”可见，在袁枚在世及去世不久的乾嘉时代，对袁枚的评价已经形成誉谤参差的局面。

时至晚清近代，国势日衰，有识之士欲挽狂澜于既倒，反映在诗坛上，即是更强调“诗言志”的载道观，标榜诗歌的社会功能，反对风花雪月的审美情趣。如梁启超《清代学术概论》中即将袁枚及其性灵派作为靶子痛批，称：“乾隆全盛时，所谓袁（枚）、蒋（士铨）、赵（执信）三大家者，臭腐殆不可向迩。”（赵当为赵翼，非执信）相对而言，以言辞激烈著称的鲁迅对袁枚的评价倒稍微宽容一些，虽直称其为“有骨气者不屑为”的帮闲文人，却肯定其“帮闲”的本事高超，称：

例如李渔的《一家言》，袁枚的《随园诗话》，就不是每个帮闲都做得出来的。必须有帮闲之志，又有帮闲之才，这才是真正的帮闲。如果有其志而无其才，乱点古书，重抄笑话，吹拍名士，拉扯趣闻，而居然不顾脸皮，大摆架子，反自以为得意，自然也还有人以为有趣，但按其实，却不过“扯淡”而已。

到了现当代，袁枚和他的诗文成为古代文学领域一个重要的研究对象，且已基本脱离了意识形态上的批评，而进入纯粹的文学鉴赏和文学史地位的评价，显得公允持正了许多。蒋寅在《袁枚性灵诗学的解构倾向》一文中总结道：

袁枚诗学鉴于传统诗学的困境，选择以天才论为突破口，将传统的客观性问题断然转化为一个主观性问题，或者说将外在的技术要求内化为才性问题。一方面以“性灵”概念涵摄诸多与自我表现相关的理论命题，使之具有极大的包容性；一方面又颠覆传统诗学的所有规范和经典序列，使诗歌写作成为自由的活动，同时取消其贵族品格，极大地激励了社会各阶层的写作热情。从某种意义上说袁枚诗学可视为一种解构的诗学。

诗歌发展到清代，题材、格律、典故的使用已经非常标准化了，如果一味因袭这些外在技术层面的要求，就很难摆脱古人的影响，写出反应当下人生活和情感的文字。于是乎，以袁枚为领袖的性灵派诗人，特别强调诗歌创作的主观要求，就是诗人必须具备真情、个性、才华这三个条件，但对诗歌的题材、教化作用、音韵格律、典故意象的要求放得很松，尽量减少技术层面对诗人的束缚。在蒋寅看来，这是传统诗风的一个极大改变，是有重大意义的。

谈到这里，可以提到另一个很有意思的故事。乾嘉年间还有一个重要的诗派叫“肌理派”，代表人物是一位大学问家，四库提要的纂修者之一——翁方纲。如果按照现代高等院校中文系内部的学科分类，翁方纲可称古典文献专业的博士，而袁枚则是文学专业的典型代表。翁方纲倡导的肌理派诗歌，要求写诗应该像修四库提要一样，考证章法、句法、字法，爬梳十三经、廿二史、金石文献，把学问之道融入诗歌写作中。对于翁方纲这样的作诗法，袁枚是极其不屑的，写诗嘲讽他“天涯有客好詅痴，误把抄书当作诗”，责备其没有灵气，不知作诗的真谛。

综合以上这些评价，我们大致可以为袁枚这个人勾勒出这样一个形象：一个天才型的风流才子，诗歌是他自由表达思想、挥洒才性的舞台，但相对于自身所处的时代，显得过于放纵性情而遭到轻佻散漫的讥诮。那么，到底是什么样的人生经历塑造了他这样的形象与风格呢？

二

袁枚字子才，号简斋，晚年自号随园主人，杭州钱塘县人。他生于康熙五十五年，逝于嘉庆二年，享年 81 岁，经历了清代“康乾盛世”的多一半时间，算得上一位“盛世人瑞”。他一生除了短期在桂林、北京、西安游幕、任官外，绝大多数时间都活跃在当时经济文化最发达的江南地区，特别是南京、苏州两座城市。

袁枚是以一个非常耀眼的天才少年形象登上历史舞台的。他在一首自述生平的诗中这样描述自己的青少年时代：

> 子才子，颀而长。梦束笔万枝，桴浮过大江，从此文思日汪洋。十二举茂才，二十试明光，廿三登乡荐，廿四贡玉堂。尔时意气凌八表，海水未许人窥量。自期必管乐，致主必尧汤……

“举茂才”，就是进学，获得了秀才身份。看过《儒林外史》的人都是知道，范进举茂才已经五十四岁，那还是在科举竞争程度一般的广东。而袁枚生活在文化最发达，科举竞争最激烈的杭州府，本人家境只是勉强小康，没有机会受到官宦子弟那样优质的教育。在这种情况下，“十二举茂才”，可说得上是一个神童了。这件事令袁枚得意一生，他在七十二岁，即“举茂才”六十年后，重游杭州府学，特意写了一首怀旧诗。诗中有句云：“东家訾儿苦相羡，西家夺婿招相见。”描述自己幼年成名，坐稳了亲友口中“别人家孩子”的地位，小小年纪就有邻里欲招之为婿，实在风光无限，年逾古稀仍堪追忆。为了纪念这人生第一件快事，袁枚特意给自己刻了一枚印章，叫作“十二岁举秀才”，这部入选《国家珍贵古籍名录》的袁枚手稿《随园诗稿》，首页上就钤有这枚印章。

“二十试明光”，就更不得了。袁枚在二十岁时，受到广西巡抚金珙推荐，参加了乾隆元年的博学鸿词科考试。博学鸿词科作为特科，在清朝只举办过两次。一次是在康熙年间，为清廷搜罗了大批有名望的明代遗老，在构建政权合法性的过程中起到重要作用。第二次就是乾隆元年这一次。当时，被推荐来北京参加考试的都是朝野最有名望的宿儒，共一百九十三人，年仅二十岁的袁枚在这里面年龄最小，而且小得离谱。所以，当他到保和殿参加考试时，被在朝的王公大臣团团围住，争看少年才子。这当然是一件比十二岁举秀才更令人得意的事。不过，大约因为资历太浅，这次博学鸿词科袁枚并没有考中。但因为参加考试本身已经让他在京城士大夫群体中名声大噪，所以借此机会，他在北京结识了很多高官名流，并在朋友的帮助下捐纳了国子监生身份，从而有机会参加两年以后的顺天府乡试。

在这次乡试中，袁枚考中了举人，故有所谓“廿三登乡荐”，半年后连捷，高中乾隆四年二甲第五名进士，并且被选为了翰林院庶吉士，是为“廿四贡玉堂”。到此为止，他的人生达到了明清时期读书人梦寐以求的最高境界，于是他又给自己刻了个印：“己未翰林”。此时，在科举中一片坦途的他，未来的仕途前程也风光无限。明清时期，向来有“非翰林不入内阁”的说法。也就是说，如果一个读书人能够以翰林起家，就有了当到一二品高官，甚至首辅大臣的指望。一句

"自期必管乐,致主必尧汤",宰相之志跃然纸上。

不过事与愿违,袁枚的仕途并没有他憧憬的那样顺遂。在翰林院做庶吉士这三年,他与一群志同道合的文人同事风花雪月,饮酒唱和,将读书做学问的事抛到九霄云外。等散馆考试的时间一到,诗赋、时文尚足以应付,满文翻译却是两眼一抹黑。以致于考试成绩被列入末等,外放江苏溧阳知县。

在今天人看来,当个县太爷无论如何是一件好事,实权在握。但在袁枚所处的时代,事情并非如此。在清代,翰林院庶吉士参加散馆考试后,分三等授官。第一等留馆任职,根据殿试的名次,二甲授编修、三甲授检讨。第二等留在北京六部内担任主事,或在内阁担任中书。第三等则外放外省知县。清人朱克敬在其《翰林仪品记》中写道:"国朝仕路,以科目为正,科目尤重翰林。卜相非翰林不予,大臣饰终必以翰林乃得谥'文'。他官叙资,亦必先翰林。翰林入值两书房,上书房侍王子读,南书房职拟御纂笔札。及为讲官,迁詹事府,人尤贵之。其次主考、督学。迁詹事府必由左右春坊,谓之开坊,则不外用。其考御史及清秘堂办事者,年满则授知府。翰林贱之,谓之钻狗洞。"可见清代留馆翰林前程之远大,绝非他职可以相提并论。而以庶吉士之清贵放去当知县,升迁机会大减,获罪可能骤增,无异于贬官流放。

这一年庶吉士散馆考试的主考是当朝首辅鄂尔泰。鄂尔泰素有求贤若渴之名,"近今人才,一善一技不肯忘"。袁枚本来甚得鄂尔泰奖许,他因为自己的乡试座师蒋溥是鄂氏门生,遂称鄂氏为太老师。被鄂纠正说:太老师这一个称为尊而不亲,可以不必从俗,仍称老师为是。可见二人交谊之融洽。散馆考试时,阅卷实行糊名法。阅卷的鄂尔泰先将袁枚翻译试卷批为下等,待启名一看,不禁大为懊恼,又无可奈何,只得召袁枚用饭,并向他表达鼓励与歉疚之情说:以你的条件,日后必得天子重用。你此次外任知县,一定能够做好。有人忧虑你有文采而不能为亲民之官,是他们不了解你啊!不但鄂尔泰,当朝另一位元老重臣张廷玉也为袁枚可惜，他的弟弟张廷璐甚至将袁枚比作“夕贬潮州路八千”的韩愈，倍加惋惜。至于袁枚本人，南下途中，更是郁郁寡欢，诗句多是“三年春梦玉堂空”“生本粗才甘外吏”“玉颜如此竟泥中”之类，自怨自艾的情绪溢于言表。

不过，袁枚的家族一直以做师爷为生，大约是受家学影响，袁枚并不是一个两耳不闻窗外事的书生，对民间疾苦还是颇为关心，也具备很强的吏干之才。正如鄂尔泰所预料的，袁枚担任知县后，就表现出非凡的行政能力。他在江苏的溧阳、江浦、沭阳做了几任知县，被百姓称为“循吏”。袁枚继承家学，精于断案，尤其擅长书写判词。如其在江浦做知县，治下有一少妇，其夫外出经商，五年未归，且音信全无，少妇屡次申请改嫁，皆为历任知县驳回。袁枚对少妇极为同情，挥笔作判曰：

> 禀悉。尔真可怜极矣！年未四岁，怙恃见背；嫁甫一载，藁砧远游。深闺幽闹，不免凄凉；秋月春风，等闲虚度。陌头杨柳，丝丝牵少妇之愁；枝上鹃声，夜夜起辽西之梦。而且夫家少伯叔之依，母族无弟兄之靠。茕茕孑立，无以为生。屡牒公厅，请求改醮。历任县主均以风化伦纪为言，劝尔苦守。本县何人，独敢外是？然览尔禀牍，心为恻然。查尔夫出门经商，五年无耗，其存其亡，家莫闻知。即果尚在人间，而五年不返，弃予如遗，亦已无伉俪之情。琵琶别抱，在风化伦纪上，虽不无瑕疵，而以人情言，则固无间也。王道不外人情，尔能守志，则忍死以待可也。如不能者，则改醮亦非所禁。本县固不能准尔改醮，然也不禁而改醮也。此批。

这一类以骈体为主的判词，被称为“花判”。袁枚任知县时，以撰写“花判”通情入理、文采飞扬闻名于世。其判词在当时就为人搜集传抄，甚至“以所判事做歌曲刻行四方”，一时洛阳纸贵。袁枚在溧水做知县时，他的父亲恐怕他年轻不谙吏治，隐匿姓名，微服来到溧水探访，向当地百姓询问儿子的政绩。百姓们纷纷向袁父称："吾县袁知县政若神明！"袁父闻之大喜，这才放心地在县衙门里做起老太爷来。

突出的政绩和上佳的口碑，令从翰林院"下放"的袁枚对知县工作的抵触情绪小了不少。在离开溧阳县时，因为享受到溧阳父老夹道欢送的待遇，他还十分动情，百感交集赋诗曰：

任延才学种甘棠，不料民情如许长。一路壶浆擎父老，万家儿女绣衣裳。早知花县此间乐，何必玉堂天上望。更喜双亲同出境，白头含笑说儿强。

由于工作做得出色，袁枚被当时的两江总督，也是他在翰林院时候的老师尹继善调到了两江首府江宁，就是现在的南京去做知县。在现代人看来，在大城市当官，不是更好吗？但在袁枚所处的时代又不是这样。清朝有一句俗话："前生不善，今生知县；前生做恶，知县附郭；恶贯满盈，附郭省城。"就是说一个人这辈子在省城当了知县，肯定是上辈子干了很多坏事，恶贯满盈。为什么呢？一个原因是省城高官如云，知县作为最基层的官，每天要不断应酬上司，毫无自尊可言。另一个原因是省城人口众多，经济繁荣，税收要求很高，大小案件纠纷更多，知县很容易因为一点小错就触犯条例，想平平安安做满一任都很困难。

这两个问题在袁枚身上反映得淋漓尽致。首先是第一点，就让袁枚这个心高气傲的书生很是难挨，写诗诉苦曰：

巍巍天门开，朝贺有常期。沉沉长官府，晨趋无已时。束带候鸡唱，腰笏事奔驰。众人已宛在，后至颜忸怩。坐守鼓角鸣，音响止复吹。名纸如梵夹，作字苍蝇微。起居称万福，愿得尊者知。尊者方欠申，起问夜何其。司阍有酒气，传入犹狐疑。息气坐寒廨，闭口忍徂饥。音旨忽然下，大旱得云霓。材官麾以肱，鸟散而云归。出门看白日，颓阳已熹微。明日戒更早，后日将毋迟。国事耶？民瘼耶？将军者约耶！

想自己堂堂一个翰林，每天在大府跟前跪此揖彼、排班守候，实在不堪其辱。更令他气恼的是，辛辛苦苦做了七年知县，好容易得到恩师尹继善的推荐，升为高邮知州，却被吏部驳回。理由是江宁县乾隆十年的税收额度没有完成，袁枚作为知县因此受到了处分，处分解除之前不能升迁。问题是，江宁县的亏空是前任遗留给袁枚的，却成了阻碍他升迁的理由。这一年袁枚三十三岁，为官九年，仍然停留在七品知县的位置上。而和他同榜的状元庄有恭，却从翰林院一路高升，在此前一年已经升为二品的户部侍郎，并且即将到袁枚所在的江苏省担任主管文教、科举的最高长官——学政，这样的落差令袁枚无法接受。因此，在这一年袁枚以照顾年迈的父母为名，挂冠归里。整个江苏官场为他可惜，许多欣赏他的上司致书挽留。但他自己的态度十分坚决，毅然道："三十休官人道早，五十出梦我嫌迟。"从此以后，他决定开始一种新的生活。

袁枚辞职之后，在今天南京师范大学老校区的位置建造随园，大加经营。此后，除了受经济困扰，短暂出仕过几个月外，大多数时间都过着中隐于市的悠闲生活。他纵横游历，遍览东南大好河山；收藏文物，集聚了很多古籍字画；采访掌故，写了一部著名的神怪题材的笔记小说《子不语》。食不厌精，把对饮馔的认识上升到理论高度，总结一部家喻户晓的美食大全——《随园食单》。

晚年的袁枚广收弟子，其中包括不少女弟子，这似乎是他一个标志性的特点。文人招揽女弟子之风始于明代，到清代风气渐盛，但多是招一二女子为弟子。到袁枚所在的乾隆年间，文人招女弟子已有多至十余人者，但若论人数之多，名气之大，成就之斐然，随园女弟子可称其最。据学者统计，向袁枚请业诗歌的女子大约有四十多人，主要生活在江南地区，特别是杭州、苏州两座城市。随园女弟子中既有高官名流家的闺秀，也有中小知识分子家庭的妻女，甚至还有贫寒之家的好学女子。袁枚最得意的女弟子是苏州才女席佩兰，她和丈夫翰林孙原湘同为随园弟子。袁枚第一次看到席佩兰的诗，就感慨其“诗才清妙”，怀疑是孙原湘代作。然而当袁枚到孙家做客，见到席佩兰挥毫立就的大作时，不禁击节叫好，赞叹席佩兰的诗才远在丈夫孙原湘之上，引为性灵知己。他为席佩兰的诗集作序称：

> 字字出于性灵，不拾古人牙慧，而能天机清妙，音节琮琤。似此诗才，不独闺中罕有其俪，其佳处总在先有作意，而后有诗，今之号称诗家者愧矣。

因为袁枚在文人圈的名气太大，其时许多达官显贵家族，都以让他来为自己的父祖写碑传墓志为荣。袁枚的《小仓山房诗文集》，几乎就是一部康雍乾断代史，当时重要大臣的盖棺之文几乎都出自他手，朝廷重臣都以和他结交唱和为荣。他的乡试房师邓时敏曾经感慨，别人做考官录取了学生数百，而我只有两个学生，一文一武，就足以睥睨天下了。邓时敏所说的一文，就是袁枚；一武，是乾隆中后期的第一重臣——平定新疆、金川、缅甸的主帅阿桂。不但是自家恩师，其他朝野之士也多有将袁枚、阿桂并提之处。如江南名士钱维乔曾给袁枚写信，信中说：“夫相公（阿桂）固当代钧轴中第一流人，而足下亦领袖风雅、负海内盛名者也。古人谓得一知己可以不恨，仆何修？而得之于两公哉！”在钱维乔看来，作为一个士大夫，其志无外乎立功立言。如果为官的政绩能得到阿桂的肯定，诗文才华能得到袁枚的赏识，真是莫大的荣耀。而袁枚能以一在野之身而与首辅比肩，又何其难得。至于赵翼初见袁枚文字，即赋诗赞曰：“八扇天门訣荡开，行间字字走风雷。子才果是真才子，我要分他一斗来。”赵翼探花及第，才兼文史，在军机处任职多年，惯见天下才子。竟自认八斗之才不过分其一斗，坐实了袁枚文坛大宗主的地位。

袁枚笔下甚勤，著作等身。乾隆四十年，袁枚六十岁时，编成《全集》，其中包括《诗集》二十四卷（实刊二十卷），《文集》二十四卷，外集六卷。其中诗集"第按其所编，始弱冠，终花甲，四十年之行藏交际，具在于斯，可当康成《年表》读矣"。此后，随着诗作的继续积累，到乾隆五十五年，又续刻《小仓山房诗集》三十二卷本。《小仓山房全集》付梓后，销路特佳。乾隆五十六年，袁枚致书友人杨芳灿，言及《全集》已增价至五两白银一部，每一刷成，顷刻售尽，且多有翻刻者。

袁枚的其他著作如《小仓山房尺牍》《随园诗话》等在生前亦被大量印刻，存世版本极多。但他的手稿，特别是手书诗稿留下来的却很少。现存浙江图书馆、入选第一批《国家珍贵古籍名录》的这部《随园诗稿》，可称其中的精品。那么，这部《诗稿》到底是怎样的来历，又有何珍贵之处呢？

三

浙江图书馆所藏的袁枚手稿，被该馆著录为《随园诗稿（不分卷）》（下称"手稿"），旧裱内外分别题"简斋诗册""随园书诗稿"二签。手稿原为经折装，因为接口处开裂，不易保存，遂被改为现在的册页装。共三十叶，每叶长宽为 25.8×15.8 厘米。2008 年，经浙江图书馆推荐，相关专家评审，这部手稿入选了第一批《国家珍贵古籍名录》，并在 2008 年文化部主办的"国家珍贵古籍特展"上展出。浙江图书馆研究馆员王巨安先生曾对这部手稿进行专门研究，写作《袁枚手书诗稿十五题校评》，发表在《文献》2014 年第 1 期上。

这部手稿共收入袁枚诗作十五题四十首，包括七律十二首、七绝十八首、古诗九首、五律一首。卷尾有袁枚自跋。全书钤印十三枚，其中袁枚自钤九枚，藏印四枚。

关于这部手稿的产生缘起，袁枚在卷尾的跋文中有清晰的介绍。其跋曰：

> 七月二十七日，子才病疟，至十月始痊。命婢子扶出书斋，展视笔砚，如有重访故人之感。适似村公子琅函远来，命书诗册，册厚如梵夹。累之者甫除，而役之者即至，窃自笑也。且书中并有叉脚并手之戒，时不肉食三月矣，严家饿隶，厌厌无生气。求为田舍翁，安可得哉！呵呵！随园主人袁枚呈本。

从跋文中可以看出，这部手稿成于袁枚大病初愈之后，是应似村公子之邀，完成的一部“诗册”。于是乎，针对这段跋文，我们需要解决三个问题。首先，这部手稿写于哪一年，这一年的袁枚是一种怎样的生活状态？第二，什么叫“诗册”，赠人“诗册”在当时是何种意味的举动？第三，似村公子是什么人物，他何以有这样大的面子，命袁枚在大病初愈之际就为他书写诗册？弄清楚这三个问题，对解读手稿内所录诗文的意义，体会袁枚选诗的旨趣和心态，以及确定这部手稿的文献价值、史料价值，具有基础性作用。

关于这部手稿写作的时间，大致可以通过两个信息判断。首先，手稿成书时间当不早于稿内所录诗稿的写作时间。从袁枚诗集的记载来看（《小仓山房诗集》内诗的排列顺序以年为次，故能大致判断诗歌写作的时间），手稿所录诗歌最晚写于乾隆二十一年，可知手稿当成于二十一年以后。而根据“病疟”这一信息，可以大致认定手稿的成书时间为乾隆二十三年（戊寅）十月。这一年，他写有《病中作》《病起对月》二诗，其中《病中作》的小序写道：

> 余病中每梦得奇句，醒辄忘之。今年疟作热甚，似有霞帔者持纸求诗，余书“万树接天风扫海，一人手结虹霓带”云云。其结句云“瑶妃浴罢天河窄”。热退仅忆此三句，似非人间语，为足

成之。

而《病起对月》一诗则有句云：

才卸藤床出户前，举家惊瘦老亲怜。无秋不病中年后，有酒重歌碧月天。

痁病即是疟疾，在当时已经算是重病，且有性命之虞。袁枚时年四十三岁，人到中年，且在三年前彻底告别宦途，定居南京随园。大病初愈，正在百感交集的时候，所以手稿中所选的十五题诗作，多选悼亡、送别、感怀、寓言的题材，整体风格怅然若有所失。

所谓"诗册"，就是记录写作者诗文的册子。向名士、朋友赠送或是索要诗册，是清代文人社交的重要方式，类似于现代学者之间赠送或索要对方的论文集。诗册多由作者手书，录入的诗或多或少，以近作为主，亦兼及远年佳作。袁枚在跋文中提到，似村公子为了向其索要诗作，特地送来一个册子，令他在册上书写。册子"厚如梵夹"，可见其索诗之多，过于寻常。

袁枚作为当时的文坛宗主，向他索要诗册的人很多，且不乏高官显贵。一些收藏者后来家道中落，便将袁枚的诗册拿到市面上卖钱。袁枚晚年到江苏巡抚奇丰额家做客，奇巡抚拿出一部袁枚三十年前送给友人的诗册，即是奇公子从京城小市上购得。不过，现在传世的袁枚诗册并不多见，恐多毁于太平天国等历次战火。除浙图所藏的这部外，国家图书馆古籍馆亦收藏袁枚手书诗册一部，题名为《随园主人呈雅雨公诗册》，共二十七叶，录诗十七题。

国图所藏的袁枚手书诗册有序文，序曰：

抱孙先生再领两淮转运之任，枚江左末吏，靡由识荆。门人王梅坡来自扬州，道先生问枚甚悉，并诵其壁间题句。枚窃喜自负，恭赋五言四章，渡江求教。知己之感，情见字词。

与浙图所藏的诗册不同，国图所藏的这部诗册并非别人索要，而是袁枚主动呈送的，呈送对象是驻在扬州的两淮转运使卢雅雨(名见曾，字抱孙，号雅雨)。比较两序的口气，可知诗册赠送对象的身份判然有别。卢见曾是袁枚居住省份的高级官员，且此前只闻袁枚之名，并无旧交。是以袁枚序文的用词也非常谦恭客套，诗册内所录诗作，也多系写景、咏物、咏史之作，遣词用典较为庄重，感情色彩不甚浓厚。而与卢见曾相比，那位似村公子与袁枚的私人关系显然要近得多。序中所谓"叉脚并手之戒"，是交代袁枚字迹要工整一些，不可龙飞凤舞。仅此一点，足见二人之亲密无间。

如此说来，似村公子其人，就值得我们在此处认真介绍一下。似村公子名庆兰，字似村，号长白浩歌子，满洲镶黄旗人，姓章佳氏，是乾隆中期大学士、军机大臣尹继善的第六子。在上一讲中，我们已经提到，尹继善是袁枚在翰林院担任庶吉士时期的老师、在江苏担任知县时的本省最高军政长官——两江总督。事实上，二人的关系还远不止于此。可以说，尹继善是袁枚一生中最重要的知己和保护人，袁枚的发迹成名，和近乎恣肆的风流人生，必须在尹继善及其家族的羽翼下才能实现。

尹继善字元长，号望山，雍正元年进士，是雍、乾时期的名臣，满洲重臣科举化、官僚化的标志性人物，备受当时的汉人士大夫推崇。其人素有学识，乾隆皇帝曾说，"本朝满洲科目(中有学问者)惟鄂尔泰、尹继善"；工诗文、嗜吟咏，其诗"婉约恬雅而切近事情，深有思致"；精于吏干，尹继善二十七岁中进士，随后在同辈进士中脱颖而出，释褐六年即任巡抚、八年而至总督。从雍正中期起，"一督云贵、两任总河、三督川陕，四督两江"，尤以坐镇南京，总督两江的时间最久，前后三十余年，民望甚著。袁枚在《文华殿大学士尹文端公神道碑》一文中写道："民相与，父驯子伏。每闻公来，老幼奔呼相贺。公亦视江南如故乡，渡黄河辄心开……不侵官、不矫俗、不畜怨、不通苞苴，严束仆从，所莅肃然。”

尹继善居官，特以识才、爱才著称，且不计小节，唯才是举。袁枚和他的机缘，正是由一个恃才放诞之举开始的。乾隆四年，袁枚考中二甲第五名进士，但如果想进入翰林院，还要通过一次名为“朝考”的入院考试。朝考需作诗，那一年的考题是《赋得“因风想玉珂”》，诗出杜甫《春宿左省》，体现杜甫因为要入朝奏事而激动不安的心情。试题显然是想让考生书写国事、大事，而袁枚不改风流本色，写出一句“声疑来禁院，人似隔天河”，竟有描摹宫禁中男女私情之意。阅卷时，诸考官评价他“语涉不庄”，欲将其置之孙山。唯有尹继善与众人力争，说：“此人肯用心，必少年有才者，尚未解应制体裁耳，此庶吉士之所以需教习也。倘进呈时，上有驳问，我当独奏。”因为尹继善的鼎力支持，袁枚得以顺利进入翰林院。而袁枚到江苏担任知县数年后，从川陕移督两江的尹继善又对他一再提携，先调至省城，又奏请将其升任知州，碍于部议才作罢。回忆起这一段经历，袁枚既感激又感慨，曾赋诗云：

> 忆昔明光宫，赋诗献元后。李邕骂轻薄，刘蕡几不取。公时眼如箕，遗珠光独剖。未几公西巡，痴龙遂不守。谪向海天炎，荒村少鸡狗。公命移金陵，衣冠文物薮。参军非蛮语，仆射如父母。公余商文章，一月辄八九。使公常在朝，我岂逐升斗。我若官长安，随公反不久。

诗中将袁枚对尹继善的依附关系描摹得淋漓尽致，可谓依之则荣、远之则辱。事实上，乾隆十三年，袁枚之所以辞官，也与尹继善离任两江改调两广有关。可以说，袁枚的宦途荣辱，与尹继善的官场轨迹密不可分。

袁枚辞官后，并没有回到老家杭州，仍以南京为居住地。而此后的尹继善再次总督江南，主政南京十几年。虽然已经一朝一野，没有职务上的隶属关系，但袁枚作为外乡人，在南京的生活依然很大程度上仰仗尹继善庇护，是其座上常客。在这种情况下，袁枚与尹继善一家的关系显得极为密切，特别是与其年纪较长诸子都有频繁的唱和交游。而其中最亲密的，即是尹继善的六公子庆兰。

庆兰大致出生于乾隆元年前后，比袁枚小二十岁。尹继善家教甚为得法，有子十三人，无一纨绔，官至一二品者就有七八人。然而六公子庆兰却是个贾宝玉似的人物，虽然在尹继善诸子中最为聪慧，又擅长诗文，但对科举考试却很不感兴趣，少年成秀才之后，就再也不肯从事举业。满洲名士铁保为其作传，写道：

> 庆似村名兰，尹望山先生之公子也。家世簪缨，三代俱登宰辅。以似村之才之学，稍有志于功名，取显秩如拾芥。而似村弃之如敝屣，视之如浮云……总角时，随望山公两江总督任，以诗见许袁简斋，数十年诗筒往来无虚日。

庆兰轻功名、纵才性的人生观与袁枚不谋而合。因此，乾隆十九年二月，袁枚到淮安清江浦拜访再督南河的尹继善，初见庆兰于河督署中后，二人一见倾心，订为忘年之莫逆。同年底，尹继善兼署两江，移驻南京，袁枚、庆兰二人遂开始了长达十一年的密切往来。袁枚对庆兰的评价很高，曾赞美他：

> 君家兰玉，各自峥嵘，有三珠五桂之遗风。然而就所见衡之，三郎有迈往不屑之韵，而文举冰凌，时嫌流露。五郎如明珠走盘，阿龙超矣，而幽静未足。若外文明、内柔顺，鱼鱼雅雅，吹气如兰，令相对者有一往情深之意，其惟我似村乎！

信中提到的三公子（庆玉，官至湖北布政使）、五公子（庆霖，官至江宁将军）日后都身居高位，但在袁枚眼中，却远没有庆兰质洁才高、与自己更加契合。

二人相交最昵时，曾将名字并排刻在一块石料上，作为私章。乾隆三十年，袁枚聘请丹青妙手绘制《随园雅集图》，图中人物包括乾隆前期主盟诗坛的沈德潜、袁枚的性灵派战友蒋士铨、袁枚的得意门生陈熙、袁枚本人，以及庆兰。这幅图并非写实之作，而是由袁枚亲自选定意中挚友，虚构成图。庆兰能居其中，足可见他在袁枚心目中的地位。

《小仓山房诗集》中现存袁枚赠庆兰诗共二十四首，而根据袁枚所说，二人“别二十年，所寄笺素裒然寸许，余羸老也，有来无往，今春始寄达二章”，可知庆兰赠给袁枚的诗篇更多。庆兰病故后，白发人送黑发人的袁枚悲恸不已，遥致悼诗曰：

> 萧骚风骨有谁同？生就人间张长公。调鼎两朝门第贵，高吟一世秀才终。题襟山馆灯频剪，握手军门雪满空。今日思量可能再？一行衰泪付秋风。

既然是世交挚友，袁枚赠与庆兰诗册中所选的诗，无论题材、风格，都与赠给高官卢见曾的大不相同。在这部诗册中，大病初愈的袁枚选入了自己悼亡妾、思情人、寄兄弟、赠同年的诸多佳作，这些悼、怀题材的诗歌，最能寄托他恣肆的性情、表现他挥洒的文采，将一个人、笔两风流的袁子才，淋漓尽致地铺展在密友似村公子面前，而不必有所顾忌。

然而，在将诗册中选入的诗篇与刻本《小仓山房诗集》中同一首诗对读时，我们就会发现，其中很多首诗都被袁枚自己修改得面目全非。可见当晚年的袁枚将这些诗篇结集付梓，博取身后名时，他的心态追求与书写这部诗册时已大不相同。那么，这些差别到底表现在何处，反映了袁枚怎样的思想和心态变化呢？我们需要回到具体的诗文与时代中细细品味。

四

翻开诗册第一页，起首处赫然钤有“十二岁举秀才”一印，随后便是袁枚手书的第一组七律：《还武林扫墓，路出吴门，宿抚军庄容可同年署中，留赠四章》。题尾钤一印，曰“埜人也”。手稿所录诗文如下：

其一

朝天闻说返征车，芳草青青梅熟初。旧雨正停青雀舫，新恩刚赐紫泥书。谈深半夜甄长伯，学重明时陆敬舆。宸翰深期何以报？为公一读一唏嘘。余到苏，值公迎御赐书诗，有“早归其善活斯民”之句。

其二

布衣欢好极平生，许住南楼客亦清。公壁间题“清到南楼客亦稀”。栀子花开春四面，女儿香赠月三更。蒙赠女儿香一合。心惊海甸哀鸿色，肠绕昌门打麦声。笑索清卿一囊粟，故人今已是苍生。舟中粮尽，故乞之。

其三

随园秋晚驻风骖，叶叶夫容露正酣。同把清藜照年少，各分吏隐占江南。看山妒我三间屋，出拜输公九岁男。公过随园，见小仓山花竹，辄云“可妒”。廿载科名风过眼，偶凭鸿爪记珈蓝。

其四

相逢花下一题襟，买棹横塘作越吟。春酒玉堂天上梦，清明游子故乡心。风前努力崇明往，世外闲鸥听好音。更约栖霞山下路，碧云红叶更幽寻。公有同游栖霞之订，故及之。

这四首诗作于乾隆二十一年，与手稿的成书时间相隔两年。标题中提到的"庄容可同年"名叫庄有恭，字容可，广州番禺人，与袁枚同榜举人、进士，乾隆四年高中状元。乾隆十三年，庄有恭以户部侍郎督学江苏，两年后改任江苏巡抚，驻苏州。乾隆二十一年初，庄有恭的母亲病故，按道理，他应该回乡丁忧三年。但此年恰逢长江下游汛情严重，庄有恭久在江南，颇有治水经验，是以乾隆皇帝只给了他百日葬母假期，假满后即回苏州任上，率领军民抗洪救灾。同年夏天，袁枚从南京回杭州老家扫墓，路过苏州时，正赶上庄有恭带着乾隆皇帝"速归其善活斯民"的嘱托重新回到巡抚任上，遂有此四章之赠。

从内容看，这四首诗分别表达了四层意思。第一首诗写的是袁枚听说庄有恭带着皇帝的重托，回到苏州任上救济灾民，二人夜半长谈，哀民生之多艰，感帝心之倚重。第二首诗描述二人同学情深，往来频繁，并多有馈赠。第三首写庄有恭此前也曾拜访随园，二人一朝一野，回忆起年少时同赴科场的情形，百感交集。第四首再将袁枚的闲云野鹤生活和庄有恭风光的仕途前程对比，并提到了二人的栖霞山同游之约。整组诗作将二人的关系表现为合而分、分而合，思路分明，浑然一体。

袁枚晚年自订诗文集时，将这组诗收入《小仓山房诗集》（下称"诗集"）卷十二，题目改为《过苏州赠庄容可大中丞》，内容亦大有变动。

关于改诗，袁枚在《随园诗话》中有专门的论述。他说：

> 改诗难于作诗，何也？作诗兴会所至，容易成篇。改诗则兴会已过，大局已定，有一二字于心不安，千力万气，求易不得，竟有隔一两月于无意中得之者。刘彦和所谓"富于万篇，窘于一字"，真甘苦之言。荀子曰："人有失针者，寻之不得，忽而得之，非目加明也，眸而得之也。"所谓眸者，偶睨及之也。唐人句云："尽日觅不得，有时还自来。"即眸而得之之谓也。

然而从手稿到诗集定本的修改，并非是这种“大局已定，有一二字不安于心”的简单情况，而是一种有计划、有目的的整体性修改。不仅仅是艺术修葺的需要，也是其心态和自我形象塑造发生重大变化的表现。就这一组赠给庄有恭的诗作而论，其诗集定本修改如下：

其一

朝天闻说返巾车，芳草萋萋梅熟初。旧雨正停青雀舫，新恩刚赐紫泥书。谈深半夜甄长伯，学重明时陆敬舆。宸翰相期何以报？为公一读一唏嘘。赐诗有“速归其善活斯民”之句。

其二

牙旗红闪夕阳明，许住南楼客亦清。壁上题句“清到南楼客亦稀”。栀子花开春四面，女儿香赠月三更。心惊海甸哀鸿色，肠绕昌门打麦声。笑索官仓一囊粟，故人今已是苍生。

其三

随园往岁驻征骖，叶叶芙容露正酣。同把科名忆年少，各分吏隐占江南。看山妒我三间屋，出拜输公九岁男。廿载韶光风眼过，云龙角逐尚能堪。

其四

相逢花下一题襟，买棹横塘作越吟。春酒玉堂天上梦，清明游子故乡心。人间努力留遗爱，世外闲鸥听好音。莫忘栖霞山畔路，碧云红叶更幽寻。约共游摄山。

对比手稿与诗集，被改动的大大小小有十六处之多(标注下划线部分)，主要基于三个原因。

首先，袁枚将这组诗选入诗集时，对标题和小注部分做了充分地简化，将背景说明文字尽量削去，使诗作看起来更加明白简净。

第二是斟酌词句，做艺术上的加工。把原诗不确、不尽，对仗不工的词句改得更为妥洽。如第二首诗的尾联：“笑索清卿一囊粟，故人今已是苍生。”从小注“舟中粮尽，故乞之”来看，是要表达袁枚到苏州后随身携带的食品不足，向庄有恭讨要一些的意思。“清卿”一词在清代主要有两种用法，一是指清白廉洁的高级官员，二是对太常寺堂官的雅称。虽然第二种用法更加常见，而此处显然是取其第一种用法。大约是为了避免产生歧义，袁枚在诗集定稿时将“清卿”改为“官仓”，与颈联的“心惊海甸哀鸿色，肠绕昌门打麦声”同观，写庄有恭作为一省之长，在荒年时刻忧心江苏百姓的生计，而我袁枚虽是巡抚大人的故人同年，但如今也是治下苍生之一，开口索求一囊官仓的粟米，也在情理之中。两联结合，既呼应了第一首诗提出庄有恭于大灾之年担当重任，抚绥百姓的特殊背景，褒扬庄氏勤勉忧劳的德行，又俏皮自嘲彼此虽是敌体同年，情意欢洽，但如今在官在民，有庙堂江湖之别，为下面两首诗打开话题。

再如第四首颈联上句，由“风前努力崇明往”改为“人间努力留遗爱”，与下句“世外闲鸥听好音”对仗更工。且上句写庄有恭作为朝廷高官，应以入世之心为民父母，遗爱于百姓；下句写自己作为林下闲散，虽然出于世外，但也乐意聆听同年好友的政绩佳音。与颔联的“春酒玉堂天上梦，清明游子故乡心”浑然一体，引出尾联的栖霞山之约。

除了词句上的修改外，袁枚对庄有恭的态度，从中年到晚年，也发生了鲜明的变化，诗句的改动，即是这种变化的反映。

对于庄有恭这位同榜年兄，袁枚的情感是非常复杂的。乾隆三十二年，庄有恭病故，袁枚为之作祭文，在谈到二人早年的交往时写道：

> 我少公年，实惟两载。丁巳长安，瞷公丰采。度实我容，能实我甲。假宅道南，相优相狎。张饮鸡社，再盟再歃。明年京兆，同登贤书。明年礼闱，同翔天衢。帝策仲舒，擢为第一。回顾终军，亦许簪笔。凡公所有，则我不无。得我相于，公亦不孤。

西清宵宴，东观晨趋。人之视之，两剑双珠。小劫昆明，为欢未渫。我宰江左，公留燕阙。从此乖分，辵阶猎级。或旬日之间而周历三台，或三十之年而早麾旌节。非予小子之早遁先藏，几乎腰笏负韊而向公屈膝。

袁枚小庄有恭两岁，二人在二十出头的年纪相识于北京。由于年龄相近，志趣相投，所以结社饮宴，成为挚友。乾隆三年，二人同应顺天乡试，成为同榜举人。第二年一路过关斩将，经过会试、殿试，又成为同科进士，实在缘分不浅。殿试中，庄有恭高中状元，袁枚则为二甲第五名，同入翰林院。虽然此时的庄有恭在科举名次上小胜袁枚一筹，但毕竟"凡公所有，则我不无"。袁枚将此时的庄氏比作董仲舒，而自喻终军，所成所就，不分轩轾。至于旁人，亦以"两剑双珠"视之。

然而，乾隆七年的庶吉士散馆考试成为二人仕途的截然分水岭。此后庄有恭仍然留在翰林院内，并且一路平步青云，八年时间就升至从二品的兵部侍郎。而袁枚的宦海生涯则一落千丈，在知县的位置上停滞不前。所谓"我宰江左，公留燕阙。从此乖分，辵阶猎级"是也。特别是乾隆十三年，庄有恭即将以侍郎之尊担任江苏学政，眼看就要成了作为知县的袁枚的上司。袁枚为了避免向同榜同年"腰笏负韊而屈膝"，抢在庄有恭到江苏之前挂官而去，郁郁之情，颇可想见。

乾隆十六年，庄有恭由学政改任江苏巡抚，成为江苏境内除两江总督外的最高级文官，而辞官后在南京生活的袁枚俨然其治下之民。特别是乾隆十九年之后，第四次总督两江的尹继善经常在公余闲暇时招待庄有恭、袁枚这两个得意门生到家里饮酒闲谈。恩师作总督、同年任巡抚，有了这样靠山的袁枚在江苏地界当然可以超脱自处，但以一介布衣游师门督抚席间，心高气傲、少年得志如袁枚，无论生活得怎样自由潇洒，只怕也难以全然释怀。

后尹继善以两江总督兼内阁大学士，庄有恭以江苏巡抚加协办大学士衔，在江南有“两相国”之称。乾隆三十年，尹继善还都前，庄有恭亲到袁枚家中，邀请袁枚一起往尹师府中饮酒送行。袁枚心有戚戚，但碍于恩师的情面，不得以前往。事先书寄庄氏曰：

> 承命明日在家相候，将拉往尹师处，置酒送行。枚初觉两宰相、一山人，鸠凤相参，殊不伦类，意欲辞谢。既而思之，公西华之肥马轻裘，颜渊之箪食瓢饮，何以同侍孔门之侧，而彼此相忘？其中道妙，必有在富贵贫贱之外者。阁下知之，尹师相知之，枚敢不知哉？谨当扫门驾车，鹄立以候。

虽然话是这样说，然而到了席间，袁枚终归难以释怀，几杯酒下肚，慨然赋诗云：

> 三江元老驰征轮，三吴新参访故人。为载酒尊趋绛帐，仰承师意招同门。十年不到旧山庄，处处亭台换夕阳。笑指芙蓉夸野色，抱将娇女拜平章。八驺先唱花闲道，升堂随后柴车到。赤也端章点也狂，夫子难禁莞尔笑。后堂人尽去长安，燕寝香消锦瑟寒。未免离愁成小病，白头闲坐把书看。新参风义高前古，门生也作莱衣舞。只教诺语斗澜翻，不许骊歌唱酸楚。酒杯易尽意难穷，官鼓冬冬漏又终。千秋莫忘今宵宴，一个山人两相公。

就是在这样的情绪下，袁枚写出了乾隆二十一年的那一组《还武林扫墓，路出吴门，宿抚军庄容可同年署中，留赠四章》，还在诗题之下加铃了“埜(野)人也”的闲章。虽然自嘲“故人今已是苍生”，却不甘全方位认输，而坚持自己与赫赫庄巡抚是“各分吏隐占江南”。当然，在提到“廿载科名风过眼”这样的话题时，作为庄巡抚的治下子民，也只好自认气短，“偶凭鸿爪记珈蓝”而已。

不过，前半生仕途顺风顺水的庄有恭很快就遇到了大波折。就在乾隆二十一年底，庄有恭以擅自准许有重罪之人赎锾获罪，夺官逮京，论绞罪，经皇帝赦免，改发军台效力。不久起复，历任湖北、浙江、江苏巡抚，升协办大学士。乾隆三十年，又因包庇有罪属官下狱论斩，再蒙特赦，起为福建巡抚。乾隆三十二年，两次死里逃生的庄有恭在福建病故，年仅五十四岁。

庄有恭去世后，已经成为文坛宗主的袁枚为他书写了一篇感情饱满而复杂的祭文。看到老同学人生最后十年的跌宕经历和英年早逝的结局，袁枚对他的情感中，似乎更增些许怜悯，而少了几分醋意。对自己早早远离官场、恣纵林泉的选择也平添一层安慰。他在祭文中叹息二人交谊的微妙和庄有恭的不幸与侥幸，说：

> 我嫌公之夷姤，公嫌我之踈俊。虽邻不觌，虽亲不近。三年一书，五年一问。恃旧多规，领而不愠。参知政事，将离于南。交淡而成，蔗老而甘。访我空谷，穿云停骖。抱我幼女，絮语喃喃。公戏我笑，我卧公谈。已握手于白门，复开尊于吴下。道两人之齿未，莫分襟而悲咤。何图此酒？即是离觞。何图此别？万种沧桑。
>
> 家入搜牢，身归狱市。簿责八辈，磐惊三褫。罪浅恩深，雷收电止。解金木之缠身，忽纡青而拖紫。虽霜尽以春来，终形存而心死，果八闽之再临，竟九泉之已矣。呜呼！胡不早终，赫然相公；胡不少待，大福将再。不早不迟，天实为之茫茫。

故人既已长逝，那些需要忌惮的、顾虑的情绪，自然也不必再有。袁枚晚年修订诗集，将“偶凭鸿爪记珈蓝”的气短，改作“龙云角逐尚能堪”的气直，就在情理之中了。

五

手稿所录第七题，是袁枚的名作《引凤曲》。诗用古体，并有长篇序文。其序曰：

> 乾隆十五年，存斋避虐姑苏。或绳张校书女闾独绝，强予往觌。则卷帘凝立，双眸泓然，宛娈无倚市风。其阿母者，九子魔也，攫扇上玉美人去。女怒，代客夺还。予异之，迎于秋斋。自言小字阿凤，生十九年。春云蔼然，相得甚欢，若将终身焉。亡何，阿母来，嬲归，泪涔涔雨下。问欲留乎？不答。问他郎何以不如是？亦不答。赠金袖中，色然而拒，耻作河间姹女。予不觉泫然，遂两和以泪，点衫上而别。明日，阿母挟之迁去，不知所往。二十一年，存斋自秦中归，再过吴下，有郑叟指天台山有桃花，不知刘、阮故旧雨也。既见，各击齿，曰是也。握手，且喜且悲，诵前赠诗，略皆上口。出故衫，泪痕宛然。临别，屏人曰："能拔凤于风沙者，君也。妾非自媒，今不得不为强颜女子。能娶凤耶？当以媵侍礼见。能嫁凤耶？当以兄妹礼见。人寿几何？君忍一再误耶？"予沉思良久，书"十年以长"四字示之。凤无可奈何，干笑再拜。适故人赵文山守苏州，而中表戴右麟有下达之托。均告以故，笞其母，逐之。六月初九日，执烛前马，婚于戴氏。余读《会真记》，常怪微之悔过，有不终之恨。然则如予以不终终之者，较于微之，当何如也？范蔚宗曰"哀窈窕而不淫其色"。唐人诗云"网得西施赠别人"。予有感于二语，作《引凤曲》一章。初意亦不甚决舍，为爱姬方氏所阻，故有第五十五句以自忏云。

诗曰：

姑苏城外三春水，年年生长如花女。泛水寻花若个狂，牛渚矶边临汝郎。乾隆庚午六月初，长陵小市驾轻车。迎来绛树春同笑，比到珠团玉不如。双瞳剪水鬓横云，千蝶罗衫百鸟裙。才共旗亭题画壁，更随深巷驻雕轮。水精帘外荷花放，神君降雨流苏帐。明彗居然林下风，矜庄浑似夫人样。自言少小住横塘，静婉由来本姓张。舞袖能翻《大垂手》，弹筝惯唱《小秦王》。儿家姓名君知否，请看钗头玉凤凰。二八芳年嫁狡童，浮花浪蕊日西东。蕉叶有心空卷雨，杨枝无力自随风。今朝身被明贤顾，碧鸾尾接银河渡。愿作衔泥燕上梁，休教落月乌啼树。碧玉回身抱满怀，可怜金玦易离开。门前阿母香车至，坐上啼痕满面来。此时无力唱《回波》，此际情深可奈何。不受郎君金步摇，不歌乐府《念奴娇》。只流一把相思泪，当作珍珠两鬓抛。明朝重过碧鸡坊，银汉红墙事渺茫。青鸟信沉刘禹锡，碧天肠断冷朝阳。六年萍水重相见，桃花依旧如人面。云雨襄王忆梦中，王珉旧手存团扇。说到沧桑我欲愁，萧郎万里走凉州。往日馆娃余蔓草，新添小婢学梳头。百年两次托三生，欲诺还疑意转警。孝绰忽教姝改妹，练儿无药疗仓庚。定情为看水晶盘，嫁女无如戴叔鸾。下托长官刘子翼，上求太守白香山。昔日鸳鸯今鸩鸟，莲花度出污泥早。换羽移宫总是春，将缣比素知谁好。阊门万口说因缘，《红豆》《金荃》播管弦。剑坠龙渊雷拔地，珠升沧海月当天。置酒当筵鬓转斜，江山秋雨《续琵琶》。愿侬长作司香尉，十万金铃护落花。

这首诗写的是乾隆十五年，袁枚在苏州探访一名十九岁的风尘女子阿凤。阿凤端庄明慧，无倚市之俗，二人相与甚欢，赠诗洒泪而别。六年后，袁枚再访苏州，巧遇阿凤。阿凤请嫁于袁枚，袁枚为爱妾方聪娘所阻，不应，但仍救阿凤于风尘，将其嫁给苏州知府赵酉（号文山）的表亲戴右麟。袁枚百感交集，比阿凤于莺莺、西施、文姬，自谓"以不终终之者"。

这首诗作于乾隆二十一年，也就是袁枚将阿凤嫁给戴秀才之后。抄入手稿赠给庆兰时，钤三印，序前钤"好名之人"，序后钤"事无不可对人言"，诗尾钤"有情郎"。

在袁枚所在的时代，一名官员（乾隆十五年初遇阿凤时，袁枚只是请长假奉养父母，虽无职任，仍保留官员身份，二十一年短暂到陕西候补知县，数月后才彻底辞官），敢于将狎妓之事明目张胆写成诗文送给朋友，十分离经叛道。

袁枚风流自诩，惯来主张"情所最先，莫如男女"，批判程朱理学禁欲主义。认为古代正人君子、忠贞节士，多重男女之情。所谓"即以人品论，徐摛善宫体，能挫侯景之威；上官仪词多浮艳，尽忠唐室。致光《香奁》，刘杨昆体，赵清献、文潞公亦仿为之，皆正人也"。反之，恪守经文、理学，贬斥男女之情的人，却多冥顽迂腐，甚至人品卑劣。如对朱熹批判胡铨爱恋妓女黎倩一事，即讽刺朱子曰："从古忠臣孝子，但知有情，不知有名。为国家者，情之大者也；恋黎倩者，情之小者也。情如雷如云，弥天塞地，迫不可遏，故不畏诛、不畏贬、不畏人訾议，一意孤行，然后可以犯天下之大难……被其日星河岳之气，视此小节如浮云轻飙之过太虚。而腐儒矜矜然安坐而捉搦之，譬凤凰已翔云霄，而莺鸠犹讥其毛羽有微尘，甚无谓也。"

此外，对于历史上有才名、艳名的名妓，袁枚也颇有倾慕之情，而不以贵贱衡之。《随园诗话》记载，曾经有一位尚书到南京公干，向他索取诗册，他在赠给尚书的诗册上钤了一枚"钱塘苏小是乡亲"私印。苏小小是南齐时期杭州籍名妓，袁枚甚为追慕，遂刻此印。不过，在位高权重的尚书看来，赠给自己的诗册加钤这样一枚印章，既轻佻，又欠尊重，是以对袁枚大加责备。袁枚先还逊谢告罪，见尚书责难不休，反而正色道："公以为此印不伦耶？在今日观，自然公官一品，苏小贱矣。诚恐百年以后，人但知有苏小，而不知有公！"

当然，此次《引凤曲》赠送的对象——贾宝玉似的公子庆兰，在对待男女情爱的问题上，并无俗儒之见，和袁枚的态度是高度一致的。不但庆兰，连他的父亲——三江元老尹继善也是如此。一日袁枚从江北返回金陵，未归随园，即到总督衙门与尹氏诸公子饮酒夜谈。尹继善从后堂出一笔札，提醒袁枚："山人在外初回家，姬必多相忆，盍早归乎？"袁枚提笔在札后写道："夜深手札出深闺，劝我新归应早回。自向公门懒桃李，五更结子要风催。"尹继善见而大笑，全无责怪之意。因此，将《引凤曲》这样的诗作抄录给庆兰，袁枚不但没有心理压力，反而用了"好名之人""事无不可对人言""有情郎"这样钤印，大咧咧表现自己以作护花使者为荣的人生态度，以及对道学家们的不屑与鄙夷。

乾隆二十一年袁枚彻底辞官后，愈多寻花、护花之举，甚至不惜为青楼女子担"干预公事"之名。他在《随园诗话》中记载，苏州名妓金蕊仙"以事挂法，一时交好，无能为之地道"。袁枚对金蕊仙十分欣赏，一闻美人有难，即欲相助，免其受刑。当时的苏州知府孔传炣虽是袁枚的进士同年，但系圣人后裔，"风骨冷峭，权贵不敢以情干"，袁枚也不敢仗着同学关系随意求情。遂苦心孤诣，拟一手札，写得花团锦簇、婉转动人。其文曰：

> 仆老矣！三生杜牧，万念俱空。只花月因缘，犹有狂奴故态。今春到治下，欲为寻春之举。而吴宫花草，半属虚名。接席衔杯，了无当意。惟女校书金某，含睇宜笑，故是矫矫于庸中，遂同探梅邓尉而别。刻下接萧娘一纸，道为他事牵引，就鞫黄堂，将有月缺花残之恨。其一切颠末，自有令甲，凭公以惠文冠弹治之，非仆所敢闻。但念小妮子：蕉叶有心，虽知卷雨；而杨枝无力，只好随风。偶茵溷之误投，遂穷民而无告。管敬仲女闾三百，生此厉阶，似乎君家宣圣复生，亦当在"少者怀之"之例，而必不以杖扣其胫也。且此辈南迎北送，何路不通？何不听请于有力之家，而必远求数千里之空山一叟？可想见夫子之门墙，壁立

万仞，而非仆不足以替花请命耶？元微之诗云："借为东风好抬举，夜来曾有凤凰栖。"敬为明公诵之。

饶是孔传炣铁石心肠，亦为这样华美有情的文字所动，覆书云："凤鸟曾栖之树，托抬举于东风。惟有当作召公之甘棠，勿剪伐而已。"此事过后，二人往来文札风传一时，袁枚护花之举也再次成为时人津津乐道的话题。

不过，袁枚如此张扬的行为，也实在难为主流社会所容。尹继善总督两江时，江南官场虽然不满袁枚的举动，但还有所顾忌。乾隆三十年，尹继善内召入阁，袁枚在南京的生活已经隐隐受到威胁。四年后，以古板道学著称的刘墉出任江宁知府，尤怒其伤风败俗，袁枚的日子更加难过，以致于"相传有见逐之信，邻里皆来送行"。幸得远在京师的尹继善慨然援手，才能转危为安。为此，尹继善对袁枚在南京的生活十分忧虑，多次写信提醒他人言可畏，命他小心从事。对于老师的好意，袁枚不但不喏喏奉行，反而回信倾诉委屈，嗔怨老师听信流言，错怪自己。信中说：

> 枚愚，不能慎厥身，使公绝投杼疑。又不能以自隐无名为务，累公思心潭潭，屡寄危言，警慑震动之。枚始而瞿然曰："公恩我，不知我。"……倘公不见其大，不深悉其人，而徒抱慈心苦口，逢寄声人便谆谆聒耳，彼不知者，将疑枚必有大无状事积于公心，而代之忧危不已。未为人所陷，先为人所轻，殊非爱人以德之义。

尹公耐不过门生撒娇耍赖，也就随他去了。不过，随着年齿渐高，袁枚的"好色"之心渐渐转变为精神上对美的追求。风流韵事减少，而更倾向于欣赏、爱惜女子的才情，其表现就是广收以士大夫闺秀为主的女弟子。

晚年在对情、色的态度上有了一些转变的袁枚，在面对自己年轻时所作的这首《引风曲》时，心态也有了很大变化。是以在《小仓山房诗集》的定本中，这首诗被大面积改动，序言和正文有了很大变化。

袁枚晚年，对于女性态度较此前有了不少的转变，从流连美色，看重男女之情，逐渐变为对女性精神美、才情美的追求，开始大量收纳女弟子，门下多“扫眉才子”“不栉进士”。当然，在当时很多士大夫看来，广收良家，特别是士大夫女眷为女弟子，比狎妓寻花更有悖于道学准则。他去世之后，著名史学家章学诚就痛斥其收女弟子是“专以纤佻浮薄诗词倡导末俗，造然饰事，隐误少年，蛊惑闺壶，自知罪不容诛，而屈引古说，文其奸邪”。

对于这样的身后评价，心思洞明如袁枚，在生前应有所预料。是以当他在晚年自订诗文集时，自然而然要对早年作品做一些修改，为自己塑造一个看起来更容易被主流接受的身后形象。不过，袁枚毕竟还是袁枚，他绝不肯像当时许多士大夫那样，在诗文集的刊本中彻底删去情诗。

清初大学者朱彝尊，年轻时曾经爱恋妻妹，妻妹也因为割舍不下与他的感情，三十三岁就郁郁而终。朱彝尊为此痛苦不已，写下《风怀诗二百韵》纪念这段刻骨铭心的爱情。朱彝尊晚年修订诗文集时，有朋友建议，以他的经学造诣，说不定有死后配享文庙之荣，但务必将《风怀诗》这样不符合名教规范的少年风流事删去才行。朱彝尊固然爱名，但也是重情之人，是以“欲删未忍，至绕几回旋，终夜不寐”，最终甘冒礼教谴责，“宁拼两庑冷猪肉，不删风怀二百韵”。对朱彝尊的做法，袁枚击节称奇，并表示愿奉朱氏为楷模，断然拒绝了那些建议他“删集内援情之作”的朋友。

此外，对于那些敢学风流事，不敢当风流名的假道学，袁枚亦极尽讽刺之能事。他与无锡人杨潮观是总角之交，乾隆十七年，杨潮观担任河南乡试同考官，阅卷时，梦一貌美女子揭帐低语：“拜托使君，‘桂花香’一卷，千万留心相助。”次日杨潮观检点落卷，见一考生诗作中有“杏花时节桂花香”一句,遂取中。后知此考生是商丘老贡生侯某,侯朝宗之孙。杨潮观狂喜,自以为梦中所见就是李香君,于是四处宣扬,夸耀于人前。袁枚听说后,亦以此事为奇,记录到自己的神怪笔记《子不语》中。哪知杨潮观见文色变,认为袁枚有意侮辱他的名节。致信辩白说:“所称李香君者,乃当时侯朝宗之婊子也。就见活香君,有何荣?有何幸?有何可夸?弟平生非不好色,独不好婊子之色,名妓二字,尤所厌闻。”

袁枚见信,甚为鄙夷,毫不客气回信给杨潮观,称梦香君一事明明是他亲口所说:“想当日足下壮年,心地光明,率真便说,无所顾忌。目下日暮途穷,时时为身后之行述墓志起见,故想隐晦其前说耶?”袁枚表示,香君已是二百年前的古人,如果心地坦荡,根本不必因为梦见香君而掩饰。老兄你之所以讳言往事,是“必以好色狎邪自揣”可见“将来配享两庑,想吃一块冷猪肉,岌岌乎殆矣”!

事情放在自己头上,在自订诗文集时,袁枚将一生所写的情诗大多都留在集中,但做了一定的删改,使之更符合他晚年的心境。他在诗集刊刻时就自我披露:

> 几年学道敛心情,几度删除仗友生。到底难消才子气,霜毫触处怒花生。

那么,在诗集刊定时,对于这首怀念风尘中有情人的《引凤曲》,袁枚又是怎样表现自己的“敛心情”和“才子气”的呢?

诗集刊本中的《引凤曲》题目不变,序文和诗文都被较大程度的删减。其中序文改为:

> 庚午秋,余避疟苏州。或绳张校书女闾独绝。瞷之,则拥髻疑立,妙婧流靡。自言小字阿凤,生十九年。迎归秋斋,随郎转侧。亡何,鸨母来,嬲归,泪涔涔下。问欲留乎?不答。问他郎

何以不如是？亦不答。赠赤侧袖中，色然而拒，耻作河间姹女。既别，不知所往。今年春，余再过吴，郑叟者指天台山有桃花，不知刘、阮故旧雨。既见，各齿击，曰是也。喜且悲，诵前诗，略皆上口。少选，屏人曰："能为妾地道者，君也。肯畜凤耶？当以傅婢礼见。肯好凤耶？当以女弟礼见。人寿几何？君忍一再误耶？"余书"楚人称娼"调之。凤无奈何，干笑再拜。适故人刘鲁元、赵文山官其地，而秀才戴右麟有下达之托。讼言其故，筶寄猳，逐之。六月九日，执烛前马，婚于戴氏。余读《会真记》，常怪微之悔过，有不终之恨。然则如余之以不终终之者，较于微之当何如也？作《引凤曲》一章。

诗句改为：

姑苏城外三春水，年年生长如花女。牛渚矾边临汝郎，泛水寻花狂不已。乾隆庚午六月初，长陵小市驾轻车。迎来绛树花同笑，比到珠团玉不如。双瞳剪水鬓横云，千蝶罗衫百鸟裙。才共旗亭题画壁，更随深巷驻雕轮。自言家住横塘口，都知录事声名久。弹筝惯唱《小秦王》，舞袖能翻《大垂手》。但看钗头玉凤凰，儿家名字君知否。二八芳年嫁狡童，浮花浪蕊日西东。蕉叶有心空卷雨，杨枝无力自随风。一朝曲被周郎顾，碧鸾尾接银河渡。愿作衔泥燕上梁，休教落月乌啼树。碧玉回身抱满怀，可怜金玦易离开。门前阿母香车至，坐上啼痕满面来。此时无力唱《回波》，此际情深可奈何。不学丁娘索翠翘，不封朱帛寄樱桃。只留一把相思泪，当作珍珠两处抛。明朝重过碧鸡坊，银汉红墙事渺茫。青鸟信沉刘禹锡，碧天肠断冷朝阳。十年阿软重相见，桃花依旧如人面。云雨襄王忆梦中，王珉旧手存团扇。说到沧桑我欲愁，萧郎万里走凉州。往日馆娃余蔓草，新添小婢学梳头。殷勤苦把三生托，惜花争忍看花落。抵触娲皇炼石心，难禁子夜连珠诺。定情代看水晶盘，嫁女无如戴叔鸾。下托长官刘子翼，上求太守白香山。昔日鸳鸯今鸩鸟，莲花度出污泥早。换羽移宫总是春，将姝改妹知谁好。阊门万口说因缘，《红豆》《金筌》播管弦。剑坠龙渊雷拔地，珠升沧海月当天。惆怅当年范大夫，西施网得赠东吴。今朝位置倾城毕，明日扁舟泛五湖。

刊本序文的篇幅大大缩短，更加言简意赅，不喧宾夺主。其中被改动的主要有两点。第一，阿凤问袁枚，是愿意纳其为妾还是认作妹妹，袁枚写了四个字作为回复，原序中作"予沉思良久，书'十年以长'四字示之"，改订后作"余书'楚人称媦'调之"。"十年以长"典出《礼记·曲礼》："年长以倍，则父事之；十年以长，则兄事之；五年以长，则肩随之。""楚人称媦"典出《说文》："楚人谓女弟曰媦。"都是以兄妹相称的意思。但既然是描述二人交流的场景，应是写实之笔，而两处用词不一，可见袁枚诗人情性，下笔虚虚实实。

第二，袁枚将阿凤嫁与戴秀才时，先有托知府赵西（文山）将控制她人身自由之人惩办的举动。原序称"笞其母，逐之"，刊本改为"笞寄豭，逐之"。母自然是指鸨母，而寄豭则指与其有性关系的男性，应是诗中"二八芳年嫁狡童"之狡童。非关主旨之事，而前后不一，不知袁枚何所用意。不过以此两处为例，可知袁枚诗作虽多反映官场、社会现实活动的题材，但欲作史料使用，以诗证史，则不可尽信，学者意会可也。

此外，将诗句与序文相结合，我们还可以发现，刊本删除了原诗中描绘的三个场景。其一，手稿写鸨母攫取客人的玉美人扇坠，阿凤大怒，代客人夺还，体现阿凤轻财重情，耻作河间姹女的贵重品格，儿刊本删去。与之相呼应，原诗中"明彗居然林下风，矜庄浑似夫人样"一句描写阿凤气质高贵、品行高洁的内容也被删去，只保留"双瞳剪水鬓横云，千蝶罗衫百鸟裙""弹筝惯唱《小秦王》，舞袖能翻《大垂手》"等赞美阿凤容貌美丽、能歌善舞的文字。体会其意，大约错失阿风之初，忆及佳人举止，真是处处过人，令袁枚这个风流才子百感交集。而数十年后再改，则情绪上显得更理性一些。阿凤也被塑造得更像一个沦落风尘的柔弱姑娘，而非“林下风”“夫人样”这类完全与其身份相反的形象。

其二，手稿写袁枚与阿凤初次相别，曾“两和其泪，点衫上而别”，所以二次相见时，阿凤“出故衫，泪痕宛然”，而刊本删去。与初次见面的妓女别离，即含泪赠衫定情，虽然才子气十足，但对一个中年朝廷命官来说，未免过于轻佻。尤其与后文拒绝阿凤自荐为妾的结果相对照，此举又在多情与负情之间，实在难以自洽。这样的改动，确乎显得袁枚晚年改诗有“敛心情”之意。

其三，手稿写袁枚经阿凤两次“托三生”，犹豫不决，有自娶之念，却被爱妾方氏阻止，所以“将姝改妹”，而刊本删去。原诗中描述这一情节的“孝绰忽教姝改妹，练儿无药疗仓庚”一句也被改为“扺触娲皇炼石心，难禁子夜连珠诺”。方氏即方聪娘，是袁枚最宠爱的姬妾，有“无车不共，有桨皆双”之情。“仓庚”传为疗女子嫉妒之药，可见袁枚不纳阿凤为妾，其中确有方聪娘因妒相难之故。袁枚在诗集刊刻时，将这一层意思删去，只强调自己不肯纳娶阿凤，而只字不提聪娘，或是他不肯对人展示自己受制于姬妾，亦或不肯加已故方聪娘以妒名的原因。

至于诗文中意思改变最大的，要数最后四句。原诗作：

置酒当筵鬓转斜，江山秋雨《续琵琶》。愿侬长作司香尉，十万金铃护落花。

刊本则改为：

惆怅当年范大夫，西施网得赠东吴。今朝位置倾城毕，明日扁舟泛五湖。

《续琵琶》是曹雪芹祖父曹寅所写的传奇剧本，讲的是曹操从匈奴解救回恩师之女蔡文姬，并将其嫁给才子董祀的故事。司香尉则是天上护花之神，袁枚青年时为友人题画册，就曾用“愿依长作司香尉，十万金铃护落花”一句。而将其作为末句写在《引凤曲》中，是袁枚自命为救文姬于危难的曹丞相，愿为天下苦命女子做护花之使之意，颇有豪情。而刊本则将曹操的意象删去，改为把爱人西施赠给吴国，又最终有情人终成眷属的范蠡，怅然艳羡之情跃然纸上。可见对于阿凤之事，晚年的袁枚仍有难以掩饰的悔意，即便竭力“敛心情”，也“到底难消才子气”，终归要将一腔幽念注于毫端。

（作者单位：国家图书馆）

关于袁枚其人及其诗论的几点思考

杨宁宁

郑老师的演讲如此有趣，给了我不少启发。但由于是外行，所以谈不了多么切题，只能结合自己的兴趣，简单谈谈我的两点感受。有不妥当的地方，请郑老师、石老师，以及在座的各位多多指正。

一 "以诗证史"：个人史的进入与重读

我一直有个很个人化的想法，就是不管研究诗歌，还是研究诗论，还是研究文献，它们背后的人才是最有意思的。民国时周作人说"文学是人学"，我觉得这话不会过时。有时候我给学生讲到李白、白居易、李贺这些诗人，常常感到这些诗歌背后的诗人们都是很有趣的。

袁枚也是这样。袁枚对杨万里有很强的认同感，不过我自己的阅读感受，倒是觉得袁枚的性情，以及一些诗歌风貌，和白居易有点像。白居易在活着的时候已是爆得大名，"童子解吟长恨曲，胡儿能唱琵琶篇"，可见其知名度，但白居易之风花雪月之情、功名利禄之心也常遭人诟病；袁枚在生时也是名声不小，但这里的名声也是好坏夹杂，有才子的赞誉，更有风流无忌、攀结权贵的批评。前两天正好读了汪曾祺的小说《金冬心》，里面对袁枚、金农的这种文人以诗才攀权附贵的作态作了深刻的嘲讽，印象很深刻。这种攀权附贵，自然有其性格方面的原因，但我想，更多的可能是一种白衣文人的无奈。所以，从细节处去理解诗人，了解其性格，了解其境遇，我觉得可能会对他们有更多的认识。

学界中一直盛行一种研究方法，即“以诗证史”，简单说，就是研究文学文本，但落脚点不在其中的文学性上，而是在它的历史价值、社会价值上。诸位都知道，这种研究源于陈寅恪先生提出的很有影响力的“诗史互证”的方法。但实际上，这一方法在具体运用时还有诸多不妥。比如郑老师在报告中所讲到的，关于阿凤之诗，前者写“笞其母，逐之”，后者写“笞寄豭，逐之”，所以“袁枚诗作虽多反映官场、社会现实活动的题材，但欲作史料使用，以诗证史，则不可尽信”。就是说，以诗来证史，由于诗歌本身的一些随意性，甚至复义性，所达到的效果还是有限的。

但另一方面，如果我们不把“史”限定在社会历史层面，而是放到诗人个体的历史，尤其是心态史的层面上，那么这里的“诗史互证”是很有效力的。由诗歌中所得来的那种立体的、多维的、发展的、变化的，一以贯之或者前后冲突的个人话语、形象以及观念，是诗歌之所以有趣，且能打动人的一个重要原因。我觉得郑老师今天的演讲，在某种程度上，就让我们对袁枚这个人有了一些更为细节化的认识。像袁枚对赠庄有恭诗歌的前后修改，就很有意思。透过这种修改的痕迹，诗人的心态变化是有章可循的。

二　袁枚“性灵说”:“真情”的追寻与实践

接下来，我想着重讲一讲我对袁枚“性灵说”的一些理解。这个不是郑老师演讲的重点，但因对古典诗学理论向来关注，所以这里就稍稍多讲两句，作为一个背景补充。

袁枚提出性灵说，从宏观上来说有两点需要先提一提。

一是这一理论在当时的一个大致的地位。清代的前中期诗坛，主要有四家说，王士祯的神韵说，沈德潜的格调说，袁枚的性灵说，翁方纲的肌理说。四者虽都较有影响，但袁枚的性灵说，在重典雅、重知识的清朝诗坛其实是非主流的。（沈德潜格调说的雅正一脉，以及翁方纲肌理说为代表的学问诗一脉。）二是袁枚提出性灵说有极为强烈的自觉意识：一方面是为了给自己的性情之诗提供一个理论支撑，另一方面也是为了回应沈德潜的格调派诗论。

郑老师在演讲中对袁枚的“性灵说”已经涉及一些，如她在文中所引用的蒋寅先生的观点：一方面，袁枚的性灵说是以天才论为突破口，由此而将客观性的诗学问题（如音韵格律等技术化问题）转化为了主观的“才性”问题；另一方面，袁枚的性灵说又具有颠覆性与解构性，取消了其贵族品格，有俗化的倾向。

蒋寅先生的这一说法言简意赅，十分筋道。实际上，以才性来论袁枚，差不多已经是学界的共识。

所谓的“性灵”实际上包括“性”与“灵”两个层面，一般都认为，“性”是就诗歌内容而言的，“灵”则是就诗歌的表现形式而言的。（自郭绍虞以来，一般是将性灵说分成二义，一是性情义，一是灵机义。性情之义是从内容方面讲的，灵机之义是从创作及表现方式层面讲的。）

但往深里说，这两者的背后都有相应的理论支撑，“性”的背后是“天性”论，“灵”的背后就是“天才”论。两个合起来就是“才性”。

那什么是才性呢？“才性”之说，盛于魏晋时期，如钟会撰《四本论》，就是专门探讨才性问题，这里的才性问题其实已经剥离了道德约束，更多的是审美层面的理解。牟宗三《才性与玄理》中就有一个很重要的说法：才性的主体是一个审美主体，不是一个道德主体。魏晋的才性论到了宋代理学中即被归为“气质之性”。所以“才性”偏重指人的“气质之性”，是一种自然本性。而与它相对的则是“义理之性”，是偏于道德的。

袁枚所持的才性论，很明显，强调的就是人的气质之性，即自然本性。他认为:“宋儒分气质之性、义理之性,大谬。无气质则义理何所寄耶?”在袁枚的理解中,义理、道德并是寄存在这种气质之性之中的,所谓的道德、义理,均是以人的感性气质为基础的,而“人欲”则是这种感性气质的重要部分。换一个更为极端的表述,就是“天理就在人欲当中”(“人欲当处,即是天理”)。

从这里我们也可以很容易地看出,袁枚实际上已经打破了古典儒家诗论中“真”“善”共存的诗学原则。中国古代的儒家诗学,一讲到“情”,必然有两个限制,一个是真实性(自然无妄),一个是道德性(教化)。换言之,一个是真,一个是善。

但袁枚讲诗之性情,他只讲真,而不求善。这就与传统的儒家诗学有了明显的冲突。但这种冲突也不就是全部的。在袁枚诗歌所表现的性情中,亲情友情没有问题,有关生老病死的生命体验也没有问题,最有问题的就是表现男女之情的内容。

儒家诗学对直接表现男女之情一般是反对的,男女之情只有在被赋予政治道德内涵时才具有正面价值,像王夫之就肯定过艳情诗,但他要求这些诗歌所表现的情感要体现道德规范,这还是一种伦理价值。

袁枚则不同,袁枚说“情之所先,莫如男女”,他是把男女之情作为人类最原初、最根本的一种情感来加以表现。因此在人的气质之性中,是最本真的。由此,他对那种一味排斥男女之情、讲究道德意味的做法是很厌恶的。(《随园诗话》卷六:宋沈朗奏:“《关雎》,夫妇之诗,颇兼狎亵,不可冠《国风》。”故别撰《尧》《舜》二诗以进。敢翻孔子之案,迂谬已极。而理宗嘉之,赐帛白疋(匹)。余尝笑曰:《易》以乾、坤二卦为首,亦阴阳夫妇之义。沈朗何不别撰二卦以进乎?)

由此,袁枚诗中常常描写他对姬妾的思恋之情,甚至一些寻花问柳的作品。而且这种描写绝不是含蓄委婉,而是十分直接、炽热的,感性成分极为浓厚。正缘于此,日本学者铃木虎雄在其《支那文学史》中说,袁枚所谓的性情“近乎妓女嫖客的性情”。这种极端的评价，若从“注重情感真实”的角度来看，也并不算错。

如果说，清代儒家诗学的代表人物沈德潜的诗学命题是“有第一等襟抱，斯有第一等真诗”，那么袁枚的诗学命题则是“有真人，然后有真诗”。而这里的所谓“真人”，其男女之情明显占有不少的比重。

另外尤其值得注意的是，袁枚以“真情”“真人”来论诗，此一观点可以说是贯穿其始终。我们看郑老师所讲的例子，就可以很明白地看出来，虽然袁枚对女性欣赏的角度从美色层面逐渐过渡到精神层面，但其中的“真情”一以贯之的。更突出的，是他自始至终坚持了自己这种反流俗的观点与姿态。（袁枚毕竟是袁枚，他绝不肯像当时许多士大夫那样，在诗文集的刊文中彻底删去情诗。）这一方面固然是其真性情人格的外在体现，另一方面，也是他的强调“才性”，强调“气质之性”，强调“真情”“真人”的诗歌观的必然体现。

三　“性灵说”的正负面影响

袁枚的性灵说，主张表现人的全部生命，强调人的生命的丰富的表现性，可以弥补儒家诗学这方面的不足。

但也有其负面价值，比如，对于艳情诗，诗中涉及关于性爱的一些描写，有时是合理的，但有时就很怪，比如他写的关于嫖妓，尤其老而狎妓，并言之津津的描写就十分过火，有种病态。

另外，在诗歌中只讲真而不讲善，其实在内在里就取消了情感的层级。如果不考虑审美的因素，所有的真情是不是等值的呢？屈原的爱国之情是真实的，杜甫的忧国忧民也是真实的，而艳情诗的“拥翠依红”也是真实的。如果只有真的标准，那么这些情实际上就是一个层面的。所以，从这个角度来看，袁枚从理论上打破了真善的统一，但实际上又陷入了另一偏颇。

（作者单位：扬州大学文学院）

《大林间奥义书》"蜜部"宇宙论解析

樊沁永

徐梵澄先生在其翻译的《大林间奥义书》引言部分指出："此与《唱赞奥义书》皆最古而最广大者。二书以此犹有原始性，此就文字之编次可明。……商羯罗（SaGkara）注疏《梵经》，引据此书凡五百六十五处。大概提挈是书，上可以窥《韦陀》，平可以见韦檀多学，下可以瞰诸派哲学，外足以睥睨佛法、耆那教等。在全梵学中为枢机，如轮之毂，上下四方无不通也。"[①]由此可见，《大林间奥义书》对于了解印度哲学的基础理论有极其重要的作用。《大林间奥义书》的篇幅在奥义书中属于长篇。在整个六分的篇幅中，第一分和第二分构成的"蜜部"可能是相对独立的文本，这一点徐梵澄先生也在引言中通过重文和师承世系的比对有所简要论证。所以本文依据这样一个相对完整独立的文本系统，分析其中较为突出的宇宙论思想，具备了理论上的可能性。本文选取宇宙论作为"蜜部"研究的重点，除了梳理文意和呈现梵我思想从原始形态向理论形态过渡的重要阶段之外，更为重要的是，通过澄清《大林间奥义书》宇宙论的理论旨趣可以调整我们以一般的哲学预设研究印度哲学带来的偏差，以便更加切近同情的理解印度哲学整体的理论气质和生命诉求。

---

① 徐梵澄译《五十奥义书》（修订本），中国社会科学出版社 2007 年版，第356 页。

一　马祭之宇宙图景

《大林间奥义书》依照徐梵澄先生的译法，主要以"分""婆罗门书""节"为三级章句层次[①]。全书一共三部：蜜部、雅若洼基夜部和余部。蜜部以"马祭"譬喻介绍宇宙构成，因为杂糅了祭祀，以及对梵文崇拜产生的各种印度文化对事物意向的独特关联，看似杂乱，实则内部理路相对还是非常严谨。第一分以"马祭"为中心，第二分以"蜜义"为中心，分别展开了印度先哲对自然宇宙和自我认知的理解和定位。雅若洼基夜部则以雅若洼基夜为主人翁，讲述了他和八位婆罗门的辩难以及与维迭赫王禅那迦的对话。辩难和讨论的中心都是大梵和自我，雅若洼基夜从生命气息、解脱、成就、业、梵的显现等多个角度陈述了他对梵的认识。余部则是在细节上丰富了对前两部观点的讨论，并杂有其他学说，其中与其他奥义书也有重合之处。另外，三部中都有涉及师徒传承谱系的部分，涉及学派流传考证专门的学问，非本文重点，姑且从略。

第一分的《第一婆罗门书》与《第二婆罗门书》以马祭的世界图景描述和解释为中心，是统领解释全书梵我思想的结构性纲领。《第一婆罗门书》(1·1)描述了一个绚烂宏大的世界图景，以马祭为譬喻解释自然界的种种现象和时空：

> 唵！维朝霞，祭祀马之首也。日，眼也。风，气息也。口，宇宙之火也。年，祭祀马之身(英：body，梵：Atman)也。……[②]

---

① 具体章节分段参见《五十奥义书》(修订本)，或 Patrick Olivelle：*the Early UpaniSads：Annotated Text and Translation*，New York，Oxford University Press，1998. pp30—32.

② 《五十奥义书》(修订本)，第 357 页。

非常值得注意的是，马祭中对马身(body)的描述使用的是阿特曼(Atman)一词。首先，将作为时间代表的“年”比喻成马的身体(Atman)，这个比喻的要点是以时间界说 Atman 在变灭和永恒之间的张力①。无论是变灭还是永恒，都是 Atman 比喻大梵可以描述的基本特质。在梵文中，Atman 一词就有生命气息的意思，但作为时间理解的 Atman 强调的并不是其生命气息的含义，而是对 Atman 具有变灭和永恒性质的一种描述。其次，如果我们从宇宙和生命两个角度分析，Atman 作为生命气息的本义正好对应马祭中提到的风和气息(“风，气息也。”自然界的风是马的生命气息)。也就是说，阿特曼可以朝着两个方向去理解，一个是通向大梵，一个是指向生命。但是，在宇宙图景中，马的身体(英：body，梵：Atman)虽然有非常重要的位置，然而还不能直接等同整全的宇宙，所以，作为气息的 Atman 还不能直接等同于终极的大梵(brahaman)，结合第二分《第三婆罗门书》对大梵的描述，可以更加清楚的概括出二者之间的共通之处：

诚然，大梵之态有二：一有相者(mUrta)，一无相者；一有生灭者，一无生灭者，一静者，一动者；一真实者，一彼面者(tyam)。(一)

此皆有相者：凡异于风及异于空者皆是也。此为有生灭者，此为静者，此为真实者。而此有相者，有生灭者，静者，真实者，其元精即彼辉赫者也；盖彼为真实者之元精。(二)

至若无相者，即风与空。此为无生灭者，动者，彼面者也。而此无相者，无生灭者，动者，彼面者，其元精即彼(太阳)圆轮中之神人；盖彼为彼面者之元精。

① 这个性质在雅若洼基夜和迦吉的辩难中有所展开，参见 3·8。同时也可辅证马祭作为一个可以严格解释的宇宙论譬喻对于全书的统领性意义。

属神道者如是。(三)

其次属自我者:

唯凡有相者,异乎气,及彼身内之空者,此皆有生死者,静者,真实者也。此有相者,有生死者,静者,真实者。其元精为眼;盖真实者之元精也。(四)

而有无相者,是气息及身内之空;此为无生灭者,动者,彼面者也。此无相者,无生灭者,动者,彼面者之元精,即此右眼中之神人也;盖此乃彼面者之元精。(五)

此神我之相:如黄衣,如白羊毛,如赤甲屯,如火焰。如白莲华,如电光突闪。——诚然,有如是知者,其幸福亦突如闪电。

于是立义曰:“非此也,非彼也。”盖无有超此“非此非彼”(之义)者(na hi estasmAd iti na anyat param asti)。而其名曰“真实之真实”,唯生命诸气息为“真实”,“神我”则其“真实”也。(六)①

引文部分简要列表如下可见:

梵	有相(此)	无相(彼)
神道	异于风与空;有生灭;静(立);真实	风与空;无生灭;动(行);真实之彼面(真实之真实)
自我	异乎气与身内空;有生灭;静;真实	气与身内空;无生灭;动(行);真实之彼面(真实之真实)

节2·3·6所谓立义“非此也,非彼也”正是要超越梵可以描述的两种形态,而这两种形态已经是作为认知层面对梵穷尽的理解了。但是,如果对“非此非彼”的这个终极实在(即大梵)要有名言上的表述,则称为“真实之真实”。这个名强调的要点实际上是为了说明作为风和气息的阿特曼本身是真实的,但是这个阿特曼中还有更加本

① 《五十奥义书》(修订本),第384—385页,梵文据脚注补入。

质的真实，这个本质就是大梵。毫无疑问，结合马祭的譬喻，可以看出，阿特曼作为可以认识的对象，是可以描述的两种梵的喻体，而譬喻本身在马祭中有名和实的关系，以及现象和本质的关系。也就是说，在认识和学习上，我们是通过阿特曼来理解大梵。但同时，不同于一般意义上的比喻关系，马祭的譬喻所用的本体和喻体本身的内在同一性不只是语言修辞上有可以联想的相似点，更主要的是二者之间在本质上的一致性。如，上文提到的有相之梵所对应的“日”和“眼”正是马祭的宇宙论所描述的对应的部分。在此意义上，马祭中的 Atman 恰恰是作为梵的下位概念出现的，虽然其重要性已经在生命气息的意义上等同于无相之梵，但是还没有直接等同于梵本身。不过，值得注意的是，无论是阿特曼还是梵，都是真实的，真实是宇宙的基本属性。

《第二婆罗门书》(1·2)行文大体是对应《第一婆罗门书》做细致的解释。身(Atman)在此处是以作意(manas)的方式产生，即太初遍复的主体对自身的认识产生了宇宙万有。而《第二婆罗门书》指出，这个太初遍复的主体是死亡和饥饿：

> 彼起愿望：“我倘以更大之牺牲作祭祀乎！”乃自劳苦。彼自劳而自苦已，光焰与气力皆出焉。唯然，生命气息即此光焰与气力也。若生命气息离乎身也，则身肿大。——意，固尝在其身中也。(六)
>
> 彼起愿望：“我身倘可供祭祀乎！由是我将有身(Atman)乎！”……彼征服生死转流，死亡不能得彼，死亡为其自身(Atman)，彼化为诸神之一也。(七)[1]

---

① 《五十奥义书》(修订本)，第 360 页，引文中除标明 Atman 之外的“身”均为一般身体的含义，据 Patrick Olivelle 英译本补入。

此处引文起始句的“彼起愿望”之“彼”指的都是死亡，而死亡牺牲自己献祭本身隐喻着死亡超越自身的诉求。生命气息能够离开死亡意味着此处作为主体的死亡还不是根本意义上的本体。生命气息出离身体作为献祭的过程是死亡认识自身实质的过程，而这个过程自然少不了意的作用。下文进一步指出，死亡以身体献祭的方式获得 Atman，这是以吠陀祭祀传统来理解祭祀对于把握大梵的重要意义。但分析“死亡为其自身”可以看出，死亡在此亦是对宇宙本体的譬喻，以生命体的生命特征比附大梵的性质。从逻辑上分析，超出生死转流（解脱）也就是不死，但是不死有两种可能，一种是生，一种是永生。生并没有超出生死转流，只有永生才能超出生死转流。而永生意味着同样需要跳脱死亡，死亡本身的定义决定了其反面是生，而其自身的存在也是生，能够转变到其反面的死亡不能永恒存在，因此，死亡本身恒常的存在也跳脱生死转流。这个逻辑在“非此非彼”的意义能够成立，因此，死亡在此意义上能够描述大梵。也在此意义上死亡可以超越自身，与梵合一。再回过来看，Atman 此处的含义则不再是风或者生命气息，更多的是意指死亡的抽象特质，而此处抽象的方式就是以“非此非彼”的方式得到一个更加高阶的实质。因此，这里所说的 Atman 与大梵是一致的。

综上所述，马祭譬喻中的 Atman 有丰富的内涵，在字义上，结合文本可以理解为偏向客观宇宙物质构成的气，也可以理解为偏向主观精神的灵魂或者自我。在义理上，Atman 在使用过程中是最接近大梵的概念，从行文解释可以看出，虽然“梵我同一”是整个婆罗门教经典的核心基础理论，但是蜜部解说宇宙并没有直接讨论大梵，而是通过 Atman 解说大梵，这也说明，Atman 与大梵比较，是更加经验性的概念，是把握和认识大梵的中介。Atman 在本体上也具有超越性的特征，这个自我在超越性的意义上就是梵本身，超越就是超越了主客的划分，藉由“非此非彼”实现的与梵合一的状态。

二　太初说之梵我观

第一分《第四婆罗门书》重点介绍了《大林间奥义书》的宇宙论思想“太初说”。徐梵澄先生指出：“此婆罗门书，非是宇宙起源论，而是‘宇宙性灵论’。……观其反复以异神道及诸天为言，是‘性灵’独尊之学尤未显著，当辩护之，则其时代较古也。”[①]本文认为，《大林间奥义书》非独此分之《第四婆罗门书》为宇宙性灵论，实则全书之宇宙论皆有此特点，甚至对于婆罗门教哲学的研究，皆当以此性灵论为基本契入视角，否则不合乎其哲学精神。

除了上文提到的太初死亡说，《第四婆罗门书》(1·4)一共有四种关于太初的解说。

1. 太初造物说。太初宇宙只有唯一的“自我”(Atman)。这个唯一的自我有人的形象，也就是原人。除了自身，没有他者，于是阿特曼始称自己是“我”。因为是独体，因此没有恐惧和快乐，于是心生愿望，从自己当中分出阴性的对象，阴阳交合产生人。在此基础上因为伦理的羞愧，阴性的被产生者不断变化成其他物种以逃避交合，而又不断被阳性所捕捉，于是产生了丰富的物种。由此，Atman 发现自己是创造万物的生主(PuruSa)。但是在造物说中，除了一般意义上的造物之外，造物说中提到了超上创造，这个超上创造就是创造比自身更为高阶的对象，如有死创造永生。这个创造被称为是“大梵之超上创作”[②]。此处的大梵超上创作的主体并不是大梵或者阿特曼本身，而是有死的人获得超越性的一种解释，如果人获得了超越性，也就是人如果能够解脱，就实际上通过有死创造了优胜于本身的永生。所以，超上创作本身也就是将被造之物(人)复归太初的过程也

---

① 《五十奥义书》(修订本)，第 366 页注三。

② 《五十奥义书》(修订本)，第 367 页。

视为一种创造，而这个创造粗看是不合逻辑的，但确实从人复归大梵的理论架构上又是可能的。太初造物说中的阿特曼主要解释的含义是原人和生主，和作为被造物的人没有直接的关联。但是，从人获得对梵的知识的角度看，超越性的诉求也开始展现，超上创作实际上恰恰是人(个体的我)希求获得与梵合一以超越自身的展现，这样的造物说虽然粗糙，但是基础性的架构是圆融的。

2. 太初名色说。这个解说从语言思维和感官认识入手。从认识论的角度看，主客没有分离的混沌状态是太初没有剖判的状态。但是，有了对象化的客体的同时，主体也从太初中分离出来了。而自我在宇宙万物之中是不可见的，这个不可见的意思是不可分，因此不能把握到其全部，这里强调的实际上是自我具有大全的性质，不可以分割。只能以整全的、唯一的方式存在。而对于自我的把握也不可以通过感官认识或者语言思维来实现，在此意义上这里强调的"自我"实际上就是梵本身。

3. 太初大梵说。这一解说则直接提到了世界唯有大梵。大梵对自己的认识"我为大梵"确立了从梵之本体向宇宙大全的转变。宇宙中的存在因为分殊了大梵对自身的认识的形式，而产生多样的众生。这个解说一方面从宇宙众生的角度解释了各道产生"自我"的方式；另一方面，众生产生之后，敬拜只能朝向大梵。这也统摄了众生分殊认识自身的形式并不能分割大梵为具体的部分。也就是说，多样性的宇宙万物必须整全的与梵合一，任何对梵的认识都不可能是部分的，被造者的"自我"分殊了大梵的性质，但是这种分殊不是分割。太初大梵说一方面从梵和宇宙万物的产生方式上给予了解说，另一方面，凸显了个体的"自我"特殊性的意义，另一方面则强调了"自我"只能敬拜唯一的大梵，这个唯一性的要求是个体的"自我"产生的渊源和大梵本性两方面决定的。这一解说还从大梵和婆罗门是同一个梵文词 brahman 出发，解释了种姓制度的安排，因为只是上述知识的经世之用，此处从略。

4. 太初自我说。最后,该婆罗门书再次提到世界唯自我。但是此处的自我不同于太初造物说中的自我,并没有强调作为造物主和宇宙大全的意思。而是明确了自我作为独一的性质。这个独一的自我以人的愿望、心思、语言、气息、眼、耳、身为譬喻,产生了对宇宙世界主客二分的分析,而这些分析从感官认识、工具以及对象的角度对宇宙分化进行了比附。此处的自我说统摄了第一分的《第五婆罗门书》(1·5)和《第六婆罗门书》(1·6)。因为后两篇婆罗门书主要的思想就是通过生主创造的七种食物中涉及供养自身的"意、语、气"和三对主客要素"语、眼、身"和"名、色、业"来分析世界的。以此为统摄,辐射出了对宇宙万物的多样性的统摄。并在《第六婆罗门书》中总结唯一的"自我"隐藏在永生的生命气息和真实的名色世界之中,三即是一,显现的是二,隐藏的是一。

通过以上宇宙论的描述可以看出,蜜部第一分讨论的四种太初说,都在强调大梵和阿特曼在宇宙整全性上的意义,虽然对于作为个体自我的阿特曼还没有完整的展现其余大梵的关系,但是从复归的角度和分析世界展开的角度,原人或者生主、个体自我都是以人知觉世界的方式来解析宇宙万物,认识论角度的解说明显的占有了较大的比例,其中虽然还没有完全脱离宗教祭祀和对梵文语言的原始崇拜,但是理论性解释和逻辑上的可能性逐渐加强。"梵我同一"这个基本思想中的大梵和阿特曼之间的关系在其文化认知中应当本来就是合一的,而不是我们以外在视角理解的先有明确的二者的区分,再研究二者的综合关联。

三 "蜜义"之自我义

蜜部之名即源于第二分《第五婆罗门书》(2·5)的"蜜义"。第一分和第二分统称蜜部,说明编排和传承者在结构上认为,"蜜义"表述的应该是这两分最为核心的道理。如果说马祭对于全书有宇宙图景的描绘架构，那么，“蜜义”对于这两分则具有义理上的贯通和统一性。而这个义理也就是以蜜和蜜蜂的关系来譬喻其所要表达的思想。同时，对于“蜜义”以斩首保密传承的方式也表明，这一义理对于了解大梵和宇宙真实关系有核心的价值。

《第五婆罗门书》指出，地、水、火、风、太阳、诸方、月、电、雷、空、法、真、人、自我和一切众生的关系都是互相为蜜的关系。以风为例：

> 此风，一切众生之蜜也。一切众生，于风为蜜。此风中光明所成甘露所成之神我，以及属于此身者，为气，为光明所成甘露所成之神我，是即性灵，是即永生者，是即大梵，是即大全。（四）①

风和一切众生的关系是互相滋养和转化的关系。作为自然宇宙当中的风，其在自然宇宙中大力永生的那个“神我”；与其作为生命物理身体（即“命我”）中的气，其在大力永生的那个“神我”，都是性灵(Atman)，也就是永生者，就是大梵，就是大全。结合马祭可以了解，自然界中的风和生命体中的气都是宇宙和人同构情况下各自对应的部分，这个部分是经验性的对象，而其中的“神我”则超出了其作为部分局限性的本体。所以，这个超越本身说明，经验世界的宇宙万物作为对象化的存在，其被思考和理解有局限性，但是其所从来的大梵赋予其内在的本性(Atman)与大梵又是完全同一的，不存在差异。在此意义上，我们才能理解引文的前两句话：“此风，一切众生之蜜也。一切众生，于风为蜜。”风和一切众生互相滋养和转化的原因不只是在印度文化中对物质转化的有限性经验存在的描述，更多的是其内在同一性的互相涵摄，其根源是梵自身的同一性。在此意义上，我们

① 《五十奥义书》(修订本)，第389页。本段中关于光明的热力义、甘露的永生义参引徐梵澄先生同页的脚注，正文部分不再说明。

可以看到,“蜜义”以宇宙万物多样的要素不断重复的表达着大梵的本性分殊在其中。结合马祭的图景可以看出,重复句式替换强调的“蜜义”最核心的要点是大梵和宇宙之间分殊的关系。

该婆罗门书中关于自我和一切众生互为蜜的理解(2·5·14)明确区分了自我的三层含义:

> 自我(Atman),一切众生之蜜也。一切众生,于自我为蜜。此自我中光明所成甘露所成之神我,及此为自我,为光明所成甘露所成之神我,是即性灵,是即永生者,是即大梵,是即大全。(十四)①

此处与一切众生互为蜜的“自我”是在宇宙论意义上阿特曼,这个阿特曼等同于有相之梵;第二层意义上的自我则是在生命体意义上的自我,即命我;第三层含义是二者当中的神我,都是作为内在本质的阿特曼,也就是超越性的阿特曼,这个阿特曼就是性灵,就是大梵。就此可知,Atman 也具有和大梵对应的意义,梵我同一的要义再次得到清楚的呈现。

结 语

综上所述,蜜部文本的宇宙论研究的要点始终不离大梵和自我(阿特曼)的关系,人与宇宙大全的同构分殊关系展开了阿特曼和大梵在性灵方向的解释旨趣。徐梵澄先生对《大林间奥义书》第一分《第四婆罗门书》是宇宙心灵论的判断确为洞见。本文呈现了大梵和阿特曼在宇宙论中的具体特征和具体关系,试图将这一结论推扩到对整个蜜部甚至《大林间奥义书》全书的宇宙论,在以上论证中虽然

① 《五十奥义书》(修订本),第 390 页。

还没有涉及雅若洼基夜部以及余部论述解脱的部分，但是就蜜部讨论已然可以发现，奥义书哲学中的宇宙论讨论问题的核心不是究竟宇宙的生成原理，而是在理论上圆成一个整全的性灵世界，这个圆成的理论对于婆罗门教奥义书传承的信奉者而言不只是一套学说，更是历代祖师圣贤证成的真实世界。后世的吠檀多学派则在对奥义书进一步哲理化和去仪式化的过程中，越发的将性灵的理论精致化和明晰化，这也从宗教思想史的角度证明，性灵的修证是宇宙论描述的意义，而不是相反。

（作者单位：扬州大学社会发展学院）

哈佛和海外汉学家中国文学研究何以卓越之我思我见

张晓兰

哈佛汉学家的中国文学研究的成绩是有目共睹的，如哈佛大学东亚系王德威（David Der-wei Wang）教授对中国现当代文学的研究，曾被认为是国际第一人。王德威教授师承夏正清，得到了很好的学术训练，他在国内的影响也很大，拥趸粉丝无数，每次来国内演讲、做讲座都是人满为患，盛况空前。哈佛大学东亚系教授宇文所安（Stephen Owen）的唐诗研究，也被国内外广为推崇，他在国内大学的讲座，更是受到了国内学生众星捧月般的欢迎。相对而言，名气不那么大的伊维德（Wilt Idema）教授，其研究成果其实相当可观，他在元杂剧研究、中国宝卷研究方面成就卓著。我在哈佛燕京图书馆查资料时，有一次和一个图书管理员聊天，他对伊维德教授推崇备至，告诉我说伊维德教授其实是哈佛东亚系的首席汉学家。我在哈佛的导师李惠仪（Wai-Yee Li）教授在《红楼梦》研究、《史记》研究和《左传》研究方面，也是成就斐然，著有《引幻与警幻：中国文学的情爱与梦幻》（Enchantment and disenchantment: love and illusion in Chinese literature）、《〈左传〉的书写与解读》、《帝国晚期中国文学中的女性与国难》（Women and National Trauma in Late Imperial Chinese Literature）等书。

西方学者的中国文学研究，很多都是从翻译入手，或者将翻译作为最重要的研究方法。如宇文所安近年在从事《杜甫全集》的翻译，另外他也翻译了不少中国经典的文学作品，如由他主编的《中国文学作品选：起源到 1911》(*An Anthology of Chinese Literature: Beginning to* 1911)里面的很多作品就是他翻译的。李惠仪教授近年来在从事《左传》翻译，与杜润德、史嘉柏合作英译了《左传》。伊维德教授翻译的作品不胜枚举，著名的如与亚利桑那州立大学教授奚如谷合作的《西厢记》的翻译(*The moon and the zither: the story of the western wing*)，合著合译的《1100 到 1450 年间中国戏剧》(*Chinese theatre* 1100－1450: *a source book*)。近年来伊维德教授持续从事对早期剧本、宝卷、民间歌谣、地方戏的翻译和介绍，涉及的题材有客家族的歌谣和民谣、天仙配故事、赵氏孤儿和其他元杂剧、杨家将故事、三国故事、目连故事、梁祝故事、木兰从军故事、董永故事、早期元杂剧、观音戏、孟姜女哭长城故事、白蛇传、桃园三结义故事、江永女书等，涉及的体裁有元杂剧、宝卷、歌谣、地方戏、传奇、叙事诗等，自从 2007 年以来每年出版著作二至三部，笔力之勤和成果之众，令人叹为观止。将中国文学作品翻译成英文，主要是为了向西方介绍中国文学，是为了让西方世界了解中国文学和中国文化，一定意义上，是向西方世界传播中国文化和中国文学。

另外，在西方课堂上讲授中国文学，面对大多数不懂中文的西方学生，为了让他们学习中国文学和中国文化，最必要的一个步骤，也是将中文翻译成英文。如李惠仪教授在讲授《红楼梦》研究这门为本科生开设的课时，让学生带的教材是霍克斯(David Hawkes)的《石头记》翻译本(*The Story of the Stone*)，而不是中文版的《红楼梦》，因为这些西方学生有的并不懂中文，也不能阅读中文，他们只是想要了解《红楼梦》这部伟大作品的思想和内容，阅读霍克斯的翻译本对他们来说已经足够，不需要去读中文本。了解了这个情况，就知道翻译这一步对于海外汉学是多么重要的。但在研究生的课上，还是以中文原著为主，因为授课教授会要求选这门课的学生至少有两年以上学习中文的基础，才有资格选修。因此，学生在课前进行中译英就成为重要的一项预习内容，有时上课就是成段成段的中译英，如田晓菲教授讲授中世纪自传文学的课，宇文所安唐诗研究的课都是如此。学生在课堂上把本次课所要学习的文本逐字逐句翻译成英文，之后再由教授和学生共同讨论对文本的理解。

我觉得这是一个很好的学习方法，在国内的课堂上我们不会做这种练习，国内的学生读中文原典都读得很快，我们自认为这是母语，理解没有障碍，但正是因为快，便会把很多关键的细微的东西轻轻放过。但如果你要将一段文章，一句诗词翻译成英文，就不能存在一带而过的问题，你必须细致地理解原文每一字每一句的意思，才能准确恰当地翻译出来。其实翻译的过程，有点类似于训诂的方法，一字不可忽略，这也就是西方学者在理解中文原典时，有时反而比国内学者更具有优势的原因。他们采用文本细读的方法，理解得会更为精确、细致、透彻。这种学术训练相对于国内的感性式的解读和体验而言，具有更为精确、科学、理性的特点，对学术研究来说，更具有科学性和可信性，值得国内学者学习。

当然，国外的课堂上，也会存在误读的问题，这种误读，大多数属于文化背景的差异；还有一种误读，属于诗词和文章中的难点，即使是国内的学生也不能避免，一旦这两种误读克服了，对整首诗词或整篇文章的理解就豁然开朗了。但因文化背景的差异而导致的误读并不普遍，众所周知，在西方高校东亚系的课堂上，有很多教授都是华裔，对这些教授来说，并不存在文化差异的问题，他们大多都是在国内出生、长大，很多都是在国内受的大学教育，之后再去国外深造，而其他的非华裔的东亚系的教授，也是长期浸淫于中国文化、中国学的研究，早已经变成了十足的中国通，对中国的历史、文化、文学早已经理解得入木三分，中文已经变成了他们的第二母语，因此，文化障碍并不是很严重的障碍。在这种情况下，他们如果再采用文本细读的方法，用中文和英文两种工具和利器来同时研究和理解中文文本，就会是如虎添翼。将文本细读、科学分析、理性批判精神结合在一起，使得国外学者对文本的理解和解读，更加客观科学。这就是西方汉学家在从事中国文学研究时，有时比国内学者更加卓越的一个原因。

第二个原因，是西方汉学家在从事中国文学研究时视野更为开阔、知识结构更为全面。很多西方汉学家研究中国文学时，都具有世界文学的眼光，东西比较的眼光，正所谓他山之石，可以攻玉。而且他们的研究领域都很广泛，不像国内学者大多只是专攻一个领域，一个研究方向。这一方面是因为国外大学东亚系教授人数有限，学校要求你开的课就比较广泛而全面。如宇文所安教授所开的课除了中国文学之外，还开世界文学课程。田晓菲除了她擅长的六朝文学之外，也开《三国演义》的课程，开"文革"研究的课程。李惠仪教授开的课程，既涉及先秦，又涉及明清，如我在哈佛的一年她开的课就有《红楼梦》研讨、《史记》研讨，还有元明清文学史。另一方面也是因为他们所受的学术训练，类似于国内的通识教育。在人文科学、社会科学、自然科学领域都具有相当丰富的知识储备，例如哈佛大学的哲学博士学位申请者，一般所掌握的外语都在七门左右。而教授们的知识面和学术兴趣点也很广泛，很少会像国内的大多数学者的研究局限于一个阶段的文学或者一种文体。如已经从哈佛大学东亚系退休的伊维德教授的研究领域涉及中国早期戏剧、中国早期通俗小说，宝卷、弹词等，基本囊括了中国通俗文学的所有范畴，同时，他也涉及《庄子》和诗词研究，此外，伊维德教授还涉足丝绸之路和东西方文明的传播研究、女性文学作品研究等。他近年来出版的著作，除了中国民间传说在中国早期戏剧中的反映的翻译和介绍之外，还涉及对宝卷、江永女书、客家山歌和民谣的研究和翻译。学术领域的广博，决定了他们看问题的广度和互融性，可以做到触类旁通。如伊维德教授 2014 年出版的《被复活的骷髅：从庄子到鲁迅》（*The resurrected skeleton*：*from Zhuangzi to Lu Xun*）一书，就是将有关人与骷髅对话这一题材的系列中国文学作品进行了翻译和对比研究，这样将各种体裁的文学作品，各种审美风格包括雅文学和俗文学的所有文学作品放在一起对比研究就很容易能发现问题，也是值得国内学者学习和借鉴的一个方法。东西方文学的对比研究也是一个很重要的方法，如伊维德教授的《睡情谁见？——汤显祖对本事材料的转化》这篇文章着眼研究《牡丹亭》中的杜丽娘和她的父亲杜宝的关系，认为杜宝对杜丽娘的强制的管制有着一种父亲对女儿的爱恋和独占欲望，他利用了西方文学中的玫瑰公主这一文学形象，来印证他的观点。这种解读虽然大胆，很难会被国内学者接受，但这种探索方法无疑很可贵，也让我们更加容易理解杜宝、杜丽娘、柳梦梅剧中的人物关系。

同时，海外汉学家的研究有着更为开阔的视野，能够站在世界文学的立场和角度来看待问题。2013 年春季，复旦大学陈思和教授在哈佛访问时，王德威教授曾经组织了一个座谈会，座谈会在费正清中国研究中心四楼的一个小会议室内举行，会上的重要议题就是谈及少数民族和汉族中心主义的关系，两位教授均认为长期以来我们的文学研究都是集中在汉族大一统的本位主义，很少涉及少数民族文学。他们提倡和呼吁中国的文学研究应该包括少数民族文学的研究，要跳出自己的圈子。哈佛大学东亚系教授欧立德（Mark C. Elliott）对清史的研究也是基于这个观点。他认为对清朝历史的研究，长期以来只集中在对汉语文献的研究，而忽略了对满语文献的应用，大量的历史文献都是用满语写成的，再从满语翻译整理成汉语，因此满语文献才是第一手的资料，如果细心去研读满语文献，可能会发现不同的问题和角度。哈佛燕京学社前任社长杜维明教授 2013 年春季在哈佛做过讲座，重点也是讨论中国文化圈子的问题，认为中国文化不仅包括中国本土的文化，还包括广阔的外围圈。中国文化是由三个圈子构成，第一是，中国大陆和港澳台、新加坡等地所存在的文化，其次，流亡在海外的华人圈子里的海外文化，另外还有关心和热爱中国文化的西方人士所传播的文化，文化和地域不存在绝对对等的关系。2013 年春季，葛兆光教授在哈佛大学做过一次讲座，讲述如何从朝鲜使者的文献中认识他们对中华文化的认识问题，即外国人是怎样认同中华文化的，李朝的使者对清朝是不认同的，认为他们自己才是小中华，是中华文化传统的保存者，而清朝则胡虏，是异族。他们以明朝的遗民自居，采用崇祯年号纪年。从周边看中国，也是葛兆光教授近年来的一个重要的观点。这种观点和研究方法的可贵性，在于能跳出中国本土这个圈子，从中国之外来看待中国文化、研究中国文学，也许会更为客观更为全面。海外汉学家对中国文学的研究，基本上都具有这种视野。他们从海外看中国，从西方看东方，也许会看得更为客观全面。跳出来，很多问题反而就很容易理解了，也会得到一种新的视角和观点。

第三个原因，是西方文学研究能够很好地及时利用西方所通行的一些文学理论和文学思潮，如后现代主义，结构主义和解构主义等。如女性主义在西方比较盛行，所以海外汉学家对中国文学中的女性文学的关注程度相对于国内学界而言就更高。如伊维德教授和管佩达(Beta Grant)教授合作出版的《彤管：中华帝国时代的女性书写》(*The Red Brush*：*Writing Women of Imperial China*)，便是一部中国女性文学史。耶鲁大学教授孙康宜(Kang-i Sun Chang)在女性文学研究方面也卓有成就，著有《古典与现代的女性阐释》一书及《中国女性诗人：从古代至 1911 年的诗歌及批评选集》。哥伦比亚大学高彦颐(Dorothy Ko)教授的《灰姑娘的姐妹：缠足的修正历史》《步步生莲：绣鞋与缠足文化》《闺塾师：明末清初江南的才女文化》更是研究江南女性文化的力作。李惠仪教授的《帝国晚期中国文学中的女性与国难》等论文和著作就是着眼于女性的研究。创伤理论也是西方文学中很重要的一个理论，如伊威德教授和李惠仪教授编著的《清初文学中的创伤与超越》一书即重点谈及了创伤的问题，王德威教授的《"头"的故事——历史、身体、创伤叙事》一文中也重点谈到了创伤问题。另外，还有男女易装的现象，也是李惠仪教授近年来较为关注的一个问题，这一问题在其 2014 年出版的《帝国晚期中国文学中的女性与国难》一书中得到了较为充分的阐发。其他如物质和科技的进化对文学的影响也是西方汉学家从事中国文学研究一贯较为关注的，如田晓菲教授和宇文所安教授对手抄本在文学传播和经典化形成中的作用的关注，再如由耶鲁大学孙康宜教授和哈佛大学宇文所安教授合作主编的《剑桥文学史》中有很多章节涉及印刷术、出版业和社会经济的繁荣对文学创作和传播的影响等，这种视野和眼光也是值得我们学习的。这种方法和角度的多元化，使得文学研究多元化，而不会被限制在一个角度和一种思路，从而导致难以为继的状况。

第四个原因，国外的文学研究，非常重视对原始文献和各类文献的全面使用。如欧立德教授的清史研究就充分全面利用清代的各种资料，有随手登记、清实录、起居注、地方志、大清律令、民间说唱、戏曲资料等，同时，除了对汉语文献的利用，还充分利用满文文献、蒙古文文献等等，材料占有的第一手性和全面性，导致了结论的客观性和全面性，这个特点也值得重视。伊维德教授很注重对宝卷、说唱、弹词、俗赋等材料的运用，其目光也就比较独特。

第五个原因，相对于国内文学研究长期以来雅俗分野的传统，雅文学研究占据主要地位，通俗文学如戏曲和小说处于次要地位的局面，海外汉学更加注重俗文学的研究和民间文化的研究。伊维德教授长期关注于中国通俗文学的研究，说唱、小说、戏剧等都是他所研究的重点。田晓菲教授既研究六朝诗歌，同时也研究《三国演义》，尤其对新兴媒体中的三国题材，如网络游戏中的三国人物，电影、电视剧中的三国等倾注了心血，这种视角也值得称赞。宇文所安专攻唐诗，同时也对十六、十七世纪的戏曲颇有兴趣。此外，海外汉学家也比较重视地方区域性的研究，如哈佛大学东亚系宋怡明（Michael Szonyi）教授比较注重研究明清时期东南地方的发展历史。国内学术界大多数较为重视主流思想和学术流派对文学发展形成的影响，如儒释道三教在中国文化传统中有着举足轻重的地位，也受到了绝对的关注，而西方汉学界则较为关注民间宗教的发展和形成等、民间宗教和儒释道三教的差异等问题。

概而言之，海外汉学家的研究除了关注大传统的发展之外，也会重视对小传统的研究，较为关注区域性和民间性的研究。因此，很多学术研究都是将文学研究和社会学研究、人类学研究密切结合起来。典型的如西方研究中国古代戏剧即是如此，着眼点不是主要放在戏曲文本上，而是戏剧中反射出来的社会现象和文化现象，因此，对戏剧的表演和舞台更具有兴趣。国内的研究则一贯是重雅轻俗，较为关注属于主流文化和精英文化的大传统，而忽略属于大众文化和民间文化的小传统。海外汉学家研究中国文学和中国政治、文化都比较关注地方文化、地方经济、地方教育、个别性的作用，倾向于看到差异性，而我们国内的研究则倾向于看到大一统中央王朝统治下文学呈现出来的共性。其实，即使在同一个时代的统治下，京畿区域的文学创作和地方区域的文学创作，文人士大夫的文学创作和民间百姓喜闻乐见的文学作品也是有着区别的。相对于西方汉学界，国内的文学研究较少地关注这种差异性和区域性，更多地关注整体的特色。文人圈子和下层百姓的圈子是完全不同的，审美品位和取向也有很大的差别。要具体地看待这种差异，并进行研究，我们的文学研究才是全面的，动态的，活泼泼的。前哈佛大学汉学家伊维德教授近年来就颇为重视研究河西宝卷等流行于丝绸之路地带上的文学，也是认识到了民间文学的这种自足性和与正统文学的差异性。民间的和官方的到底有什么联系和区别？文人士大夫的文学和下层百姓的文学有什么关系？中国的文化传统为何能够生生不息，为何能够绵延不绝，是一种什么样的力量在驱动？如果只关注精英文化，不关注民间文化，我们就很难能得出公正的结论来。精英文学和通俗文学之间是否存在着互动，如果有，相互之间又是怎样发生着相互的影响？儒家的伦理道德和思想在民间怎样发生着影响？民间宗教和儒释道三种思想有什么样的关系，民间宗教奉行着什么样的价值观念和道德操守，与正统的意识形态是完全对等的还是存在着差异性，有何种差异性？这都是研究中国文学和中国文化必须要关心的问题。老百姓的问题是大问题，中国文化传统的延续除了由少数士人精英保持着礼乐文明的传统之外，还与民间有着重要的关系，不能忽视儒家的礼乐文明和礼乐思想在民间的传播。

此外，相对于国内的研究倾向，西方学界关注叙事文学而不是抒情文学的一个原因，还与西方对中国文学和文化的兴趣有关系，一般来说，西方对中国叙事文学的兴趣大于抒情文学的兴趣，对俗文学的兴趣大于雅文学，这个不难理解，因为叙事文学有故事，有情节，容易接受。因此，中国的小说和戏曲在汉学家中很受欢迎，而中国的诗歌，尤其是唐诗则因为其需要深厚的中国文化的熏陶和积淀才能理解，一般的西方人，对东方是陌生的，对东方文明的传统也较为陌生。我在参与哈佛迷你课程时就发现了这个问题。例如对中国的律诗，很多美国的学生就评价不高，觉得不能理解，也不能欣赏，认为中国的律诗篇幅较短，格式固定，思想容量较小，境界狭窄，所描写的意象大多是自然界常见的花、树、月、风、草、虫、鸟等，社会意象较少，境界不大，而且意境比较孤独，清冷，逼仄。对中国传统音乐的理解也是如此，我曾在哈佛寒假的迷你课程中，请我的老师，哈佛大学主修音乐的一位美国博士生，听中国传统音乐《高山流水》，老师听完后说，这首曲子听上去是孤独的，而实际上只要对中国文化略微了解的中国人都知道高山流水即代表着知音之赏，怎么会是孤独呢？这首曲子里面存在着一个自足的世界，自我完满的世界，在这里面个人与山水之间构成了一种和谐的关系，表达的不是一种孤独的感受，而恰恰相反，是人和大自然和宇宙的一种完全的契合，是人与天地万物融为一体的愉悦、适意，这是中国文化中的天人合一的宇宙观和自然观的体现。但西方人不明白，这可能是因为在西方文化传统中，人和自然是一种对立斗争的关系，是二元对立的，而东方文化，则是一多不分的。人和大自然是浑然一体的，个人存在于整个宇宙之中，一花一世界,一叶一菩提,一个人就代表着一个小宇宙,人在自然中是一个完满的自足体。这代表了东西方文明的两种思维方式的不同,因此研究中国文学和中国文化,我们必须得考虑到东西方文明的不同。利用西方之长,保存东方之长,只有将两种传统融会贯通,才能得到发展和进步。

(作者单位:扬州大学文学院)

下编　学林集萃

完美灵魂与最佳政体

——二十世纪关于柏拉图《理想国》的一次思想纷争

刘　振

我想先通过一个现在名气很大的人物引入我们的讨论。大概是在 1989 年春天，日本裔的美国学者弗朗西斯·福山在《国家利益》杂志上发表了一篇文章，叫《历史的终结?》，这篇文章探讨的是西方国家政治制度的前景。所谓"历史的终结"，化用的是黑格尔的概念，我们都知道黑格尔有一个历史哲学。这个历史哲学的意思是说，历史的发展最后有一个终点，到了这个终点，人类历史就不会再向前发展。黑格尔的意思当然不是说，到那个时候，时间就停止了，人类就灭绝了，实际上黑格尔的意思恰好相反，他指的是，到了历史的终点，人类就最终实现了完美的生活方式，我们的生活当然还会一天天向前走，但是最根本的问题已经解决了，这个根本的解决就是，我们会实现一个"自由王国"，用黑格尔的话说，将来不会再有什么真正具有世界历史意义的大事情，因为人类在政治制度上的根本问题已经完全搞定了。黑格尔的历史哲学跟法国大革命有直接的关系，我们可以说，他的这个历史哲学就是要实现法国大革命的精神，后来尼采在一部关于《希腊城邦》的文稿里面，把这个精神称之为"自由主义和乐观主义的世界观"，当然，尼采对这个世界观是很不喜欢的，对它批判很激烈，这个我们后面会讲到。

现在我们先回到福山。在 1989 年这个文章里，福山认为黑格尔所说的这个历史的终结很可能就要到来了，也就是说，西方的政治制度很可能在全球获得胜利，这个政治制度指的就是一个以个人主义和自由主义为核心价值的政治制度，这个制度以技术和福利的进步为支撑。我们都知道，这个政治制度实际上是由霍布斯、洛克奠定的现代政治哲学的传统，与柏拉图、亚里士多德的古典传统有重要的区别。

福山发表了这篇文章以后，很快就发生了很有意思的事情，在这一年，很多东欧的社会主义国家都纷纷发生了翻天覆地的变化，转向了议会民主制，比如波兰、匈牙利，后来人们发现，整个东欧的剧变还只是一个开始，到了 1989 年 11 月，德国人就推倒了柏林墙，大概到 1990 年的 9 月，民主德国就并进了联邦德国，成立了我们今天所看到的新的联邦德国。而且更重要的是，到了 1991 年 12 月，苏联就解体了。整个这一系列的变化，让福山很快就声名鹊起，因为大家觉得他很准确地预测了东欧和苏联的变化，包括西方世界的胜利。所以福山自己的感觉也非常良好，在 1992 年，福山把《历史的终结?》那篇文章标题后面的问号就拿掉了，把它的内容扩展成了一个本书，叫《历史的终结与最后的人》。

那个时候福山对自己的观点很自信。我们从这个书的标题上可以看到，除了化用了黑格尔的历史终结这个概念，福山还用到了尼采的一个概念：最后的人（der letzte Mensch）。不过，对黑格尔的概念，福山是正着用，他觉得黑格尔说的是对的，历史真的终结了，或者很快就要终结了。对尼采的概念，福山是反着用，或者说白了，就是讽刺。

我们都知道尼采有一本很有意思的书，叫《查拉图斯特拉如是说》，在这本书里，尼采有两个概念，一个是超人（UeberMensch），另一个就是这个"最后的人"。在尼采这里，超人和最后的人是一组对立的概念，超人是正面的，指的是一种高贵的人、让我们很佩服的那种人，有着人性当中那些伟大的东西，最后的人则是一种很糟糕的人，很猥琐很烂的人，失去了人性当中那些高贵的东西，尼采认为，要成为高贵的人很难,需要我们很努力地教化他,如果我们再沿着个人主义和自由主义的路子走下去,结果必然是成为这种很糟糕的人。所以在尼采那个地方,尼采用的那个德文词 letzt 有两层含义,一个是从时间上讲,指的是最后、最晚出现的人,也就是所谓历史终结之后出现的人,另一个是从等级上讲,指的是最下等、最糟糕的人,所以很多学者会把这个概念翻译成"末人"。所以,在尼采看来,如果我们沿着霍布斯、洛克的传统,再顺着法国革命的思路走下去,最后那个个人主义和自由主义的世界一定是一个"末人"的世界,人们会变得越来越猥琐。

我们再回到福山,1992 年福山写《历史的终结和最后的人》的时候,正是春风得意的时候,所以他当然听不进尼采的话,福山信心爆棚,把尼采的概念反过来用,这样来把尼采讽刺一番,意思就是说,你尼采那么担心人类成为"最后的人",完全没必要,而且"最后的人"没什么不好,西方的政治制度就是要实现这种最后的人,吃得饱、穿得暖、有名牌包包和香水可以用、有劲没处使就去喊麦,这样的生活有什么不好呢?反过来,你尼采说的那种超人,像阿喀琉斯那样,跑到特洛伊打仗,十年鏖战,最后死在特洛伊,又有什么好的呢?

但是,福山没有料到,所谓历史的终结其实是一个假象。在 1992 年出版了这本书以后,福山的良好感觉确实还维持了一段时间,但是,最近十几年西方世界的变化是福山始料未及的,今天几乎所有严肃的人都已经看到,由洛克等人和法国革命奠定的这个"自由主义"的政治秩序已经遭遇到严重的"危机",其中一个最主要的标志就是美国政制遇到了严重的危机,现在有大量的研究和思考都会围绕这个问题展开。福山有一个还比较好的地方就是,他还是愿意面对这个现实,并且并不避讳谈这个问题。最近几年,福山改变了他原来"信心爆棚"的立场,谈的最多的话题就是"美国政制的衰败"。我举一个例子,今年 1 月份,福山在英国的 *Prospect Magazine* 发表了他的一篇文章,标题就叫 America: the Failed State,在这篇文章当中,福山显得很悲观，他说，对于美国衰败的政治制度，他一点也不乐观。

福山在这篇文章当中一上来就说："唐纳德·特朗普从一位无人严肃对待、丑角般的外围参选者变身为当选总统，这是美国近期经历的最令人意外且制造心灵创伤的事件之一。"然后他说，在最坏情形下，这可能造成美国完全放弃其全球领导地位，造成自由主义的世界秩序分崩离析。这篇文章当中还有一段话，我认为可以基本概括福山现在的观点，福山说：我将"政治衰败"定义为组织完备的利益群体对政治权力的捕获，这些群体以牺牲更广泛的公众利益为代价，为谋求自身利益而扭曲体制。而且，这个衰败的体制无法整饬自身，因为那些根深蒂固的利益和思维方式阻碍了改革。最近几十年里，随着组织完备的精英利用否决制维护他们的利益，美国的政治体制已历经衰败。

如果熟悉尼采思想的话，你会发现福山现在说的话，简直就是尼采的翻版，尼采有一本书叫《不合时宜的沉思》，在这本书的第三章也就是"第三沉思"中，尼采关于自由主义的市民社会有一段提纲挈领的描述，尼采说：

> 宗教的洪水消退了，留下了沼泽和池塘；各个民族（Nationen）又分裂成相互敌对的，恨不得撕咬对方。各门科学毫无节制、极盲目地推行放任主义，劈散和分解一切坚固的信念；教养阶层和国家（die gebildeten Stände und Staaten）被一种极为卑鄙的金钱经济所吸引。世界永远不再是世界，从来没有更缺乏爱和仁慈。在这一切世俗化的不安中间，有教养的阶层不再是灯塔和避难所；他们自己变得天天更加不安、更加没有思想和没有爱。一切都服务于将要到来的野蛮……

在早期的一个没有出版的文稿里，尼采说我们的现代国家实际上的统治者是那些"没有国籍的金融隐士"，这些人既不热爱祖国，也不热爱任何国家,“仅仅把国家和社会当作敛财的工具”。我相信福山如果现在看到这段话,肯定会觉得很亲切,觉得尼采完全在讲美国的事情嘛。他应该会觉得,自己当年反用尼采的概念,讽刺尼采关于“末人”的说法,可能的确是有点刻薄了。

其实,福山当年写《历史的终结》,也没有认真对待黑格尔的思想。因为,黑格尔当年虽然谈历史的终结,但是黑格尔在《法哲学原理》中说得很清楚,人类最终那个最好的政治制度不是福山向往的自由民主制,而是君主立宪制。对于个人主义和自由主义(社民社会),黑格尔是保持高度警惕的,在《法哲学原理》中,黑格尔甚至把个人主义的市民社会称为“毁灭的王国”,是伦理崩溃的场所。所以,我相信如果福山当年认真对待黑格尔和尼采的思想,他不会那么信心爆棚,以至于现在又要 180 度大转弯,到处谈美国的衰败。

通过福山、尼采和黑格尔,我们可以找到一个探讨柏拉图《理想国》的视角。福山所信奉的这个自由主义传统,是西方近代以来的传统,这个传统主要是由霍布斯、洛克和卢梭在 17、18 世纪奠定的,与柏拉图、亚里士多德奠定的古典传统相对。福山是一个学者,不是哲学家,他不从根本上思考问题,所以即使今天美国政治面临严重的困境,福山也没有考虑过从根本上质疑霍布斯以来建立的这个传统,他仍然在这个传统里兜圈子。

1987 年,芝加哥大学的哲学教授艾伦·布鲁姆(Allan Bloom)出版了一本书,叫《美国精神的封闭》,英文书名是 The Closing of the American Mind,布鲁姆是著名的犹太裔思想家列奥·施特劳斯的弟子。布鲁姆这个人很博学,思想也很深刻,说实话,他的这本《封闭美国精神》并不好懂,但是很有意思的是,这本书在出版以后,大概有一年多的时间,竟然占据《纽约时报》畅销书排行榜的第一位,据说到今天为止已经卖出一百几十万册。这个数字对于一本学术书来说,可以说是很恐怖了,要知道,我们今天一般人出一本学术书,印个一两千册就算不错了。

那么，布鲁姆这本书里有一节“思想与文明社会的关系”，是这本书里最重要的一节，因为布鲁姆在这里讲的是他的思想根基。在这本书的其他地方，布鲁姆讲到了美国政治和文化的很多危机，而在这一节里，布鲁姆要讲的是所有这些危机的根源，这个根源就是，现代以来的启蒙传统背离了柏拉图在《理想国》当中关于文明社会的基本问题的理解。布鲁姆在这一节里有一句提纲挈领的话，他说：

> 古代人和现代人之间的全部分歧都是关于柏拉图的洞穴的，直接说，就是关于知识与文明社会的关系的。

我们先不解释布鲁姆的思想观点，总之我们现在记住一个结论，布鲁姆认为，如果要克服现代启蒙社会的危机，柏拉图的《理想国》是一个关键。

布鲁姆这本书出版以后，在美国学术界和思想界引起很大的震动，很快就有一些著名的哲学教授跳出来说，柏拉图《理想国》里面的政治方案就是“哲人王”的统治啊，这个很明显是一个专制制度，所以布鲁姆实际上就是要在现代世界鼓吹柏拉图式的专制统治。我们先不管这些评论是不是正确，先回到布鲁姆的故事。

其实早在布鲁姆出版《美国精神的封闭》之前，美国学界关于柏拉图的《理想国》就打过一场大战。前面我们说过，布鲁姆的老师是一个犹太裔的当代思想家，叫施特劳斯。施特劳斯是德国的犹太人，1899 年出生，早年是恩斯特卡西尔的学生，卡西尔是二十世纪早期新康德主义马堡学派的代表人物，1932 年，施特劳斯获得洛克菲勒基金会的资助，到法国和英国做中世纪哲学和霍布斯哲学的研究，刚好躲过了 1933 年以后在德国的纳粹政权。1938 年，施特劳斯移居美国，后来就一直在美国生活，1949 年到 1968 年任芝加哥大学政治学系任教授，退休后任教于克莱因的圣约翰学院。施特劳斯 1938 年到美国以后，开创了一个施特劳斯学派。这个人思想很深刻，而且极其博学，直到今天学术界都很难说完全把握了他的思想。但是，根据施特劳斯自己晚年的说法，他的思想可以概括为一种“柏拉图式的政治哲学研究”，不过，施特劳斯生前出版的关于柏拉图的东西很少。1964 年，施特劳斯出版了著名的《城邦与人》，其中包含一个关于《理想国》的通篇解读。到了 1968 年，布鲁姆重新翻译了《理想国》，并且在他的译本后面附了一篇他自己关于《理想国》的解释，布鲁姆说，他自己的解释是以施特劳斯的解释为权威的。

我们刚才讲过，其实在布鲁姆 1987 年出版《封闭的美国精神》之前，美国学界就关于《理想国》打过一场大战，这个就跟施特劳斯和布鲁姆的《理想国》解释有直接的关系。1985 年 5 月，美国著名的古代哲学和柏拉图哲学专家 Burnyeat 在《纽约书评》发表了一篇文章，题目叫《没有秘密的斯芬克斯》，Burnyeat 这篇文章有一个很大的野心，就是彻底拆毁施特劳斯的“柏拉图式的政治哲学研究”。Burnyeat 有一个信念：既然施特劳斯学派的学问体系是以柏拉图的思想为重要支柱，那么，如果能够拆毁施特劳斯对柏拉图思想的解释，施特劳斯学派就会土崩瓦解，用 Burnyeat 自己的话说，如果能够证明“施特劳斯对柏拉图的解释是错的，那么[施特劳斯学派的]整个大厦就会全盘崩塌”。

Burnyeat 的文章很快在美国学界引起了轩然大波，同年 10 月，《纽约书评》刊发了众多施特劳斯弟子的回应文章，包括布鲁姆、克罗波西、Yaffa、Pangle 等重要人物在内，对 Burnyeat 展开了激烈的反击。到了第二年，连 Vlastos 都加入了论战，Vlastos 当时已经快八十岁了，是美国古代哲学研究领域的权威。Vlastos 选择站在 Burnyeat 这一边，可以说，Vlastos 的“参战”使这场争论几乎趋于白热化。

我们现在回到思想上的问题。Burnyeat 认为，无论是在施特劳斯 1964 年的《城邦与人》中，还是在布鲁姆 1968 年的解释中，都有一个比较核心的观点，他们都认为，柏拉图并不认为《理想国》当中的政治方案是可能的，换句话说，柏拉图从来没有想过真正实现“哲人王”

的统治，所谓“哲人王”的政治方案其实有另外的思想意图，而且这个思想意图很深刻。所以在战略上，Burnyeat 决定集中全部火力攻击施特劳斯学派的这个核心观点，Burnyeat 在展开攻击的时候，文章的标题本身都很讲究，叫作《没有秘密的斯芬克斯》，意思就是说，施特劳斯学派完全是在故弄玄虚，装神弄鬼，柏拉图写《理想国》根本没有什么另外的思想意图，Burnyeat 斩钉截铁地认为，柏拉图认为这个哲人王的政治方案是可能的（possible），或者更简单地说，柏拉图本人真的相信《理想国》当中的政治方案。Burnyeat 的观点，直到今天还是这个问题的主流观点。

但是，Burnyeat 的观点马上会让我们想到一个问题。我们都知道，在《理想国》当中，苏格拉底的这个政治方案当然带有很大的专制色彩，或者说，是一个带有专制色彩的乌托邦方案，苏格拉底在《理想国》当中有一个说法，他把这个带有专制乌托邦色彩的“最佳政体”或者最佳城邦称为“kallipolis”——kallipolis 是苏格拉底生造的一个希腊词，kallos 和 polis，意思指美好城邦。那么，如果按照 Burnyeat 的观点，说这个 kallipolis 是一个专制乌托邦，并且柏拉图本人真的相信这个 kallipolis，那么柏拉图差不多就是一个“专制分子”。这样我们就会产生一个疑问：既然 Burnyeat 本人就是柏拉图专家，而柏拉图又是一个“专制分子”，那么他研究柏拉图还有什么意义呢？

这个问题涉及的是 Burnyeat 作为一个柏拉图学者的身份认同问题。我相信 Burnyeat 当然考虑过这个问题，但是 Burnyeat 应该是认为，学者的身份认同问题是小问题，关键的问题是“立场问题”。所以，其实 Burnyeat 对施特劳斯学派的攻击，背后有一个很强烈的“政治立场”，他本人虽然研究柏拉图，是一个柏拉图专家，但他的政治立场是现代派的，他对柏拉图《理想国》的政治观点是有很大保留的，可以说，Burnyeat 并不喜欢柏拉图的政治观点。

Burnyeat 的攻击，马上让我们想到 20 世纪另一个大人物对柏拉图《理想国》的攻击，这个人就是大名鼎鼎的卡尔·波普尔。波普尔跟施特劳斯一样，也是犹太人，他1907年出生在奥地利的维也纳，1928年在维也纳大学获得博士学位。波普尔本人早年是研究科学哲学的，主要关注科学知识的真实性的问题，简单地说，就是我们怎么确定一个科学上的理论式正确的。1933年的时候，波普尔提出了一个科学哲学的原则，一般称为“证伪原则”，意思就是说，一个科学的原则或者理论，如果要成立的话，不能只看正面的例子，关键看你能不能找到一个反面的例子，如果有一个反面的例子，这个原则就不成立了，所以关键是看它能不能经得住“证伪”。波普尔的这个理论，其实并不高深，比如像艾耶尔这样的人后来就会说，波普尔的理论其实比较平常，“基础并不牢靠”。所以，波普尔当时提出这个理论以后，基本上没太大影响力。

真正让波普尔声名鹊起的，反而是他的政治哲学。波普尔因为是犹太人，在1938年逃到了新西兰，从这一年开始，波普尔开始写作《开放社会及其敌人》，1945年在英国出版。用波普尔自己的话说，他写这个书的主要目的，就是清算西方的“集权主义”政治传统，这个当然包括清算当时的纳粹政权。但是比较有意思的是，《开放社会及其敌人》里面并没有专门讨论纳粹政权的部分，这本书里面谈的是三个人物，柏拉图、黑格尔和马克思。

波普尔自己是犹太人，他当然很清楚纳粹政权给整个欧洲带来的灾难，但是这个书里面为什么不专门讨论纳粹政权呢，既然他要清算西方集权主义。这个问题不难回答，这个跟波普尔对纳粹问题的理解有关系。根据波普尔自己的说法，《开放社会及其敌人》的目的是要哲学上清算西方整个集权主义的思想根源。他觉得马克思和黑格尔要对这个问题负很大的责任，由于马克思的思想来源于黑格尔，所以，黑格尔其实是二十世纪的集权主义在现代的一个源头。为什么是这样呢？因为波普尔认为，纳粹的理论背后有一个很深刻的思想来源，这个来源就是他所说的“历史主义”，波普尔也称之为“历史目的论”。

什么叫历史目的论呢？就是你认为历史的发展有一个规律，它向着一个方向和目的推进。所以，纳粹认为人类历史最后是向着雅利安日耳曼人的方向发展，这个人种是最好、最优越的人种，所以其他的劣等人种都是应该被清除的，这个就叫历史目的论。波普尔认为这个问题应该找黑格尔算账，因为我们前面讲过，黑格尔有一个历史哲学，也就是一个“历史终结”的理论，所以在黑格尔那个地方，历史的发展有一个目的。所以波普尔就觉得，如果不是你黑格尔提出历史哲学和历史目的论，就不会有纳粹政权。我相信如果黑格尔听到这个观点，肯定会觉得很冤，黑格尔会说，我当然是说过历史终结，但是我什么时候说过历史的终结是日耳曼人的全球统治呢，我说的是自由人之间的平等联合啊。

但是波普尔并不这么想。波普尔觉得，到黑格尔这里还不算完，西方的集权主义其实应该到柏拉图头上算总账。因为，波普尔认为黑格尔的思想其实来源于柏拉图，黑格尔其实是柏拉图的“学生”。为什么是这样呢？因为波普尔觉得黑格尔的哲学必须以柏拉图的哲学为基础。他说，所谓历史目的论，有一个前提，这就是我们可以对历史发展的整体有一个认识，这里边的关键是这个“整体”，波普尔觉得是柏拉图是西方“整体主义”的最终源头。因为，柏拉图认为哲学是对世界的整体的认识。

波普尔觉得，这个问题可以从两个层面看，从静态的角度看，哲学要对自然和社会的整体进行认识，从历史的角度看，哲学要对历史发展的整体进行认识。波普尔觉得，你柏拉图开了一个坏头，黑格尔正是沿着柏拉图的思路，搞出一个历史哲学和历史目的论。从这个角度出发，波普尔认为柏拉图是西方一切集权主义的总的源头。因为，无论你从社会的整体出发，还是从历史的整体出发，都必然要牺牲个人的自由，最后的结果就是集权统治。

所以问题的整个根源都出在柏拉图身上，尤其是柏拉图的《理想国》。更准确地说，这个问题的根源就出在柏拉图对哲学的理解上。

《开放社会及其敌人》出版以后，很快就进入冷战时代，在冷战的时代背景下，波普尔一下子就声名鹊起，很多人疯狂地追捧波普尔的思想。但是，如果我们现在冷静地回过头去看波普尔的思想，其实问题很大，很多人指出了波普尔的书在学术和逻辑上的一大堆错误，比如说波普尔对黑格尔的理解。但其实这些还都是次要问题，波普尔的思想当中其实有一个致命的错误。要搞清楚这个错误，我们要谈到尼采和海德格尔。

我们前面讲过，波普尔对柏拉图最核心的批判，就是柏拉图的整体主义。所以跟柏拉图的整体主义相对，波普尔提出了自己的一个观点，也就是所谓的“零星社会工程”。什么叫“零星社会工程”呢？其实简单地说就是零敲碎打，就是说，你不要去考虑一个社会的整体，如果你觉得社会什么地方有问题，就局部地去改造它。可是这里马上会产生一个问题，如果我对社会的整体没有一个认识，我怎么知道它什么地方有问题呢，我又怎么知道到底向着哪个方向去改造它呢，我的判断的标准在哪里呢？在柏拉图《理想国》第三卷的开头，苏格拉底说我们必须要认识到城邦的整体的善，才能知道如何安排每一个人的生活。

所以我们会想到，离开这个整体，我们还有没有判断人的生活的标准。波普尔自己当然有一个根本性的问答，他会说这个标准就是个人的自由，这个个人的自由是最高的价值。但是问题在于，我们怎么知道个人自由就是最高的价值呢，个人的自由为什么一定高于勇敢、忠诚和爱这些价值呢？在柏拉图那里，他告诉我们，如果你要知道人应该如何生活，你就要知道人的意义和价值究竟在哪里，如果你要知道人的意义和价值在哪里，你就要把人放到社会、自然和世界的整体中去理解。在这一点上，尼采很早就看得很清楚，尼采知道，如果我们彻底抛弃了柏拉图的哲学，我们就要面对一个“虚无主义”的境地，尼采本人用了三十年的时间跟这个虚无主义的“幽灵”搏斗。

在《开放社会及其敌人》里面，波普尔说：“什么是我们生活的目的，是要由我们自己决定的……我们必须成为自己命运的创造者。”他在这里用到了创造这个词，这句话听起来很像尼采的话。可是尼采当年意识到，在离开了柏拉图对哲学的理解之后，我们根本没有可能获得一个创造生活目的的标准。不过，尼采与波普尔不同的地方在于，他选择很严肃地面对这个问题。波普尔实际上回避了这个问题。

波普尔之所以回避这个问题，是因为他的理论里面有一个隐含的前提，他认为每一代人其实都会比前一代人进步，所以未来一定比现在更好。但是，在抛弃了柏拉图的哲学之后，我们甚至没有办法知道什么是真正意义上的好。所以，虽然波普尔拼命地批判历史主义，当他把人类的希望寄托于时代的进步的时候，实际上当然也是一种“历史主义”，只不过，如果黑格尔的历史主义是一种绝对主义的历史主义，波普尔的历史主义就是一种相对主义的历史主义。

其实在波普尔 1938 年写《开放社会及其敌人》的时候，海德格尔已经完成了一部《哲学论稿》，这本书海德格尔生前没有出版，直到 1989 年才出版。所以波普尔当时应该没有看过这部论稿。在这部论稿中，海德格尔谈到了西方哲学的两个开端，他称之为“第一开端”和“第二开端”。所谓的第一开端指的就是柏拉图，第二开端多半指的是海德格尔自己的哲学。与波普尔一样的地方在于，海德格尔认为柏拉图的绝对主义形而上学是西方今天所有困境的根源，但是与波普尔不同的地方在于，海德格尔清醒地认识到，在抛弃了这个第一开端之后，我们只能把人类的生活交付给命运，在这本书里，海德格尔反复用到“命运”这个词。海德格尔说，我们今天的生活其实全部都是柏拉图的哲学解体以后留下的“阴影”，我们只能在这个个人主义、相对主义和虚无主义的时代中“沉沦”。这个“沉沦”是海德格尔用的一个概念。

所以，我们可以说，海德格尔其实早在波普尔写《开放社会及其敌人》之前，就把理论上的问题想透了，其实，与海德格尔对柏拉图的攻击相比，波普尔的攻击实在是小巫见大巫。布鲁姆后来在解读《理想国》的文章里说，波普尔其实代表的是一个“轻率的自由主义时代”。这种轻率很像福山在讽刺尼采的“末人”时表现出来的样子……

如果说布鲁姆还愿意对波普尔说上几句话的话，当施特劳斯1964年写《城邦与人》的时候，他眼里根本就没有波普尔，因为施特劳斯认为，柏拉图哲学真正的对手是海德格尔，或者说，柏拉图哲学的真正意义在于，用理性的哲学对抗海德格尔的“命运”……

这种对抗的根本目的，就是使我们不至于在“轻率的乐观主义”时代沉沦下去，在《封闭美国精神》当中，布鲁姆有一段关于柏拉图的话，我想借用这段话来结束今天的讲座，他说，在人们重温柏拉图的著作时：“人们会发现他将比其他任何时候生活得更加充实，更加美满，因为阅读经典作品将使人置身于无限深邃的本质存在，使人忘掉他们短暂纷杂的现实生活。永恒完整的人性不仅过去存在，而且永远存在，在某种程度上，我们能够伸展自己探寻的指尖触摸到它，这样做将使我们不断完善我们那并不完满的人性。”

（作者单位：扬州大学社会发展学院）

《李尔王》中的暴风雨、哲学与政治

——《李尔王》第三幕略读

娄　林

暴风雨一场是《李尔王》中最撼动人心的情节，是剧本作为一个有机体的“中心”：不仅仅是情节中心，还是关系到整部剧作理解的某种中心[①]。但是暴风雨并不始于第三幕。全剧第一次提到暴风雨的，是极有前瞻性的弄人。在与肯特对话时，他说智慧之人是不会跟着落魄者——这当然是反讽，随后他唱了一首歌，“天一变就快把铺盖打起，撇下你栖身暴风雨（storm），可是我不走，傻子要留下，就让智慧的（wise）人溜走”（2. 2. 269－272，或者 2. 4. 77－80）[②]。弄人已经暗示了天气的变化，尤其是暴风雨的降临与政治变化之间的关系，还着意指出一种对比：愚人与智慧者。但恰恰凸显了一个问题，什么才是智慧，怎样的人才是智慧的人？这预示了李尔王在第三幕中对埃德加的称谓：“哲人”（3. 4. 150；172；168：“高贵的哲人”），“忒拜的

---

① George W. Williams，《〈李尔王〉中的暴风雨之诗》（The Poetry of the Storm in *King Lear*），载于 *Shakespeare Quarterly*，Vol. 2，No. 1（Jan.，1951），第 57—71 页。

② 《李尔王》英文根据 Arden 考订版，R. A. Foakes，《李尔王》（*King Lear*），中国人民大学出版社 2008 年影印本；中译文参卞之琳译《莎士比亚悲剧四种》，人民文学出版社 1988 年版，略有修正；人名译法则从学界惯例。2. 2. 270 表示第二幕第二场第 270 行，以下引用皆仿此格式，不一一注明。

博学者"(3.4.153)。暴风雨、哲学与政治的主旨已经呼之欲出①。

而从全剧的情节来说，在第二幕结尾，正是在李尔王的两个女儿对他最为残酷时，正是在李尔王最为愤怒的时候，风暴来临。在这个暴风雨刚刚降临的瞬间，李尔王有一段容易被人忽视的台词：

> 噢！别理论(reason)用得着用不着什么的！
> 最穷的叫化子穷里也总有点富裕。
> 不让有什么超出自然的需要(Allow not nature more than nature needs)，
> 人生就贱如野兽了。你是个贵夫人：
> 如果说仅仅穿暖和就算是奢华了，
> 你这种华贵的穿着，并不能保暖，
> 就不合天然的需要(nature needs not what thou gorgeous wear'st)。真要讲需要，
> 天啊，给我忍耐——我需要忍耐！
> 天神们，看我这个可怜的老人(You see me here, you gods, a poor old man)，
> 年纪大，悲痛深：两方面一样凄惨！
> 如果是你们煽动的这些女儿
> 横下心来反父亲呢，就不要哄骗我
> 尽忍气吞声；激起我万丈怒火吧；
> 别让女人的武器，那些水滴儿，
> 玷污我男子汉脸颊！忤逆的妖婆(you unnatural hags)，
> 我要对你们两个都进行报复，

① 另参 Leon H. Craig, *Of philosophers and kings: political philosophy in Shakespeare's Macbeth and King Lear*, University of Toronto Press Incorporated, 2001 年版。

以至叫全世界(world)——我要干这种事情——
是什么我还说不准,但是准会叫
大地(earth)震骇。你们以为我会哭;
不,我决不会哭:〔闻远处暴风雨声。〕
我有充分的理由要哭,但是
除非这颗心碎裂成千千万万片,
我决不会哭。“傻子”啊,我要发疯了!(2.2.453-475)

Reason 和 Nature,尤其是频繁出现的 nature,对诸神的吁求,均表明女儿的无情、政治的暴风雨迫使李尔王不得不思考人间政治的本源,思考政治正义的根本问题。自然与正义,或谓哲学与政治。李尔王这里两种自然,一种自然是动物性的自然,但是,一旦说人的自然时,则具有一种唯有人才具备的东西,这实际上就是人的政治性。李尔王在陷入疯狂之前,在撕扯衣服之前,依然着力强调人的政治特征,这里体现于服饰:最高贵的贵妇人和最底层的乞丐,都需要所谓自然之外的需求,其实便是人的政治身份的界定。而第二幕结尾最后一句话出自残酷的康华尔:“我们躲避这暴风雨吧。”(come out o' the storm,2.4.500)很显然,他们躲不开真正的正义风暴——第三幕的最后情节恰是康华尔之死。

某种程度上,我们要更准确的理解第三幕的意蕴,还必须放到《李尔王》的总体视野里。假如以暴风雨为喻,这部暴风雨之中的《李尔王》的核心是政制维持这一政制关键点,或者说政治统治如何能够延续?①

① 参拙作《莎士比亚的王者之书》,载《北大法律评论》2013 年第十四卷第二辑,北京大学出版社 2013 年版。

一 何谓暴风雨

那么，究竟什么是暴风雨呢？在莎士比亚的《李尔王》之前，李尔王的故事和戏剧已经有不少的版本，但是之前任何一个版本中都没有莎士比亚笔下可以作为核心的暴风雨情节[①]。那么，这当然意味着暴风雨在莎士比亚笔下具有非同寻常的意味。《李尔王》中有两个词语来表示暴风雨：storm 与 tempest。前者是基本的用法，无论是布景的描述还是剧本中人物的台词，出现频率都远远高于后者，但是后者我们要记得，莎士比亚有部剧作叫《暴风雨》（*The Tempest*，1611 年初演），那么，莎士比亚用这两个词各有何旨趣？

第三幕开场由骑士描述一下李尔王的疯狂，有助于减缓观众的震撼程度。而第一场最重要的意义在于，它已经实际在三个层次里展示了暴风雨的含义：第一，自然界的风暴，同时，这个风暴又开始转向对自然本身的探讨：四大元素（the fretful）这应该指后面 3. 2. 15 - 16 行的雨、风、雷和火。第二，骑士说李尔王“竭力把内心的小天地上下翻腾，要赛过反复激荡的风风雨雨”（3. 1. 10 - 11）。这很显然暗示了李尔王的内心风暴。第三，政治风暴。正在这场暴风雨中，内战的序幕似乎拉开了，那么这就预示了三重暴风雨：现实层面的暴风雨，李尔王内心的暴风雨，其三，国家内部的暴风雨，而且这个内乱的暴风雨很快演变为一场与法国之间的暴风雨——我们简称政治的暴风雨。

所以，简单地说，所谓暴风雨，至少有如下几个层次。第一个层次就是自然界的暴风雨，这在《李尔王》的剧本有详细的呈现，李尔王

---

① Josephine Waters Bennett，《内在的暴风雨：李尔王的疯狂》（The Storm Within: the Madness of Lear），载于 *Shakespeare Quarterly*, Vol. 13, No. 2 (Spring, 1962)，第 139 页。

自己的言辞中也有丰富的表达。这个词语基本使用的是 storm,剧本中剧情提示是也多用这个词语。这一点似乎不需要太多的描述。唯一需要注意的,或许是莎士比亚让暴风雨在剧中出现的时刻:正是戏剧矛盾而李尔王的内心冲突剧烈之际。这就意味着,我们更应深究这场暴风雨具有的是情节和比喻意味。

第二层含义是李尔王本人的内在风暴,李尔王个人的暴风雨。Josephine Bennett 的《内在的暴风雨:李尔王的疯狂》①是比较细致处理这个问题的论文。论文认为李尔王的内在风暴直接关系到他的疯狂,他的疯狂与认知自我之间的紧密关系。那么,李尔王的个人内在的暴风雨,似乎就在于李尔王的自我问题——他需要认识自己,从而从政治转向哲学②。但是,把这个暴风雨理解为李尔王本人的疯狂,即便认为这种疯狂指向了最高的智性可能——哲学,但还是过于狭隘,因为李尔王内在的暴风雨是他的自我理解、他对父女关系的理解、他与整个国家的政治变化关系、对自然以及穷人的理解,这些才能完整地构成李尔王的精神暴风雨,而不是简单的疯狂二字——而尔王本人在自我形容的时候,用的是 tempest 一词。后文对此有更详细的叙述。

暴风雨作为诗歌意象,并不是莎士比亚的独创。奥维德在献给奥古斯丁的《哀歌集》:"大海、狂风和狂暴的冬日风暴,一再缠绕着我。"(me mare, me uenti, me fera iactat hiems, 1. 1. 42)一般认为奥维德的暴风雨意象,来自维吉尔的《埃涅阿斯纪》(卷一、卷三和卷五)和荷马的《奥德赛》(尤其是卷五)③。以《埃涅阿斯纪》第一卷尤诺授

① 《内在的暴风雨:李尔王的疯狂》,第 137—155 页。

② 参 Leon H. Craig, *Of philosophers and kings: political philosophy in Shakespeare's Macbeth and King Lear*.

③ Jennifer Ingleheart, Ovid, "Tristia" 1. 2: High Drama on the High Seas,载于 *Greece & Rome*, Vol. 53, No. 1 (Apr., 2006),第 73—91 页。关于暴风雨,另参阿尔凯奥斯的城邦抒情诗,以及柏拉图《王制》496e,还有著名的航船喻。

意的风暴为例，暴风雨都不是简单的自然界的暴风雨，都是人生之途中的残酷，某种程度上，个人的精神意义更加强烈，而在奥维德的笔下，这种暴风雨除了延续传统史诗的笔法，更加强调了爱者的灵魂的激荡[①]。也就是说，和莎士比亚一样，暴风雨是个人或者作为城邦灵魂的王者（埃涅阿斯和奥德修斯）内在的精神暴风雨，如果没有经过海上风暴的洗礼，埃涅阿斯就无法成为罗马的建立者："他（埃涅阿斯）一路上无论陆路水路都历经颠簸。他还必须忍受战争的痛苦，才能建立城邦，把故国的神祇安放到拉提姆，从此才有拉丁族、阿尔巴的君王和罗马巍峨的城墙。"[②]但是，这里恰恰意味着暴风雨还是一个政治意象。

这就是第三层意义：国王的内在风暴一定会成为国家的暴风雨，这是 tempest 的另一个含义，即政治动荡。在莎士比亚的《暴风雨》开篇，触礁的船，是一个政治搁浅的象征，但是这种政治搁浅恰恰是为了正义的实现，可以说，暴风雨有两重意义，一方面，在暴风雨中，人物和政治的灾难达到最顶峰，而另一方面，正是通过暴风雨，正义才再次降临。《李尔王》中的政治动荡既包括国内的权力争夺，也包括即将出现的外敌入侵，但还包括国内政治秩序的崩溃，简单地说就是王权更迭、良臣被逐，而佞人当道。这是剧中为人所熟知的细节，无须赘述。我们需要强调的是，《李尔王》中政治秩序的混乱首先源自于李尔王本人分配国土的失败，随后才导致"王"的分裂，而在此之后，更有葛罗斯特之子埃德蒙的逆举，这就意味暴风雨的意象在李尔王灵魂中与国家之间的平行或者对应关系。那么，在这一点上，王者

① M. S. Bate, Tempestuous Poetry: Storms in Ovid's "Metamorphoses", "Heroides" and "Tristia", 载于 *Mnemosyne*, Fourth Series, Vol. 57, Fasc. 3 (2004), 第 295—310 页。

② 维吉尔著，杨周翰译《埃涅阿斯纪》卷一，人民文学出版社 2000 年版，第 1 页。

的灵魂恰恰是要避免这样的暴风雨，或者具有洞穿这样的暴风雨的能力，才能够达到政制的维持[①]。这样的洞察似乎就是哲学，可是，稍有不慎，似乎能够洞察暴风雨之为自然暴风雨的自然的新自然哲学就会出现。

这是第三幕没有明言、却贯穿整部《李尔王》的更为根本的暴风雨：这就是剧本所显露的古今之别。在文艺复兴这个西方思想的关节点上，莎士比亚其实延续了亚里士多德对政制内乱与维持的主题的思考，更突显出西方现代的新政制思想的形成——尤其以埃德蒙的自然颂(1.2.1－22)为代表——与传统思想之间的张力，可以说，《李尔王》是一个古今思想之争的战场；而这个战场的激荡就是一场至今仍旧笼罩在今日世界上空的暴风雨，虽然看起来晴空万里。埃德蒙在剧中著名的"自然颂"[②]，是新的自然哲学极为明显的展现。第一幕第二场表面上情节推动是埃德蒙的阴谋，而内核则是两种自然观的碰撞[③]。

埃德蒙的自然颂首先尊颂自然为女神，并强调之所以尊其为女神的要点"法则"："自然，你是我的女神；对你的法则(law)我理当效忠。"(1.2.1)这个法则扭转了起初葛洛斯特称呼埃德加对这个词语的使用，"合法的儿子"(by order of law，1.1.18)，在这个意义上，埃德蒙将"法"原先惯常的社会法律含义转向自然法则。我们习惯上以为埃德蒙谈及自然之处甚多，但是，剧本中最初提及自然的，恰恰是李尔王，他在爱的审判时说，"谁最爱我，我就给予最大的份额——这就是自然(nature)应得的"，李尔王的自然是政治的人伦之道。但是

---

① 参《〈理想国〉的内与外》，华夏出版社 2011 年版。

② 参卞之琳《〈里亚王〉的社会意义和莎士比亚的人文意义》，《莎士比亚悲剧论痕》，安徽教育出版社 2007 年版，第 213—214 页。

③ 参拙作《〈李尔王〉中的"利维坦"新政》，载《甘肃社会科学》2016 年第 3 期。

埃德蒙改变了自然的含义。这其实与霍布斯的做法如出一辙：摒弃了政治意义上的伦常道德，转而以自然知识本身作为法则。他后面的颂词将证明，自然知识本身恰恰是与他自身的本性以及自我欲望的满足密切相关[①]。

二 哲学与政治

通常认为，《李尔王》在暴风雨中的疯狂，其哲人身份的渐渐强化，而政治人的身份则渐渐隐退。但又有论者以为，哲人其实是疯狂的埃德加[②]。但是，李尔王是真的陷入疯狂，而埃德加只是假装发疯。那么，这些判断是否正确，还需要考察一番。

第一场中骑士看到李尔王在与世间四大元素（the fretful）抗争，这应该指后面 3.2.15－16 行的雨、风、雷和火（阿登版，第 259 页）。有论者以为第二场的说法与恩培多克勒有关[③]。这难以证实，但是，这开启了后面李尔王对基本问题的询问：李尔王追问哲人埃德加的第一个问题便是："何为这雷鸣之因？"（3.4.155）按照两种解读方法，这似乎成了两个哲人的交流。

第二场里，李尔王还有更具哲学意味的言辞，他自诩自己能够成

---

① 有意思的是，孟德斯鸠在《论法的精神》中，也在法（loi）的这两种含义上用尽曲笔，尤参第一章"论普遍的法"（Des lois en général）。另参拙编《孟德斯鸠论政制衰败》，华夏出版社 2015 年版，尤参《孟德斯鸠论两种自由概念》一文。

② Leon H. Craig, *Of philosophers and kings: political philosophy in Shakespeare's Macbeth and King Lear*, "A Philosopher Becomes a King"，第 189—191 页。

③ 参 E. Catherine Dunn，《〈李尔王〉中的暴风雨》（The Storm in *King Lear*），*Shakespeare Quarterly*, Vol. 3, No. 4 (Oct., 1952)，第 329 页。土、气、火与水作为世界的四种元素。

为所有忍耐的模式，“我要忍受众人不能忍受的痛苦”（朱生豪译本，pattern，3. 2. 37），也就说，他认为自己是“忍受”的理念，这与前面“自然的模子(mould)”（3. 2. 8）颇有相通之处；有学者认为，李尔王使用的词汇表明，莎士比亚是通过意大利的佛罗伦萨学园中的新柏拉图主义的传播，而对柏拉图的理念论略有知晓①。这里的关键是，李尔王认为，世间存在的事物具有某种在先的形式。我们不能确认这是柏拉图的某种思想，但其中的确具有某种柏拉图式的思考形态。这意味着李尔王在逐渐摆脱现象，而趋于某种本质，这当然是哲学的思考形式——但是，剧本的复杂之处在于，李尔王并没有成为纯然的哲人，因为紧随其后，李尔王强调诸神（3. 2. 49），但也强调诸神的敌人。后面一段风雨中的呼告，可以说是对神的吁请，是一种正义的请求（“向这些森严的天庭差役们求饶”，法庭的意象，天国法庭的意象；57－58）。不过，用单数指这个敌人，指行不义的人，这意味着这种不义已经开始从两个女儿身上渐渐转移开来，他开始出离从自己的处境，感受更加不义的事实——而这正是在暴风雨中有真切的感受，因为暴风雨在某种程度上也以自然的残酷施行不义。同时，李尔王开始为弄人考虑，第一次真切地关心问：“怎么样，孩子？冷吗？”（3. 2. 68）“可怜的傻小子，我的心里倒还是很有些为你难受呢。”（72）这预示着后来李尔王对更普遍意义上的穷苦人的关心。——根据剑桥版的注释，“这是李尔王第一次意识到他人的苦难”。

那么，这就意味着，李尔王的某种哲学意味的追问，本质上不是为了哲学，而是为了解决自己的灵魂困惑，“他实际上是在问天神是否存在，是否能说正义依其本性就应该存在”②。但是，如果跳出剧

---

① George W. Williams，《〈李尔王〉中的暴风雨之诗》，第 67 页。

② Paul A. Cantor，《雷鸣之因》(The Cause of Thunder：Nature and Justice in *King Lear*)，载于 Jeffrey Kahan 编 *King Lear*：*New Critical Essays*，London：Routledge，2008 年版，第 230—252 页。

本，我们又必须承认，对这个问题的深究，则必须具有哲学的视野。而这二者之间在暴风雨中的纠缠，我们所能探查的深度便决定我们对这个问题思考的程度。

历来研究最为重视的其实是第四场。这一章显然是全剧本最具哲学性的一章，在最简单地表面上，一直到这一场，哲人这个词才开始出现，而且出现三次。似乎李尔王的内在暴风雨的根本要素还在于哲学。从情节上来讲，首先的问题在于，为什么一直到这个地方，到李尔王如此残酷之后，才开始呈现出哲人式的探究？即便我们再加上他口中的哲人——伪装的疯子埃德加，为什么同样是被放逐者，被政治体驱逐的人可能走向哲人？被动态的意思是说，二者起初一者为王，一者是贤良俊彦，都是治国之才，但突然被拉进哲学的场域——从根本的哲学视野来说，王也罢，民也罢，不过如此。换言之，哲学似乎不是一种主动的、必然的选择。这与我们今天主动积极进取的哲学理解完全不同。这关系到的是哲人的被迫性主题。

一般来说，我们比较注意柏拉图《王制》中哲人被迫进行统治的意象[①]。哲人走出洞穴，看见更光明的太阳之后，是不愿意再回到洞穴之中的，所以他们之回到洞穴，必须是出于被迫，“就是迫使那些最好的自然去进行我们前面所说的那最好的学问，去看好，去向上攀升；而且，当他们上升并充分看到之后，就不再允许他们……留在那儿”(519d)。苏格拉底给出的理由是：“礼法并不关心城邦中任何一个等级过得特别好，它却设法让这兴起在作为整体的城邦中，通过劝服和强制来调和邦民们，让他们彼此分享好处，每个好处都有可能带来共同福祉。而且它在城邦中造就这种人不是为了让他们走个人想走的道路，而是为了让它能用他们将城邦凝聚在一起。”(520a 以下)苏格拉底通过哲人的城邦民身份强迫哲人统治，他的前提是，城邦的

① 参李猛《被迫的哲人》，程志敏、张文涛主编《从古典重新开始》，华东师范大学出版社 2015 年版。

整体利益高于个人利益——甚至高于哲人的利益。在这一点上,《李尔王》也同样更为关注英格兰的整体利益。但是,这只是哲人被迫性的一个层面,而且不是我们目前关注的要点。

我们回到洞穴喻的开始,洞穴中的囚徒:

> 让一个人获得释放并且突然被迫起身,必须扭动脖子,走向并抬头去看光亮(按:不是太阳的光,而是火的光);再加上他是在痛苦当中做这一切,而且,由于他头晕目眩,就不可能辨识出他先前看到其阴影的那些东西。如果有人告诉他,过去他傻乎乎地什么也没有看到,现在则由于他在某种程度上离真实更近,甚至更加转向实在,他看得更加真切了;而且,特别给他展示每件过往的东西,强迫他回答这些东西是什么之类的问题,你猜他会说什么?你不认为他将会茫然无措,并且相信过去看到的东西比现在展示的东西更加真实吗?
>
> 于是,如果他迫使自己看亮光本身,他的眼睛会灼伤,他还会逃跑,逃向那些他能够辨识出来的东西,还会认为这些东西实际上比展示出来的东西更加清晰,对吗?
>
> 那么如果,有人强行拽着他沿着崎岖陡峭的上升道路离开那里,并且在这个人将他拖至外面阳光下之前不让他走开,他不会因为被这样拖拽着而痛苦恼怒吗?而且当他来到亮光下,他不会双眼满是光芒,甚至无法看见任何一个现在被称作真实的东西吗?(515c-516a以下)

什么是这种强迫呢?"一种存在的逼迫",或者说"真理的逼迫"(499b2-3)或许是恰当的。不过,除了真理的逼迫,还可能是一种去政治化的逼迫。或者说,一种政治逼迫。真理不会突然跑到一个人面前,告诉他必须追求真理,而是某种外在的契机,而这种契机,一般是政治契机:柏拉图面对苏格拉底之死、文王拘而演周易、司马迁遭腐刑而成太史公书、孔子自卫反鲁删定六经，不外如是。更根本上的表达是，仍旧是政治产生了哲学。也只有在这个意义上，柏拉图让苏格拉底所说的城邦的总体高于哲人个人才是有效的。那么，《李尔王》中的哲人问题似乎就不再是我们首要的关切，而是哲学的思考起源于政治，并最终指向政治：起源于李尔王对正义的探究，而且作为莎士比亚本人，必须要在《李尔王》中呈现这种正义。

与此相应，李尔王这一节中非常著名的对穷人的悲悯之歌的最后词语是正义(3.4.36)，这段。在此之前，他说“孩子，先进去。你们无家可归的穷苦人”(3.4.26)，这些穷苦人既可能指肯特，弄人，也可能指随后言辞中的那些穷人。李尔王并没有真实见到其他穷人，而只有肯特和弄人——此时还没有见到埃德加。毋宁说，他恰恰是通过自身的反省和暴风雨中的境遇，一下子明白穷人的遭遇。——这不独是一种政治关心，还是一种哲学推进，至少李尔王看见了政治生活的整体。

随后是埃德加以苦汤姆的角色登场，埃德加的疯言疯语以“冷”为主要特征。冷和暴风雨一样，既是这个夜晚的象征，也是那个时代的象征，也是李尔王和埃德加感受到的人世之冷，正是这份冷的逼迫令哲学呈现。弄人被埃德加吓跑，这个意象倒颇有意思，随后的剧情里，埃德加在某种程度上替代了弄人的位置，成为李尔王的关注点(阿登版，第274页)，更重要的是，似乎替代了弄人所具有的哲学探究的位置，所以埃德加的第一句台词是“Fathom and half”，Fathom是探测深度，稍加转义就有探究的意思。一般会把这个解释为埃德加似乎在风雨飘摇的船上，在测探水的深度，“测一测，半尺深”，一半或许也意味着，他在如此疯癫之后，或者李尔王疯癫之后，开始进入到思考的一半程度。

但是，李尔王为什么会认为埃德加是一个哲人呢？这基于李尔王此刻对自然的某种看大：将裸体的乞丐“可怜的汤姆”视作自然状态下的人性之象征，“我们三个都是掺了假的(sophisticated)，只有你才保全着天赋的原形(the thing itself)[1];没有文饰(unaccommodated)的人,原就是像你这样的一个寒碜、赤裸的两脚动物"(3,4.104-107)。Sophisticated(智术师样的)一词来自蒙田3.305;而蒙田在《雷蒙塞邦赞》中明确说过,人相较于其他动物的优越性,其实是毫无基础的,虽然人们常说人有不朽的灵魂而动物没有[2]。所以,李尔王之所以称埃德加为哲人,原因在于他离开了这个伪饰重重的政治生活,回到了原初的人的本性,李尔王随即撕扯自己的外衣。这意味着埃德加事实上是否进行哲学探究并不重要,在李尔王疯狂的眼中,他成为这样一种意象,一个摆脱政治束缚、回溯到人的本质的意象——李尔王本人想成为这样的"事物自身"。这似乎看起来,人的本质是一种动物,似乎和埃德蒙自然颂中的哲学观念并无区别。

柏拉图在《法义》里借雅典客人之口说:"动物在活动时没有秩序和混乱的意识,即我们所说的'旋律'与'和声',与此相反我们人类天生对两者都很敏感并能欣赏它们。这是我们说过的那些神送给我们作为舞蹈的伴奏的礼物。"(654a)其后雅典客人又再次重复:"我们说过,其他动物在每一方面永远发展不起一种秩序意识;只有人具有一种自然的本能做到这一点。"(665以下;另673d处也有再次重复)在雅典客人看来,人和动物的当然都是具有生命体的[3],但是人和动物的根本区别在于,人的自然本性在于其秩序意识,这不仅仅是政治生活的秩序,而与对整个宇宙的秩序意识有关。这恰恰与正义有关:只

---

① 有意思的是,康德著名的物自体(Das Ding an sich)译成英文 *the thing-in-itself*,与此处颇有雷同。

② Millicent Bell, Naked Lear, 载于 Harold Bloom 编 *Bloom's Modern Critical Interpretations: King Lear*, 第140页。

③ 《王制》424b:"而这些健全的天性,依次接受这种教育,就会成长得比前一代更好,就生儿育女以及别的事情而言,情况都与别的动物一样。"

有这种秩序存在，正义才是有可能的。

所以，李尔王所谓人的动物本质，其实是要强调人在这个整体秩序中的位置，所以他会问埃德加："何为这雷鸣之因？"(3.4.155)而且，最重要的是，他要这位哲人成为一个政治人：对罪恶进行审判[①]。这是第三幕第六场的基本情节。在这个审判的场景里，"法庭""正义"等相关词汇频繁出现。埃德加说，"让我们正义地审判"(3.6.40)。李尔王其实也知道，埃德加的胡话并不是真的审判，因为在这个模拟的审判结束之后，李尔王喃喃说道："叫他们解剖芮艮，看她的心上长些什么。自然有什么缘由要造出这些硬心肠？"(Is there any cause in nature that makes these hard hearts?)Cause 重复了之前的雷鸣之因，nature 更重复了前面的哲学言说。问句表明审判毫无结果，但是，李尔王需要这个审判的形式。不义之人必须受到审判，而且，这个审判一定是符合自然的道理，或谓自然的正义。因此，对于作者莎士比亚而言，正是由于这次预演的审判，第五幕的最终审判才得以呈现：这一政治正义的诉求有着自然正义的基础。

因此，李尔王的哲学追求事实上完全不是哲学的目的，而是政治的目的。或者说，他是出于政治的思考才去探究哲学，他或者以为，哲学的探究可以解释清楚，也就是可以审判政治中出现的极端不义。如果我们不厘清这个关键点，就会和通常解读一样，以为李尔王对哲学的追求而成为哲人，他舍弃了自己的王和人的身份而成为纯粹的哲人，而审判的场景恰恰表明，李尔王并没有什么纯粹的哲学探究欲望。

而第三幕最后的第七场更是为这场审判提供了一个注脚或者明证。康华尔的不义行为激起义愤，连自己的仆人都无法忍受这样的

① 《李尔王》共有三次审：开场的判爱的审判；本场的预演的审判；第五幕中的最后审判。

事情，进而奋起为葛洛斯特伸张正义，刺伤康华尔。这个情节至少表明，李尔王的审判不是一个疯子与另一个疯子之间的闹剧，而是关乎正义本身。第四幕奥本尼的家仆在述说这件事情的时候说，“他养的一个仆人，出于良心（remorse，4. 2. 74）”而杀死康华尔。那么，什么良心？

（作者单位：中国人民大学古典文明研究中心）

迷宫或骗局

——《洛丽塔》与纳博科夫的艺术理念

宋威山

一　从性到爱的误读与骗局

弗拉基米尔·纳博科夫(Vladimir Nabokov)的代表作《洛丽塔》自诞生以来就处于被误读的尴尬境遇中。1954年,小说因题材敏感而先后遭到四家出版社的拒绝。他在《关于一本题名〈洛丽塔〉的书》一文中回忆到:

> 《洛丽塔》开头几章的某些技巧(例如亨伯特的日记)让我最初的读者误以为他们读的是一本淫秽的书。他们以为读下去会有越来越多的淫秽场面。而一旦不见有淫秽描写,这些读者也就不读下去了,觉得乏味,感到沮丧。我疑心,这就是为什么并非四家出版社都把书稿读完的理由之一。①

无奈之下,纳博科夫选择异地出版。1955年,《洛丽塔》由巴黎奥林匹亚出版社出版,但是该出版社素以出版色情读物著称,纳博科夫的小说再次难逃被误读的命运。1958年,《洛丽塔》终于落地美

---

① [俄]弗拉基米尔·纳博科夫著,主万译《洛丽塔》,上海译文出版社2005年版,第498页。

国，北美评论界随即展开了有关小说道德的激烈论争，一方是使用诸如淫秽、色情、恶心、无聊和不道德等词语对小说加以强烈斥责，另一方则是将其誉为严肃的、道德的、惊人的和伟大的作品，这些莫衷一是的论争使得《洛丽塔》被动地背负上了有关文学道德的创作重任。

面对恋童题材带来的道德伦理上的冲击和考验，批评家试图将纳博科夫小说中的道德指涉加以明确地阐发。莱昂内尔·特里林(Lionel Trilling)在《最后的恋人》一文中认为：

> 《洛丽塔》的美丽之一便在于它的语气的含混性……以及它的意图的含混性，同时还在于它能激发人们产生不安的心理，打破读者的心理平衡，要求读者改变自己的立场，转换自己的阵营，继续进行思考。《洛丽塔》让我们没有机会确定态度，找到根源。或许这就是它敦促我们形成的奇怪的道德流动性。①

也就是说，《洛丽塔》通过这种强烈的道德伦理上的刺激，最终能够启发和引导读者对道德准则产生一种主观性的积极思辨。所以他最后认为，纳博科夫实际上“选择这个令人愤慨的主题的真正原因在于，他希望创作出一个关于爱情的故事”②。故事的主题不再是赤裸裸的“性”，而是悲剧性的“爱情”。

特里林的这种解读似乎得到了后世的普遍的认可，这种现象尤其表现在根据小说改编拍摄的电影中。1962 年，美国导演斯坦利·库布里克正式将《洛丽塔》搬上荧幕。在影片里，亨伯特被塑造为一位年近花甲的老人，他最终在与奎尔蒂的欲望搏斗中显得凄凉和狼狈。这个关于爱情的悲惨故事使得小说极具道德上的张力，不伦的

---

① [美]莱昂内尔·特里林著，严志军、张沫译《知性乃道德职责》，译林出版社 2011 年版，第 371 页。

② 《知性乃道德职责》，第 366 页。

爱恋、丑陋的欲望与偏执的罪恶交织在一起，不断试探和唤醒观众心中早已僵化的道德原则，最终达到对亨伯特的累累罪行产生一种无可奈何的叹惋。1997 年，法国导演阿德里安·莱恩再次对小说进行改编拍摄。与风烛残年的亨伯特不同，这一版的亨伯特浑身上下散发着成熟男人的无限魅力，加之法国文艺片明晰可辨的艺术气质，电影简直将《洛丽塔》拍摄成了一部悲伤的爱情文艺片，道德的焦虑和指责在此已经彻底成为这个爱情故事能够惊天泣地的催助剂。

然而，布赖恩·博伊德(Brian Boyd)在《纳博科夫传：美国时期》中称："像太多读者一样，特里林只是接受了亨伯特版的亨伯特；他回应的是亨伯特的雄辩，而不是纳博科夫的证言。"[①]那么，有关对《洛丽塔》的理解和误读，即这种由道德论争到情爱悲悯的过渡，也就是从"性"到"爱"的本质转变，是否代表了纳博科夫本人的真正创作意图呢？《洛丽塔》究竟是否在道德方面展现了特里林所谓的"流动性"呢？这些还有待我们对纳博科夫艺术理念详加考察。

纳博科夫曾直言到："《洛丽塔》并不带有道德说教。"[②]不仅如此，纳博科夫还十分反对就社会意义和思想内涵等方面来衡量小说。他在各类访谈中不止一次地表达对这种艺术标准的不满：

> 没有比政治小说和具有社会意图的文学更让我讨厌的了。[③]

> 品味一般或对艺术一窍不通的人难以摆脱这种诡秘的感

---

① [新西兰]布赖恩·博伊德著，刘佳林译《纳博科夫传：美国时期》，广西师范大学出版社 2011 年版，第 256 页。

② 《洛丽塔》，第 500 页。

③ [俄]弗拉基米尔·纳博科夫著，唐建清译《独抒己见》，浙江文艺出版社 2012 年版，第 3 页。

觉：一部作品要成就伟大，就必得涉及伟大的思想。[①]

而在他看来，“使一部文学作品免于蜕变和腐朽的不是他的社会重要性，而是它的艺术，只是它的艺术”[②]。当小说以艺术品质为唯一衡量标准时，最能突显艺术家创造力的形式、技巧等因素自然成为重心所在，这对于纳博科夫来说便是造就奇特而精巧的骗局：

很显然，艺术的伟大之处就在于奇特的骗局和复杂。[③]

一切有价值的艺术所需要的品质，编写棋题的人同样需要：独特性、创造力、和谐、简洁、复杂，以及极佳的骗局。[④]

这种理念明显贯彻在他的创作宗旨上，如“我的写作没有什么社会目的，也不传递道德信息；我没有一般观念需要阐述，我就是喜欢编造带有优雅谜底的谜语”[⑤]。同样也体现在他的鉴赏品味上，如“博尔赫斯也是一个天才人物，但他的微型迷宫和罗伯-格里耶的大型迷宫是相当不同的建筑，采光也不一样”[⑥]。

因此，以编造谜语或构建骗局为初衷和皈依的作者，势必需要揭开谜底和解开谜团的理想读者，而作者与读者之间的富有张力的互动，正是决定小说艺术等级的最终标准：

① 《独抒己见》，第 42 页。
② 《独抒己见》，第 34 页。
③ 《独抒己见》，第 33 页。
④ 《独抒己见》，第 165 页。
⑤ 《独抒己见》，第 16 页。
⑥ 《独抒己见》，第 82 页。

——据报道，您说在第一流的小说作品中，冲突不在于人物之间，而在于作者和世界之间。您能解释一下么？

——我说的是在“作者和读者之间”，而不是“世界”，后者是没有意义的表述，因为创造性的艺术家造就他自己的世界。他和读者发生冲突，因为他是他自己理想的读者，而那些其他的读者常常只是动嘴唇的幽灵和遗忘症患者。另一方面，一个好读者面对一个难啃的作者势必要做出艰辛的努力，而一旦尘埃落定，那些努力就会获得最好的回报。①

在纳博科夫看来，创造性的艺术家造就一场奇特精巧的骗局，一个好读者必须付出艰辛的努力才能不断接近真相乃至水落石出，这种辛苦而困难的阅读过程真正彰显了伟大小说的艺术特质。

所以《洛丽塔》作为纳博科夫最珍爱的作品，其本身就应当是一个人为建构的伟大的艺术骗局。对此，他曾经直言不讳地承认：

我永远不后悔写了《洛丽塔》。她就像编造一个美丽的谜——她的谜面同时也是谜底，这取决于你观看她的方式。②

《洛丽塔》作为一方面以情色诱引着读者走入迷宫，另一方面又设下扑朔迷离的陷阱。时至今日，究竟历史上有多少读者“葬身”在陷阱之中而不自知？又有多少读者自以为找到出路而实际上却仍身处迷宫之中？当然纳博科夫在考验读者智慧同时，早已将线索埋伏在小说的字里行间。因此，我们有必要循着纳博科夫的提示，通过仔细地阅读来戳穿这场迷宫般的艺术骗局。

① 《独抒己见》，第186页。

② 《独抒己见》，第20页。

二　认知分裂下的迷宫构筑

首先为了增加骗局的复杂性，纳博科夫选择以罪犯的自白手稿（《一个白人鳏夫的自白》）作为叙述的承载方式，同时罪犯在文中又化名为亨伯特·亨伯特。这些处理手段将事实的真相包裹起来，使得读者只能通过化名亨伯特·亨伯特的罪犯的一己之言，间接获得片面的线索和依据。在此之外，纳博科夫还以编辑小约翰·雷博士的身份在手稿前创作了一篇序文，以便作为第三方的客观陈述和评论，由此在读者和手稿间造成另一重的迷障与隔断。小约翰·雷博士称：

> 在我们看来，比科学意义和文学价值更为重要的，就是这部书对严肃的读者所应具有的道德影响。……《洛丽塔》应该使我们大家——父母、社会服务人员、教育工作者——以更大的警觉和远见，为在一个更为安全的世界上培养出更为优秀的一代人而作出努力。①

但是很显然，一般读者都会发现，上述出自小约翰·雷博士的观点正与纳博科夫本人的主张相反。如果读者仅仅将《洛丽塔》贴上"尊崇道德""道德影响"和"普遍的教训"等道德功利主义的标签，那便是陷入了纳博科夫设置的最外重的陷阱之中。因为纳博科夫曾直言："不管约翰·雷说了什么，《洛丽塔》并不带有道德说教。"②因此，小约翰·雷博士的序文其实是纳博科夫为一般读者所设置的迷惑物。

① 《洛丽塔》，第4—5页。

② 《洛丽塔》，第500页。

如果说小约翰·雷博士的序文是最外一重迷障，亨伯特·亨伯特的自白手稿是中间一重间隔的话，那么亨伯特·亨伯特这个面具背后的罪犯本身则是最内的一层谜面。首先来看“亨伯特·亨伯特”这个名字。为什么纳博科夫给罪犯选择的都无一例外的是姓与名都相同的名字呢？（“我的笔记里有‘奥托·奥托’‘梅斯迈·梅斯迈’和‘兰伯特·兰伯特’，但不知为了什么，我认为我的选择最确切地表达了我的卑鄙龌龊。”[①]）这其实与纳博科夫给罪犯设计的角色有关。我们知道，亨伯特是“一个财产不多却足以衣食无忧的患有精神官能症的中年鳏夫，有过见识欧洲的低矮护墙、一次离婚和进过几家精神病院的经历”[②]，这使得他的叙述不自觉地带上了一种分裂的气质，即“我”与“难以捉摸的自我”之间的分裂：

> 威严的亨伯特和渺小的亨伯特商议着亨伯特·亨伯特是不是应该把她或她的情人杀死。[③]

> 我忽然想到如果我当真失去理智，也许就会以杀人而告终。实际上——安然无恙的亨伯特对挣扎踉跄的亨伯特说——做好准备——把武器从盒子里移到口袋里——也许是十分聪明的——这样就好在精神错乱发作的时候立即加以利用。[④]

在这两段文字中，纳博科夫的用意就昭然若揭了：之所以将罪犯的姓与名选择相同的称呼，其实正是为了表现出他的分裂、斗争的精神气质。在亨伯特·亨伯特的思想意识中，总是有两个对立的“亨伯

① 《洛丽塔》，第 492 页。
② 《洛丽塔》，第 269 页。
③ 《洛丽塔》，第 52 页。
④ 《洛丽塔》，第 363 页。

特”在博弈，或者是“威严的亨伯特和渺小的亨伯特”，或者是“安然无恙的亨伯”与“挣扎踉跄的亨伯特”，前一个“亨伯特”代表着道德秩序下的具有良好教育背景的亨伯特，而后一个“亨伯特”则是道德良知背后隐藏着的蠢蠢欲动、面目狰狞的亨伯特，这便是“我”与“难以捉摸的自我”。

在把罪犯塑造成一个具有精神分裂气质的人之后，纳博科夫发明了一个颇具隐喻的关键线索——“着魔的猎人”。在《洛丽塔》中，“着魔的猎人”有着丰富的能指，《着魔的猎人》是奎尔蒂创作的一个剧本，也是洛丽塔失身于亨伯特的旅馆；当亨伯特追索拐走自己的洛丽塔时，这个名字也被奎尔蒂用来讽刺亨伯特：

> 然而最锋利的匕首还是切斯纳特旅馆住宿登记簿上变换词尾字母位置的那条记录：“新罕布什尔州凯恩市的特德·亨特(Ted Hunter, Cane, NH)”。[1]

因为住宿登记簿上的登记其实是用“着魔的猎人”(Enchanted Hunter)的字母改编位置而成的，这是奎尔蒂不断用亨伯特的犯罪地点刺激和调戏亨伯特的手法，正如亨伯特自己说的那样：“这个剧本的标题和一家难以忘怀的旅馆名称的巧合，多少叫人略带惆怅地感到愉快。”[2]在这样的撩拨之下，亨伯特最终不可避免地成了一个“着魔的猎人”：

> 在他暗自思索他的那盒神奇的弹药时，难道他不是一个“着魔的猎人”么？[3]

---

① 《洛丽塔》，第 399 页。
② 《洛丽塔》，第 317 页。
③ 《洛丽塔》，第 107 页。

> 我觉得那个着魔的猎物就要跟这个着魔的猎人在半路上相遇。①

> 因此,至少有五分钟,我四处走动——头脑清醒的神经错乱,发了疯的沉着镇定,一个着了魔的十分顽强的猎人。②

在亨伯特的回忆看来,他是一个彻头彻尾的猎人,而且是一个神经错乱的着魔的猎人;他一面紧紧地诱捕着洛丽塔这个爱情猎物,另一面又死死地追索和猎杀同样着魔的对手奎尔蒂。

这样一个"着魔的猎人"的自我身份定位是如何的呢?在手稿的最初,亨伯特认为自己"只是一个认真负责的记录人"③,但是这种观点随即就变了味道:

> 我身上的艺术家气质压倒了绅士的气质。在这部回忆录中,我凭着极大的意志力设法使我的文风跟我写的日记的语气和谐一致……不论现在我觉得那种语调多么虚伪和讨厌,保持那种语调却是我的艺术责任。④

在这段话里,"艺术家气质""艺术责任"这两个词很明显地说明,这部回忆录并非仅仅为了给自己开脱罪名,而是一次真正意义上的艺术创造,也就是说亨伯特将自己视为一位艺术家而非犯罪嫌疑人。因此,在诗人和罪犯的二重身份认定中,亨伯特逐渐显示出自己的分裂气质:

---

① 《洛丽塔》,第 206 页。
② 《洛丽塔》,第 472 页。
③ 《洛丽塔》,第 113 页。
④ 《洛丽塔》,第 112 页。

现今，如果你想要当个杀人犯，你就得是一个科学家。不，不，我两者都不是。……我们断断不是杀人凶手。诗人从来就不杀人。[①]

在以上的自我辩白里，亨伯特选择的毫无疑问是诗人，是“一个艺术家，一个疯子，一个无限忧郁的人”[②]。他还设想自己如果即便是个罪犯，也要像一个诗人那样做的高明而完美。

面对自己对洛丽塔犯下的罪行，亨伯特的自我辩白又是怎样的呢？在回忆录中，亨伯特给自己设定了许多种身份：

我这个道学家抱定我们惯常认为十二岁的小姑娘应该如何的观念而回避这个问题。我这个儿童治疗专家（一个冒充内行的人，像大多数儿童治疗专家一样——但没有关系）机械刻板地重复新弗洛伊德主义的杂乱无章的观点，并且设想一个处于少女“性潜伏”期的爱好幻想和夸张的多莉。最后，我这个纵欲好色的人（一个真正的疯狂的恶魔）对于他的猎物的某种堕落的行为也不表示异议。[③]

我不是任意糟践一个孩子的性精神变态的罪犯。强奸犯是查利·霍姆斯。我是治疗专家——两者的差别就在于微妙的间隔。[④]

我还是个十分体贴的朋友，十分慈爱的父亲，十分出色的儿

① 《洛丽塔》，第137页。
② 《洛丽塔》，第26页。
③ 《洛丽塔》，第195页。
④ 《洛丽塔》，第236页。

科大夫，照料着我的赤褐色皮肤的小姑娘身上的各种需要！[①]

道学家、儿童治疗专家（出色的儿科大夫）、纵欲好色的人（疯狂的恶魔）、性精神变态的罪犯、体贴的朋友、慈爱的父亲，在这些身份角色的选择和阐述中无不透露出亨伯特的洋洋得意，根本没有任何的罪行和过错。在诗人亨伯特看来，洛丽塔就是他一手创造的艺术品："我疯狂占有的并不是她，而是我自己的创造物，是另一个想象出来的洛丽塔。"[②]"洛丽塔已经安安稳稳地唯我存在了。"[③]所以，尽管洛丽塔逐渐成熟起来，不再像以往那样美丽动人，但是亨伯特能通过回忆录的形式，将心中永远青春的洛丽塔定型："永远这个词是仅就我自己的激情而言，仅就反映在我血液中的那个不朽的洛丽塔而言。"[④]而且，亨伯特对自己的艺术才华十分自信："我的最最模糊、引起遗精的美梦也比最富有阳刚之气的天才作家或最有才华的阳痿作家所设想出的私通苟合之事要灿烂夺目一千倍。"[⑤]因此，亨伯特将自己与洛丽塔的爱情描绘得极具文学性："哦，洛丽塔，你是我的姑娘，正如维是坡的姑娘，比阿是淡定的姑娘一样。"[⑥]

与诗人"亨伯特"的艺术化讲述相对照，罪犯"亨伯特"披露出来的赤裸的真相简直不堪入目：

唉，我仍无法超越人间这个简单的事实：无论我可以找到什么样的精神慰藉，无论提供给我什么样可以被光映现出的永恒

① 《洛丽塔》，第 258 页。
② 《洛丽塔》，第 95 页。
③ 《洛丽塔》，第 91 页。
④ 《洛丽塔》，第 110 页。
⑤ 《洛丽塔》，第 27 页。
⑥ 《洛丽塔》，第 167 页。

真理，什么也不能使我的洛丽塔忘掉我强行使她遭受的那种罪恶的淫欲。[1]

有一天，为了安安静静地体味我的幻想，我下定决心不去理会我不由自主所感觉到的事实：那就是在她看来，我不是一个男朋友，不是一个富有魅力的男人，不是一个伙伴，甚至压根儿不是一个人，而只是两个眼睛和一只充满血液、肌肉结实的脚——暂且只提这些可以提及的东西。[2]

在我们反常、下流的同居生活中，我的墨守成规的洛丽塔渐渐清楚地明白：就连最悲惨痛苦的家庭生活也比乱伦的乌七八糟的生活要好，而这种生活结果却是我能给予这个无家可归的孩子最好的东西。[3]

与前面各种美好的身份角色相比，现实中的亨伯特带给了洛丽塔无法忘却的痛苦记忆，正如奎尔蒂所说："你完全搞错了。我把她从一个野蛮的性变态的人的手里救了出来。"[4]"说实在的，亲爱的亨伯特先生，你也不是一个理想的继父，而且我并没有强迫你那小小的被保护人跟着我走。是她要让我把她带到一个比较幸福一点的家里。"[5]甚至连洛丽塔本人也说过："他伤了我的心。而你干脆毁了我一生。"[6]谁曾想到，分属诗人和罪犯的亨伯特竟然是这样一种截然

① 《洛丽塔》，第 453 页。
② 《洛丽塔》，第 455 页。
③ 《洛丽塔》，第 460 页。
④ 《洛丽塔》，第 477 页。
⑤ 《洛丽塔》，第 483 页。
⑥ 《洛丽塔》，第 466 页。

相反的形象。

由上可知，亨伯特原本不过是一个靠教书和写文章过活的人，而奎尔蒂却是一个地地道道的著名剧作家，但亨伯特却声称："我的最最模糊、引起遗精的美梦也比最富有阳刚之气的天才作家或最有才华的阳痿作家所设想出的私通苟合之事要灿烂夺目一千倍。"[①]在谈到自己的恋童癖好时，亨伯特不惜动用一切艺术家和文学作品中展现出来的美好爱情来为自己申辩：维吉尔会用单纯的音调歌唱性感少女、但丁狂热地爱上只有九岁的比阿特丽丝、彼特拉克狂热地爱上了十二岁的劳丽恩、爱伦·坡在弗吉尼亚不满十四岁时占有了她等等。亨伯特幻想着自己是一位才华出众的诗人，而洛丽塔正是为了匹配他的那个女子，所以亨伯特不仅用言语不断赞美她，更是按照他的审美来塑造着洛丽塔。在上述亨伯特一意孤行的叙述中，他的这种苦心似乎已经完全俘获了读者，正如布赖恩·博伊德在《纳博科夫传：美国时期》中写道："令人惊奇的是，许多读者都对亨伯特的判断信以为真；洛丽塔只是因为别人给她的'特殊爱情才从一个普通的人提升为迷人的小姑娘'。"[②]

但事实并非如此，洛丽塔并没有完全顺从他的心意，甚至跟随着奎尔蒂逃离他的世界，以至于最终嫁给了一个贫穷而残疾的青年人。因此他开始向自己意识的深处不断前进，努力重建着心目中理想的"洛丽塔"，仿佛一个伟大的艺术家正在惨淡经营着自己的惊世之作。这种艺术上的偏执让亨伯特越发相信自己的艺术才能，这种意识上的无限自由在他看来正是艺术家的伟大之处，是超越道德法律的约束之上的，是一种纯粹的精神上的体验。他甚至以诗人的身份创作了一首诗，希望通过艺术的方式给奎尔蒂判罪；但他本人不过是一个蹩脚的诗人，是一个本质上庸俗和残忍的三流艺术家罢了。亨伯特

① 《洛丽塔》，第27页。

② 《纳博科夫传：美国时期》，第260页。

的这个自诩为艺术家的自负罪犯的形象，恰恰是纳博科夫在道德层面上极力反对的：

> 实际上，我相信，有朝一日会重新鉴定并宣告：我并非一只轻浮的火鸟，而是一位固执的道德家，抨击罪恶，谴责愚蠢，嘲笑庸俗和残忍——崇尚温柔、才华和自尊。①

亨伯特的罪恶和残忍实难饶恕，他艺术上的庸俗也堪喟叹，而他的愚蠢更足以警醒世人。因此《洛丽塔》讲述的根本不是一个关于“性”或“爱”的故事，而是一个在意识和现实、兽性和美感、罪犯和诗人等对立碰撞中屡屡受挫、偏执独行的悲剧故事。莱恩娜·托克尔在《纳博科夫个人视野下的个人主义》中认为：“从纳博科夫小说文本透射的道德理论可以看出，纳博科夫所主张的是理性的个人主义(Rational Individualism)。”②而像亨伯特这样非理性的偏执狂，无疑是纳博科夫在道德层面所摈弃的。

三 《洛丽塔》与纳博科夫的“读者”

通过上述文本细读可知，纳博科夫其实创作了两个迷局，一个是有关亨伯特罪行的骗局，另一个则是亨伯特追踪奎尔蒂的谜题。读者在跟随亨伯特抓捕奎尔蒂的智力游戏时，是否已经忘记自己早已置身在亨伯特言语叙述的骗局之中了呢？正如埃伦·皮弗在《纳博科夫和小说》中所说的：“小说中反复出现的字谜、暗示以及作者声音的侵入，都服务于同样的一个目的，即打断读者对虚构文本世界的全

---

① 《独抒己见》，第 199 页。

② Julian W. Connolly, *Nabokov and His Fiction: New Perspectives*, Cambridge: Cambridge University Press, 1999. pp. 92.

身心投入。”①其实，纳博科夫的创作意图乃至创作快感，正是设想了种种类型的读者群体，利用亨伯特与读者的不断沟通，最终鉴别和选择出自己的理想读者。对此，我们可以稍微列举一些亨伯特想象中与读者的直接对话：

我无法告诉我的有学问的读者（我猜这时他已经把眼睛瞪得不知有多大了），我无法告诉他我是怎么知道这桩事的。②

我希望有学识的读者都来参与我正准备重新搬演的这个场景。③

让我提醒我的耐心的读者，洛就应当学习你的这种温顺的脾气。④

说不定我的学识渊博的读者会变得活跃起来。⑤

对我最有敌意的读者如今也应该体会到这一点。⑥

但我仍希望我是在对毫无偏向的读者讲话。⑦

---

① Ellen Pifer, *Nabokov and the Novel*, Cambridge, Massachusetts: Harvard University Press, 1980. pp. 4.

② 《洛丽塔》，第 74 页。

③ 《洛丽塔》，第 87 页。

④ 《洛丽塔》，第 220 页。

⑤ 《洛丽塔》，第 263 页。

⑥ 《洛丽塔》，第 435 页。

⑦ 《洛丽塔》，第 458 页。

> 殷勤的卖笑，粗鲁的读者会这么说。①

> 年纪大的读者看到这儿，肯定会回想起他们童年时看过的西部片中那些必然会出现的场面。②

在上述文字中，纳博科夫设想了许多不同类型的读者，有学问的读者、有学识的读者、耐心的读者、学识渊博的读者、有敌意的读者、毫无偏向的读者、粗鲁的读者、年纪大的读者等等，他甚至还借亨伯特设想出了学识渊博的读者的形象："啊，但愿我能把他幻想成一个留着淡黄色胡须、有着鲜红色嘴唇的学者，他一遍聚精会神地看我的稿子，一边吮吸着手杖的圆头！"③毫无疑问，纳博科夫这里是在嘲讽这类专注考据的学究式读者。

这样直接与读者的交流在小说中俯拾即是，既引导和调动着读者的阅读进程，又掌控和决定着读者的阅读感受，甚至可以视为是亨伯特对读者赤裸裸的阅读挑战：

> 读者啊，不管你对我书中的这个心肠软弱、病态敏感、无限谨慎的男主人公多么恼怒，请你可别跳过这必不可少的几页！④

> 读者一定注意到我费了多大心思才用洛的那种说话方式说话。⑤

---

① 《洛丽塔》，第 458 页。
② 《洛丽塔》，第 479 页。
③ 《洛丽塔》，第 359 页。
④ 《洛丽塔》，第 203 页。
⑤ 《洛丽塔》，第 235 页。

噢，读者，我的读者，你猜猜看！[①]

我们去和他谈一会儿，读者！[②]

读者完全可以想象得到我是怎样回答我的宝贝儿的。[③]

哦，别皱起眉头望着我，读者，我可无意给人印象，以为我并不想方设法过得快活。读者必须理解……[④]

读者这会儿一定已经得出印象，我是一个可怜的生意人。[⑤]

读者完全可以想象得到当时我的才智所受到的影响。[⑥]

我现在告诫读者不要嘲笑我和我的神思恍惚，让读者和我在现时解释过去的命运相当容易。[⑦]

要是读者相信了这句话，那他就是个傻瓜。[⑧]

在亨伯特看来，这些上了当的读者正是他的理想读者，这其中包括了阅读过手稿的小约翰·雷博士、陪审团成员以及此书面世后的

① 《洛丽塔》，第 243—244 页。
② 《洛丽塔》，第 248 页。
③ 《洛丽塔》，第 251 页。
④ 《洛丽塔》，第 261 页。
⑤ 《洛丽塔》，第 270 页。
⑥ 《洛丽塔》，第 321 页。
⑦ 《洛丽塔》，第 337 页。
⑧ 《洛丽塔》，第 409 页。

许多读者。但是对于纳博科夫来说，这些读者却都不是他心目中的优秀读者，他们只是陷溺在阅读骗局和理解迷宫之中的人罢了，他们对于亨伯特的罪行最终抱有宽恕和同情，还以为自己已经像莱昂内尔·特里林说的那样具有道德上的流动性，殊不知这种所谓的道德是建立在洛丽塔悲惨命运的真相之上的。

那么什么样的读者算是优秀的读者？这些在纳博科夫的《优秀读者与优秀作家》一文中大致可以得到结论：

> 如果一个读者既无艺术家的热情，又无科学家的韧性，那么他是很难欣赏什么伟大的文学作品的。①

> 聪明的读者在欣赏一部天才之作的时候，为了充分领略其中的艺术魅力，不只是用心灵，也不全是脑筋，而是用脊椎去读的。②

在阅读一部伟大的作品时，读者首先应该全力以赴、锲而不舍地投入反复的阅读之中，而那些带着先入为主的观点阅读的、抱着消遣娱乐心态浏览的读者都不能够真正读懂天才作品的伟大之处。相对而言，纳博科夫认为作家也应该达到一种标准："我们可以从三个方面来看待一个作家：他是讲故事的人、教育家和魔法师。一个大作家集三者于一身，但魔法师是其中最重要的因素，他之所以成为大作家，得力于此。"③

---

① ［俄］弗拉基米尔·纳博科夫著，申慧辉译《文学讲稿》，生活·读书·新知三联书店 1991 年版，第 4 页。

② 《文学讲稿》，第 5 页。

③ 《文学讲稿》，第 25 页。

“魔法师”一词同“骗局”和“迷宫”一样，都是为了与读者展开周密且迷人的智力对抗。而“教育家”一词，对于像《洛丽塔》这样一部作品，其意义不是简单的意识形态和道德准则的说教和灌输，同样也需要读者自己抽丝剥茧地发掘。

而当优秀的读者遇上优秀的作家时，纳博科夫深情地写道：

> 在那无路可循的山坡上攀援的是艺术大师，只是他登上山顶，当风而立。你猜他在那里遇见了谁？是气喘吁吁却又兴高采烈的读者。两人自然而然地拥抱起来了。如果这本书永垂不朽，他们就永不分离。[①]

这或许所有艺术家和读者期待的一幕吧！《洛丽塔》就像是一座迷宫、一个骗局，纳博科夫坐在高处不断期待着与自己相拥的读者，而在他们相拥之时，《洛丽塔》也会随之永垂不朽。

（作者单位：扬州大学文学院）

① 《文学讲稿》，第 21 页。

西方文化史视野中的“疯狂”

张　雷

今天我的发言主题是“疯狂”。我将从西方人文主义的起源与当代生活的体验两个角度讲讲我对“疯狂”的理解，然后结合西方文学史与哲学史，谈谈这些疯狂现象在西方文化史上的文学与哲学根基。

弗洛伊德曾经对人的精神疾病进行过这样的描述：

> 一种经验如果在一个很短暂的时期内，使心灵受一种最高度的刺激，以致不能用正常的方法谋求适应，从而使心灵的有效能力的分配受到永久的扰乱，我们便称这种经验为创伤的。……而一个人如果不能应付一个强烈的情绪体验，结果便造成了神经病，所以神经病的成因约略类似于创伤病。①

在以弗洛伊德为代表的精神分析学派看来，作为精神疾病的表现的“疯狂”，并非内心行为，而是由内心行为所导致的不正当的、不被理性社会所接受的外在行为。孤立的内心活动若不表现在外，则不应被视为“疯狂”。而能导致外在表现的内心活动，一定是受到了某种强烈刺激，这种刺激打乱了理性社会为人类内心所规定好了的

---

① ［奥］西格蒙特·弗洛伊德著，高觉敷译《精神分析引论》，商务印书馆 1984 年版，第 216 页。

运转模式，从而导致由内到外的一系列“不正常”。

但仔细观察这种疯狂理论，我们会发现这本身就是一个悖论：既然内心要经常受到强烈的刺激，为何不能用不正常的表现把它发泄出来呢？也就是说，只要人活着就必然要遭受这些刺激，故而“应付”强烈的情绪体验乃是一种人应具备的功能。这也就牵涉到了疯狂在文化艺术史上的价值。文艺中的疯狂，一方面是对人类梦境即内心深处的直接摹仿；另一方面，它也有着治愈功能，即将人类的疯狂内心呈现到艺术创作和艺术表现中，从而让艺术家和欣赏者更深的了解自我，不致“不能应付”。

艺术和文化中的疯狂一面，让我们短暂地从理性模式的沉睡当中苏醒过来，回复我们作为一个有血有肉的“人”的活力。西方文化史中的疯狂内容亦是对人文主义的一种最根本的呼唤。

为何说疯狂是对人文主义的一种呼唤？有必要以知识考古的方式，从“复古”“抵抗”与“理解”三个方面，对西方人文主义观念之源头进行考察。

首先，是人文主义“复古”的一面。“人文”的概念在思想史上正式提出完全是欧洲文化的产物，严格说来是意大利文艺复兴时期新兴的资产阶级的个人主义倾向对抗保守禁锢的基督教经院哲学的产物。在1392年的2月1日，意大利文艺复兴巨匠彼特拉克的学生柯卢乔·萨卢塔蒂给友人写了一封信，这封信被视作是人文主义思想史上的一座里程碑。信中说道，不是驽钝死板的经院哲学，而是历史，活生生的历史，才是人的教育者和塑造者。那些人在世界上交往与行动的鲜活记录才是关乎人性的最宝贵的“知识”。这就从根本上说明了意大利人文主义者回到柏拉图与亚里士多德等古希腊原典的根本目的所在。对“古”的复兴不是目的，而只是手段，其根本目的在于对“人性”的探究与张扬——不要忘记柏拉图的所有文字皆无一丁点第一人称的理论表达，而全都是“记载”苏格拉底及其友人们的交往言行的历史剧本！所以可以说，人文主义对古希腊哲学的高调回归，不是“哲学”的，而是“文艺”的。经院哲学已将形式逻辑的诚实可靠发展到了一个巅峰，但人们发现对原典越来越繁复的形式逻辑解释，反而与“人”、与“自我”越来越远，所以人文主义者的口号是越过形式逻辑的重重障碍，用个体的、审美的方式去直接感受古代原典中的每一句话。所以从词源学意义上讲，“人文”不仅不排斥文化民主化，反而它正是民主的甚至民粹的。人文“复古”所反对的恰恰是知识独裁，人文概念天生就带有强烈的山野性。

其次，便自然来到了人文“抵抗”的一面。正如上文所述，人文主义者是带着一种对经院哲学束缚性的强烈的抵抗使命来到这个世界上的，这与当今我们通常理解的人文乃是抵抗商品经济社会的物质化是截然相反的——恰恰是这些物质化的商品经济参与者，推动了人文主义的发展。他们资助了很多文学家和艺术家的创作，鼓励美术家在画作上留下自己的名字（这在中世纪的圣像画传统中是不可想象的），甚至正是在这种商品经济思潮下，文艺作品也可以成为商品的观念才首次进入创作者的头脑中。商品经济带来了什么？带来了丰富的感官享受，带来了尘世生活的无比快乐，这正是人文主义者歌颂的东西！这里尤其要提到文艺复兴时人文主义作家波焦·布拉乔利尼的言论：在一篇对话中，他说渴望金钱不仅是人的自然本性，而且还有益于文明社会；在一封信中他更是直截了当地说：“金钱是国家的力量所在，赚钱应视为国家的基础和根本。”那么人文主义者真正抵抗的是什么？的确，从表面上看，是虚伪的宗教禁欲主义；但从根本上说，正是世间的一切“虚伪”的“主流”本身。社会主流压抑性欲，惊世骇俗的《十日谈》和《坎特伯雷故事集》出来了；政治主流崇尚道德，宣扬权术的《君主论》出来了；生活主流只谈圣洁，以《巨人传》为代表的屎尿屁文学出来了。一旦权力形成实体，为避免个人主义对实体的分散力，必然要以一种道德体系来维系权力实体的存活。而人文主义所抵抗的也正是这种东西。

第三，如果说人文主义者在诞生之日便肩负了对主流道德体系的“抵抗”使命，那么“抵抗”行为本身就是目的吗？笔者认为不然。“抵抗”是方式上的硬性，是对禁欲主义的现实的一种发难，而其软性的目的乃是“理解”：对“人”即人的肉体与精神世界的全面理解。对“人”的全面理解是意大利人文主义运动的核心。彼特拉克说：“我不想变成上帝，我只想要凡人的幸福。如果我只对飞禽走兽的特性知道的很多，而对人的本性一无所知，那又有什么好处呢？”通过全面理解人，进而全面开发人在心理与生理上追求快乐的一切潜能，更是人文主义者的理想。菲莱尔福说：“人们怎么可以忘记人的身体呢？我们既然是大自然的产儿，就应当竭尽全力保持我们肢体的健美和完好，使我们的心灵和身体免遭来自任何方面的伤害。”理解了人性中很多负面的东西，便看透了一切正面宣传的脆弱性；理解了人的自然性，便理解了人的野兽般的欲望，甚至对此进行歌颂——直面欲望而非对欲望进行文化上的转移和加工，这才是人文主义的精髓所在。为了对情欲进行深入探究，达·芬奇甚至精细地描绘过性交过程中的人体解剖图，这就是不顾一切的“理解”！故而这种“理解”与其说是一种科学追求，不如说是一种审美意义上的“姿态”：顶天立地的“我”在此，无所顾忌地追求我所认为快乐的事情，这就是人文主义。它只和“我”有关，而与“我”之外的所有文化符号层面上的升华全都无关。

通过以上对人文主义这一概念的起源的简要分析，可以看出人的疯狂与人文主义之间的联系：当外在的一切非人的、反人的权力和道德体系对人的内心世界造成压抑的时候，人若以一种疯狂的行为进行反抗，那么这便是“人文主义”。疯狂与人文主义的这一层逻辑联系乃是疯狂的最根本价值所在。反观今日人文主义的境遇，笔者认为，从人文观念的上述起源来讲，今日的人文主义在很大程度上背离了其“疯狂指向”的初衷，从生机勃勃的突进力量凝滞成了一股僵死的、老朽的思维和说辞。文艺复兴所倡导的乃是尖锐的冲突。老祖宗的“人文”不是退守，而是在时刻存在的危机感与强烈的情绪体验下，激起身心的全部敏锐感知力，张扬人格，锐意进取，展示出一种疯狂的姿态；而今日，学院派代之以越来越繁复的文化符号和理论概念，山野派代之以空洞乏味的修辞点缀，这难道不都是对人文精神的背叛吗？回到起点，今日强调“人文”，不是强调理论修养，也不是强调文化修辞，就该是强调个体对外在压迫与内在欲望的“疯狂”感知力而已——通过提高这种感知力，明白“人”究竟是个什么东西，这才是最根本的人文关怀。

我们今天的时代恰恰是建立在这样的现实之上——一片僵死的废墟，自由理性主义走到了尽头，怀疑论与抽象化愈演愈盛。对人类的疯狂世界进行表现与探索，这对文艺工作者来说不仅是一种引诱和挑战，更应是一种责任。

无论是现代社会人们普遍存在的精神疾病的隐患，还是人文关怀在思想史上的一种责任性的召唤，艺术在引领我们通往自己内心未知而神秘的疯狂世界的道路上，都发挥着重要的作用。“人应该是被超越的某种东西。”①如何理解这超越？就像怀特海所说的那样：“即使你对太阳、对大气、对地球的自转有全盘的了解，你仍然可能错过落日的余晖。”②

以上是对疯狂形象与人文主义的关系的比较“形而上”的论述。接下来不妨以较为通俗的话语，来看看生活中的常态与非常态是如何交错纠结的。

对于生活的非常态，可说奥地利精神分析学家弗洛伊德最早在心理学领域开启了这扇幽冥地带的大门。在他眼中，我们的日常生活是意识对潜意识的一种征服。尽管笔者并不完全赞同弗洛伊德的

---

① ［德］尼采著，钱春绮译《查拉图斯特拉如是说》，生活·读书·新知三联书店 2007 年版，第 7 页。

② ［德］齐格弗里德·克拉考尔著，邵牧君译《电影的本性》，江苏教育出版社 2006 年版，第 401 页。

这种一切皆以精神分析来对待的思维方法，但有两点是非常有意思的：一是对人心的感受能力；一是将这些感受系统化为一种方法论、一套理论的事业。人生如梦，这句耳熟能详的话在弗洛伊德的生活观中，则是：白天的生活一方面是我们要克制自己种种非理性冲动的一种妥协，另一方面，则为夜晚的梦境提供素材。弗洛伊德具体的释梦方式在此恕不赘言，但我们不要轻易放过梦里出现的种种荒诞不经的内容——这些非常态的内容恰恰是我们常态的生活背后所隐藏的真相。从这个角度讲，生活绝不是和谐理性的，生活充满了种种波澜壮阔的可能性，我们难道没有责任去探索这些可能性，并从中发掘出改造我们的生命的创造性吗？不妨以一个悖论性概念来描述这种现象：醒/梦。

某种程度上讲，“和谐”是一个毫无价值且极为经不起推敲的东西。当然这点也被很多人所承认，这些人认为，是的，口号式的“和谐”的确是不存在的，要想实现生活和谐，我们需要语言去沟通，去相互理解，去把各自的分歧用语言表达出来。从这个论点出发，我们对生活的又一疑问就出来了：语言是有用的吗？答案既是肯定又是否定。我们所说的话和我们内心的真实行动是有距离的，语言是我们建构的一个“系统”，这个系统旨在以一种非常“微妙”的方式把我们心中可以摆到台面上的内容表达出来，而把不能摆到台面上的内容遮掩起来——这就是所谓的“台词”和“潜台词”。表演训练中有一个非常有意思的内容，就是以不同的声调与停顿，赋予同一段台词以截然不同的意义，方法很简单：用你真想说的话的体态与语气来说这段台词即可。这个表演训练生动地呈现出了语言的可笑——世界上所有的真话都是结结巴巴的，而所有的谎言反倒非常通顺。当我们表达爱情时，如果是真爱，往往是面红耳赤，词不达意，或是沉闷不语，无话可说；如果我们能够心平气和、出口成章地对一个女孩示爱，情况一般是两种：一种是你对她的感情还没达到刻骨铭心的程度，只是感觉凑在一起挺合适罢了；另一种则是你在欺骗她的感情。故而，语言是我们必须时刻保持警惕的东西。生活就是如此荒谬,也许所有的语言都不及一种终极意义上的沉默。这是生活的第二个悖论性概念:语言/沉默。

有人说手淫是缓解一个人紧张的最有效方式。这就涉及生活的另一个隐藏面:性欲。“性欲”这个话题的禁忌,乃是我们日常生活非常微妙的一个方面。有人可能会反驳,说现在是一个开放的时代,网络每天充斥的最多的就是黄段子,何来禁忌之谈。但不妨举一个很有趣的例子:我们在网上展露自己,很常见的方式是展露自己的食欲,甚至很多人把自己很多做饭的照片与记录放到网上,作为积攒人气的方式,而很多女孩子更是每次吃饭前必拍饭菜特写放到网上,然后很亲昵地叫自己“吃货”。既然食欲和性欲同属人的欲望,可为何鲜有人实名实姓地把自己做爱和手淫的照片与记录放到网上然后亲昵地称自己是“色情狂”呢?可以说性欲是日常生活中被掩藏得最深的一个幽冥地带。我们日常所看到的所有黄色笑话,不是对性欲本身的开玩笑,而是对“性欲作为禁忌”这一现状的开玩笑:这些玩笑的笑点全部建立在性欲对于每个人来说是禁忌的、不可炫耀甚至不可谈论的基础之上。为什么生活会如此拼命地掩盖性欲,这或许是一个社会人类学的话题,但我们必须正视这点,明白人的一阵阵紧张究竟来自何处。这是生活的第三个悖论性概念:禁忌/性欲。

接下来是生活的最后一个经常欺骗我们的重要内容。生活究竟有一个确定的意义吗?我们为了活下去,必须要在每一个阶段规定出意义,谁能忍受无意义的生活?(当然这也许过于知识分子化了。在徐童的纪录片《算命》中,徐童目睹算命先生生活的悲惨,也问了这么一句,可算命先生却反问:难道非得有个意义才活着?没意义就不能活了?这是对知识分子的一记绝佳回击。)何兆武先生在回忆抗战流亡的艰苦岁月时,总结出了这样的道理:虽然那时过得苦,但大家都生活在一种幻想中,等战争结束一切都会变好。人有一种盼头在前面拉着生活才会幸福——这,就是生活最大的欺骗。童话故事的结局经常是：王子和公主从此幸福地生活在一起；但现实则是：王子和公主生活在一起，才是故事的开始，之后会有无数不可预期的麻烦事儿等待着他们。究竟是热恋一个月然后分手更美还是白头到老更美呢？种种问题直接指向脆弱的生活意义。用理论性话语来说，生活的这一欺骗即是：我们永远在生活中追求一种“整一”，生活也一直在许诺给我们“整一”，但真实的情形则是没有整一，只有无数的碎片，组成我们一生的这些碎片合起来才是真正的生活。这就是生活的最后一个悖论性概念：整一/碎片。

将这四个悖论总结起来，就是生活的一个总的悖论性概念：常态/非常态。人是趋利避害的动物，我们生活在常态的欺骗中是有道理的，因为非常态的生活——哪怕是了解一点——都会为我们带来痛苦。但恰恰是生活的这些痛苦之处，才是更加逼近真理的地方。痛苦带来价值，痛苦通向爱：对他人痛苦的感同身受才是世上最珍贵的爱。而这种对痛苦与悖论的痛彻体验，恰恰是西方文化史上的文学艺术作品不厌其烦地在表现的内容。

以上是我分别从西方人文主义思想的源头以及日常生活的感受两个方面，表达了影像中的疯狂形象在思想史和日常生活中的表现。接下来我打算从一个比较广的学术范围着手，将西方文化史上疯狂形象所涉及的文化背景进行一个模糊的论述，这个背景可大致分为“文学病理”与“哲学病理”两大方面。

所谓“文学病理”，即指疯狂在西方文学史上的一个背景。大致看来，疯狂的“病理文学”可包括但不限于如下文学作品：《巨人传》《堂吉诃德》《格列佛游记》《吹牛大王历险记》《吸血鬼德库拉》等。

而《巨人传》和《堂吉诃德》则正是西方文化史上疯狂形象最核心的两部作品。但这两者却有着本质的区别。尽管这两部文学作品的主角都是具有象征意义的疯子，但《巨人传》的主人公所象征的是理性在文艺复兴时代所象征的强大的生命力，而《堂吉诃德》的主人公则是古典时代与理性时代交替时期人的尴尬与无奈。在《巨人传》

中，理性主义并不是一套对人的天性与想象力进行压制的系统，反而，理性主义的核心乃是"依愿行事"。庞大固埃与高康大对理性知识的吸收有两个特点：一是疯狂，一是反抗神权。在小说中，当讨论到人间最大的痛苦是什么的时候，有一句话："没有钱就是最大的痛苦。"这样的姿态乃是当时理性主义的典型态度。而在《堂吉诃德》中，吉诃德的疯狂则表现了在时代大变革的环境下，一个怀有中世纪骑士精神的古典主义者的尴尬境遇。可以说吉诃德是西方文学史上第一个真正意义的疯了的主人公——如果将《巨人传》的主人公看做其整体叙事风格中正常一环的话。唯独在《堂吉诃德》中，疯狂不是寓言，而是一个实实在在的疯子形象了。

《巨人传》与《堂吉诃德》的差别也是时代的差别：一个是文艺复兴的鼎盛期，一个则是后哥白尼时期。在文艺复兴的鼎盛期，尽管神权遭到反抗，但反抗也是披着神的外衣进行的；而到了后哥白尼时代，上帝已经不再是世界的主人了。这便是《神曲》式的神学体系在文学作品中不复存在的原因。这个时代的文学角色特点也开始转变了。《巨人传》中的角色都是幻想当中的神人或小丑，但在《堂吉诃德》中，幻想已不再是被推崇的内容，而成了被现实嘲笑的对象。代替幻想中的万能人物的则是现实生活中的各式各样的"缺陷者"。这一转变带来了本文所论述的三位导演的作品中极其重要的一个真理观念：即真理不是高高在上的，真理永远在下面，在底层，在种种缺陷者与软弱者的身上。寻找真理不能再依靠"向上"，而是要"由上到下"。在这两部文学作品中所体现出来的这一关键性的变革，正是理性权力的逐渐崛起所带来的格局变动。

再回到《巨人传》和《堂吉诃德》的一个共同点上，那就是"启程"的重要象征意义。在《巨人传》的第十六章，拉伯雷是这样描写高康大赴巴黎留学的：

高郎古杰看见这匹马说道："正好送我儿子到巴黎去。啊，天主保佑,这可好了。他将来一定会成为一位大学者。如果那里没有笨货的话,我们将来就要过学者的生活了。”到了第二天,喝过酒以后……天气晴和,气候温暖,高康大的父亲叫他穿了褐色的皮靴……他们就这样吃吃喝喝、快快活活的上了路,一直走到了奥尔良城。……最后他们到了巴黎,一面痛快的吃喝,一面打听当地都有哪些学者,巴黎人都喝什么酒。①

在《堂吉诃德》的第二章,塞万提斯是这样描写吉诃德的第一次启程:

我们这位新簇簇的冒险家一边走一边自言自语:记载我丰功伟绩的真史,将来会传播于世;那位执笔的博学之士写到我大清早的第一次出行,安知不是用这样的文辞呢:金红色的太阳神刚把她美丽的金发撒上广阔的地面,毛羽灿烂的小鸟刚掉弄着压叉的舌头,啼声婉转,迎接玫瑰色的黎明女神。……这时候,著名的骑士堂吉诃德·台·拉·曼却已经抛开懒人的鸭绒被褥,骑上他的名马驽梓难得,走上古老的、举世闻名的蒙帖埃尔郊原。……我的丰功伟绩值得镂在青铜上,刻在大理石上,画在木板上,万古流芳;几时这些事迹流传于世,那真是幸福的年代、幸福的世纪了。②

无论《巨人传》还是《堂吉诃德》,这种主人公告别故乡、启程上路的桥段都是极富审美意义和象征意义的场景。其中象征意义至少包含两点:第一,他们的启程都是割断历史、获得自由的一刻。唯当主

① [法]拉伯雷著,鲍文蔚译《巨人传》,人民文学出版社 1983 年版,第 68 页。

② [西]塞万提斯著,杨绛译《堂吉诃德》,人民文学出版社 1978 年版,第 17 页。

人公以非凡洒脱的勇气割断自己与权力现实的一切联系（无论是宗教时代还是理性时代，真正可怕的永远不是宗教或理性，而是成为权力实体的宗教或理性），舍弃一切上路，才会有获取真理的可能性。第二，他们的启程都是要去探索新的东西。而这种探索不是“向上”，而是“向下”的——在吃喝中，在酒中，在底层的怪人中。这两部经典作品中所蕴含的启程的意味正是文化史上的疯狂形象的灵魂来源。疯子与自己的历史与环境割裂的，且不与主流一同沉沦，而是一直在“向下”寻找那些不为主流所接受的“真理”栖身之地。疯子的最终下场是回到家乡，遁入最终的虚无——疯狂的文学病理其实是在启示我们生活本就是一场梦，而疯狂更是梦中之梦，唯有死亡才是终极的解脱，终极的归家。

以上讲述的是疯狂形象在西方文化史上的“文学病理”。相比哲学思想，文学形象具有更为直观的特点。但哲学思想比文学形象走得更加凝练、更加深刻。他们对疯狂的观念则要远远比单纯的文学作品走得远。这就是接下来要讲的疯狂形象的“哲学病理”。笔者将疯狂形象的哲学病理分为四个部分：中世纪思想、存在主义、精神分析学以及精神病学。

首先是中世纪思想。法国思想史家吉尔松的《中世纪哲学精神》非常系统地梳理了中世纪人们的思维方式与哲学思想。中世纪思想的第一个奇异的方面就是人生的乐观态度。在一种亚里士多德三段论的类比性思维模式中，“接纳自然，相信本性一切外显之内在价值，希望本性长足进步，只要我们知道欣赏本性中之善，并勤奋予以改善，这就是乐观主义”①。第二个奇异的方面就是所谓的“造化宣主荣”。“有限存在者的彻底适然性使他们绝对地依赖必然的大有，万

---

① ［法］吉尔松著，沈清松译《中世纪哲学精神》，上海人民出版社 2008 年版，第 101 页。

物之源皆出自于他，不但在存在方面如此，在本质与因果方面亦如此。”[①]在《中世纪的奥秘》一书中，作者又提到了死神对于日常生活的重要性：“对古人而言，死神如在眼前，其名号响彻大街小巷，令人不寒而栗。世人的平均寿命是25岁，100个男人当中只有4个能活过50岁(妇女的比例更低)。”[②]总之，在今人对中世纪思想文化的研究成果中，我们可以总结出疯狂形象研究的重要的三个思想史资源：生死同在、乐观主义、现实与信仰不分。当生与死、现实与超现实分的不清，当一切悲苦都以乐观对待，很多行为以今天的理性主义审视之，绝对是极为疯狂的行为。

其次是存在主义哲学。疯狂形象研究所借用的学术资源的一个重镇，就是以尼采、克尔凯郭尔与海德格尔为代表的存在主义哲学思想。这一选择的原因就是这些疯狂形象所代表的观念寓意，恰恰是存在主义哲学所表达的东西。集中起来有如下三点：

一是荒诞的偶然性。也就是说宇宙中万事万物的存在都是偶然的，所有的一切都是偶然发生的结果，这其中并不存在任何必然规律。一切的发生并无理由，也不是根据某种观念、信条或思想演绎出来的。从根本上讲，存在就是荒诞——这就是为什么说疯子是与真理距离最近的一类人的根本原因。既然没有任何理由可以决定万事万物为何会这样或那样，那么人们面对选择的时候，即便采取种种不正常的反应和手段，也不应被谴责。存在主义的这一内容为这些疯狂形象赋予了艺术领域的合法性。

二是人的自由意志。正如上文所说，存在是偶然和荒诞的，人面对存在的一切选择也就应当是彻底自由的。种种道德、权威、律法和游戏规则，全部是作为权力实体存在的理性体制对个体的压迫与束

① 《中世纪哲学精神》，第116页。

② [美]托马斯·卡希尔著，朱东华译《中世纪的奥秘》，北京大学出版社2011年版，第17页。

缚。故而在人拥有自由选择权这一大观念下，疯狂行为不仅不是不正当的，反而是面对毫无正当理由的理性压迫的英勇反抗。疯狂就是人自由意志的最强烈的表现。

三是悲剧理念。承接上文，正因为个体在世上所遭遇的一切都是毫无必然性的，所以这一切都可以被视作是造化对人本性的凌迟。在终极意义上，人是没有目的的，世界是令人失望的。即便人拥有自由意志，但这自由意志本身也是没有目标的。克尔凯郭尔的恐惧与颤栗即是此意，尼采的超人哲学和海德格尔的回归大地同样是此意。混沌的环境与孤独的状态才是个体的真正归依。世界上每一个角色都是在命运的洪流中无助彷徨，但人们可以用自己的勇敢迎接一切，最终被死亡所吞噬。

存在主义的这三个理念是文化史上对疯狂进行思考的重要的理论基石。

第三是精神分析学说。必须承认，精神分析并非我最倾向的研究方法，因为精神分析本身包含着浓重而死板的理性主义的臭味。但在弗洛伊德的精神分析理论中，有两方面是我所欣赏的。

一是压抑和抵抗原则。这一原则高度强调了人的本能欲望。当这些欲望不能被社会习惯、法律、风俗道德所允许的时候，欲望与这些外在约束就会产生激烈的斗争。但作为斗争主体的欲望却无法进入到意识的领域中，所以意识与欲望之间的张力便会令人表现出疯狂的行为。

二是生存本能与死亡本能。性的本能与自我保存本能升华为人的生存本能，但人在生存本能之外，还有一种求死与自杀的欲望。这种欲望向外表现时，便会形成种种侵略、破坏、冲突的表现。此即人的死亡本能。当这种死亡本能所造成的外在表现退回人的内心后，便有可能产生自杀倾向，或者种种变了形的“自杀倾向”：如自我谴责、自我惩罚、嫉妒、反叛等心理意识。

还有一种路径是精神病学。须着重指出的是，我对精神病科学以比较与批判为主。我的研究立场之一便是对主流的作为理性主义产物的精神疾病科学进行本质层面的批判。如今的精神病学，采取各种诸如访谈、观察、实验等方式进行探索，但其最根本的目标不外是一个，即将人类社会的一切不正常行为归咎于人的生理问题，而治疗方式也是向一个方面发展：即药物治疗。故而，尽管精神病科学正在日新月异发展的道路上，但正如诺尔曼·布朗所言：

> 人类今天仍在继续创造历史，却不曾自觉意识到自己真正需要的是什么。事实上，人类今天的所作所为，似乎正在使自己更加不幸福不快乐，并且还把这种不幸福不快乐称之为进步。[①]

故而，真正的治疗药方不是如何消除不正常的行为，而应是如何教人认识自己的生活，把握自己的生活，享受自己的生活。疯狂的“哲学病理”的价值即在此。

我的报告就到这里。谢谢大家。

（作者单位：扬州大学文学院）

① ［美］诺尔曼·布朗著，冯川等译《生与死的对抗》，贵州人民出版社2009年版，第16页。

新诗的“百年孤独”与“万古愁”

——新诗时间尺度与历史视域在新世纪的生成

朱钦运

在2013年出版的《中国新诗编年史》的开篇，新诗的“元年”被著者刘福春定格于1918年。与前一年在《新青年》上发表的、未脱旧体诗词形式的《白话诗八首》相比，胡适这一次于同一份刊物的第4卷第1号，与友人刘半农、沈尹默一道刊发的《白话诗九首》，因为挣脱了旧形式的桎梏——如他事后总结的那样，至少初步实现了“诗体的大解放”[①]——并且呈现了多人群起而赞襄的潮流，确实更适合作为汉语新诗诞生的真正标志。当然，关于汉语新诗的开端尚有诸种不同的说法[②]，但它所要面对的“百岁”之期，总算是如约而至了。

这是一个极富象征意味的时间节点。在过去数年里，它几乎成了新诗创作界被谈论得最多的话题之一，诗人们激动于能够参与这

---

① 胡适《谈新诗——八年来一件大事》，《星期评论》（双十纪念专号），1919年10月1日。

② 傅元峰在《“百年新诗”辨》中总结了关于新诗百年之说的两种提法：一种是随世纪之交“文学研究的嘉年华效应”而来的对新诗百年的宽泛指称（“百年”实为概数）；另一种是落实到1917年，以胡适发表第一批白话诗尤其是《朋友》（后改为《蝴蝶》）为“新诗与旧诗决裂的界碑”，但学界“对此时间节点的确定颇有犹疑”。见《南方文坛》2018年第1期。对后一种说法，傅文持质疑态度，并有详细的辨析和引申，本文则倾向以1918年为（象征性的）起点，但认同不必纠缠于具体时间点而将“百年”视为约数。

个特殊的历史时刻，抚今追昔，倾倒于本领域内百年以来的不俗历程。而从2010年起的七八年内，研究者和选家则贡献了众多具有总结性质的选本，举其要者，有《中国新诗总系》(10卷)①、《中国新诗百年大典》(30卷)②，以及在作者与作品方面更为优选的《百年新诗选》(上下册)③，等等——这些规模宏远的选本，着眼于“百年”的大视域，再次推进了新诗在学术建制内的经典化进程。学术期刊对新诗“百岁”之到来的反应亦自不待言，仅举一例：内地颇重要的学术期刊《文艺争鸣》于2017年年底分两期刊出了以“新诗百年研究专辑”为名的两组文章④，它们皆出自新诗研究领域资深学者或批评家之手，数量不菲，分量颇重。

如此，无论是创作界潮流式的总结、期望与狂欢，还是学界对既往轨迹的整理、辨析与重新塑造，新诗在新世纪的第二个十年里迎来

① 该书由人民文学出版社于2010年出版，谢冕教授总其事，各卷的编选由内地新诗研究领域的资深学者分别担任，诸如北京大学中文系的姜涛、孙玉石、吴晓东、洪子诚，中国人民大学文学院的程光炜，首都师范大学文学院的王光明、张桃洲、吴思敬，以及中国社会科学院文学研究所的刘福春。作品从1917年选起，大致以十年为间隔，各成一卷：1917—1927、1927—1937、1937—1949、1949—1959、1959—1969、1969—1979、1979—1989、1989—2000。另有理论卷与史料卷各一册。

② 该书由长江文艺出版社于2013年出版，洪子诚、程光炜两教授总其事，以诗作时期和诗人出生年代为各卷划分的主要依据，兼顾流派、风格、地域(包括港澳台地区)等因素，编选的诗作多达万首。编选工作涉及的学者及批评家较之“总系”则更多、更为广泛。作者的选择，自胡适始，至出生于1980年代的内地诗人终，从新诗发轫时期至新世纪，涉及三百余位诗人。

③ 该书由生活·读书·新知三联书店于2015年出版，洪子诚、奚密两教授总其事，吴晓东、姜涛与冷霜三位学者、批评家(后两者本身也是诗人)参与编选，涉及新诗史百年来大陆及港澳台的百余位诗人。体例上，编选者为每位诗人撰写了简介及导读，并于作品之后附录了其历年出版诗集的目录。

④ 参见《文艺争鸣》2017年第8期与第9期，两组文章总计有18篇。

它的“百岁”之期，既不孤独，甚至可谓热闹非凡，何来“百年孤独”与“万古愁”之说？

谈论新诗时引入“百年孤独”与“万古愁”的说辞，并非在这两个词的原始语义层面（或以术语的方式）来使用它们，而是用其象征意义。它们分别出自两位当代诗人的诗作，臧棣（1964—）的《新诗的百年孤独》[①]，以及张枣（1962—2010）的十四行组诗《跟茨维塔耶娃的对话》[②]。这是两首与“诗”这个主题本身有关的“元诗”，前者“诗意”地谈论了新诗百年以来的命运；后者则借由与茨维塔耶娃（Марина Ивановна Цветаева）进行的“对话”，关涉处于汉语新诗进程中的那个“作者”之所面对的基本精神境遇。换言之，前者关联的是百年来新诗的历史境遇，后者关联的是新诗史上个别优异的作者所要处理的精神主题。

与“百年孤独”的说辞正好相反，前述基于百年之期的到来而于新世纪推行的各式“总结”行为，在效果上来说，使得处于现场的新诗被迅速拽入一个历史性的视域：人们要在百年的时间在线，对它的历程及具体出产物，加以审视、总结与辨析；并在这个过程中，进一步经典化部分作家和作品。从动机上来说，这个正处于“进程”中的、自诞生之时以“新”来赋名的文体，在类似于百年之期这样的时间节点上，期待获得某种长效的（文学史的或经典化的）确认，恰恰说明了它在自我意识上的“孤独”——借用贺桂梅在《百年新诗选》出版座谈会上的发言：“新诗已有百余年的历史，但在现代文学的各种文体中，到今天只有诗歌前面还带着一个‘新’字，这说明它有一种自我确认的紧张感。”[③]那么，新诗的这种可谓“与生俱来”的“自我确认的紧张感”，

① 该诗在公开刊物的发表，见于《诗刊》2004 年第 9 期，后收入臧棣的个人诗集及诸如《中国新诗百年大典（第 19 卷）》之类的总结性质的选本。

② 张枣《春秋来信》，文化艺术出版社 1998 年版，第 106 页。

③ 洪子诚等《世纪视野中的百年新诗》，《读书》2016 年第 3 期。

贯穿于这一百年历史的始终，恰恰是如今对它的纪念的热闹背后，新诗真正的“孤独”。因为，时刻让自己处于一种“常新”的状态，其实意味着在一定程度上拒绝被总结和归纳，或者拒绝在短时间内沉淀出某种适合被纳入现成话语体制内的特质。在这个意义上来说，“新诗的百年孤独”就是新诗对自身使命的担当：朝向未来与未知，朝向可能性而非确定性。这种敞开的可能性首先意味着思想和语言双重的“不安全”。

当然，诉之于诗（而非论述）并不是谈论新诗自身命运的最清晰方式，但或许是最富意味的方式，因为它借助了隐喻——言辞的晦暗，而新诗百年来的命运亦可谓“曲径通幽”——“血脉”先天不足，“革命”未竟全功，“成长”屡经动荡，却最终得益于时代、环境和语言的三重加持，而朝向了更多的可能性。并且，历经八十年代的“文化启蒙”时期、九十年代的“多元”格局，历经活跃于不同时期的诗人的迭代与共存，在新世纪具有“共享”意味的互联网语境下迎来更为丰富的远景。虽然如此，臧诗的第三节依然直陈了他对新诗历程的理解：

> 它解雇了语言，/理由是语言工作得太认真了。/它扇了服务对象一巴掌。它褪下了/格律的避孕套。它暴露了不可能。

新诗的诞生，与现代中国主体意识的生成与确立可谓同构。这种同构性的表征之一即是，作为一种新的文体或艺术门类，汉语新诗从其受造伊始，即迫切地关切起自身的境遇和地位。中国社会及汉语由前现代朝向现代的艰难转型中，新诗以及最初的一批新诗的作者，都强烈地意识到了那个“自我”的存在，并借由对它的强化，试图确立起一个强悍的主体性。这个主体性在确立的同时，拥有了不依赖既定语言而存在的强力意志。臧诗所谓的“解雇了语言”，正确的理解应该是“解雇了既定的语言”即传统诗歌美学所认定的那种“诗的语言”——它“工作得太认真了”，以致出现了什么能入诗、什么不宜入诗的禁忌，而新诗自诞生起最重要的自我赋权却是“有什么材料，做什么诗；有什么话，说什么话”①。

基于通行的说法，汉语新诗始于胡适等文化新人的集体“尝试”，他们舶来新诗体，从我国旧有的诗体中突围，标举“新诗”，认为这个“中西艺术结婚后产生的宁馨儿”②会面临艰难长成的境遇，要在夹缝中生存和壮大。于是，他们在通过尝试新文体以建立一种新的文化的同时，就分外注意新诗的“自我确认”问题。而这种紧张感的产物之一便是，为了使自己区别于其他，“趋新”便成了新诗生长的根本动力和命定责任。一方面来说，强化作为文体的“新诗”的主体性并通过创作实践与理论论争的“双管齐下”，以期艰难造就；另一方面，鼓吹它与旧有汉语诗体式的不同，将后者这个“假想敌”暂时或策略性地设立为真正的敌人，用“诗体大解放”名义来“不破不立”，明确自身边界和文化使命。

奠定如此基石后，新诗方才初具“日日新”的气象，历经可谓巨变的二十世纪，来到了新世纪。这个时间节点让新诗的“从业者”激动不已，无论诗人或批评家，还是研究者或诗歌媒体从业者，仿佛都将它的“百岁”视为值得纪念的特殊时刻，由此生发出对它那值得无限期许的未来的憧憬。《古诗十九首》里说“生年不满百，长怀千岁忧”，在时间与历史的视域内，新诗如今已算生年满百了，除了朝向未来的“趋新”情结——这或许也能算千秋之忧的一种表现——新诗的自我认知与内在辩难要更进一步，因为还有人惦记着“万古愁”——这个被新诗作者用来指代汉语古典诗传统的词，传诵最广的出处来自李白的《将进酒》。

---

① 胡适《答朱经农》，《新青年》(第五卷第二号)“通信”栏，1918 年 8 月 15 日。

② 闻一多《〈女神〉之地方色彩》，《创造周报》(第五号)，1923 年 6 月10 日。

张枣《跟茨维塔耶娃的对话》中涉及这个关键词的有两段：

> 我天天梦见万古愁。白云悠悠，/玛琳娜，你煮沸一壶私人咖啡，/方糖迢递地在蓝色近视外愧疚/如一个童仆。他向往大是大非。……
>
> ……是的，您瞧，/没在弹钢琴的人，也在弹奏，/无家可归的人，总是在回家：/不多不少，正好应合了万古愁——//呵大人，告诉我，为何没有的桂树/卷入心思，振奋了夜的秩序？

九十年代以来尤其突出于新世纪的活跃于汉语诗坛的新诗作者，在汉语古典资源（主要是古典诗的资源，以及古典思想作为精神背景的资源）的援引或征用方面，往往会对具体对象作主观性的认定，使得它在被使用的时候，通常溢出原始语境而被赋予了新的象征意义①。“万古愁”的使用就是一个显例，在张枣的诗中，它不只是古典诗人笔下需要借酒浇愁、绵延万年的生之愁绪/苦闷，还是现代诗人——一个工业文明笼罩下的现代人兼诗人——用来理解他自身在不同文明中的处境，以及他所用以书写的语言在时间中的处境。

对于张枣而言，一方面是与茨维塔耶娃的“跨国”对话，两种诗、语言与文明的对话；另一方面是在这种中/西对话中溢出的时间体验——被梦见与被应合的“万古”愁绪，对应的是时间的维度，是古/今的维度。就这首诗的具体语境来说，“万古愁”或有具体所指，譬如“无家可归的人”对归属感、对所谓“夜的秩序”的追求；对于其引申义来说，“万古愁”可以被理解为，新诗对其自身交缠于中/西、古/今这两组对照关系下的命运的观照。这种“命运”的纠缠，除了新诗草创

① 诗人方面的例子，包括但不限于柏桦（1956—）、张枣、陈东东（1961—）、陈先发（1967—）、杨键（1967—）、朱朱（1969—）等等。涉及以上诗人对汉语古典资源的援引及征用课题的论文不在少数。

时期就其“血统”问题展开的诸多论争外，以及三四十年代一些诗人与理论家建构的诗学理论或体系外[①]，于创作实践及理论探讨最热切的阶段，当属九十年代以来的新诗的“沉潜”时期，而又以新世纪为甚。从这个意义上来理解的话，“万古愁”恰恰体现了朝向“未来”、因“趋新”而“百年孤独”的汉语新诗于时间尺度上的另一维度：如何处理新诗同“过去”的关系，尤其是基于新诗本位如何来理解汉语古典诗数千年来的基本线索——这种理解还不仅仅依赖于单向度的古/今视域，还同时混杂了新诗及身而来的中/西背景。

以上对张枣诗中“万古愁”的理解或许会被视为牵强附会。但臧棣《可能的诗学：得意于万古愁》[②]里谈到对“万古愁”的理解，或许能为以上的强作解人提供某些有益的参证。这是基于作者诗作《万古愁丛书》撰写的创作谈，诗是为纪念张枣而作。臧棣在文中谈了对张枣诗中“万古愁”这个提法的理解：

> 他敦促我关注，诗歌主要的任务之一，就是对付万古愁。……从万古愁身上，我们应该能梳理出汉语诗的最独特的线索。能不能这样设想，我们的诗学有可能重新被万古愁激活……而对东方的想象力而言，万古愁是可用日常的物品来消除的。但有趣而又诡异的是，这种消除并不是一种彻底的了断，它只是一种短暂的但却高度有效的精神上的自我克服。……万古愁，是汉语诗永远的背景。人生最大的分寸就是“人生得意须尽欢”。

① 譬如废名在北大宣讲的新旧诗特质比较，卞之琳的“化欧化古”说，梁宗岱象征主义诗学里对域外资源的辨析，以及袁可嘉的新诗现代化理论，等等。

② 臧棣《可能的诗学：得意于万古愁——谈〈万古愁丛书〉的诗歌动机》，《名作欣赏》2011 年第 15 期。

臧棣的如是理解，或许同样与张枣这首诗的原意有悖，但它无疑提供了一个更为积极的线索，譬如，如何来理解“万古愁”这样一个极具古典意味的意象之于现代诗的意义——在它所贯通起的那个“传统”里，古典诗和新诗于精神血脉而言，并无隔阂，甚至前者中的某些元素——譬如“万古愁”——干脆就是“汉语诗永远的背景”。二十一世纪以来的趋势确实如此——古典传统与新诗小传统之间的隔阂在诗界的理论生产与创作实践中日渐消弭。新诗当初以古典诗学的背叛者形象而得自立的局面，从一开始看就可能是一个“假象”（当时即有不少调和论者，并不认同“文学革命”的姿态，而试图以一种更为温和的文化姿态来处理新诗体与旧诗体之间的关系）——二十一世纪以来的趋势只不过再次确证了这个事实。

就张枣诗学的荦荦大端而论，“知音”与“对话”或许是两个更为重要的关键词。这两个词或许还不必加以区分，它们共同构成了张枣诗学的基本面，即所谓“对话知音诗学”。而“知音”作为一个古典文化的概念，在张枣个人的诗学谱系里已然接受了现代性改造，即所谓“现代人如何在一种独白的绝境中去虚构和寻找对话和交谈的可能性”①。初步看来，张枣经常在诗文里显露出遭遇知音的喜悦，而他的人生传奇与友谊也实际上在证成这种精神领域的预期。然而，颜炼军对张枣“对话知音”情结的分析或许更接近张枣言说的真相——诗人在作品与现实世界塑造的“知音”传奇被批评家和读者“视之为孤独的现代诗心塑造的说与听的典范”②，与此同时，“古典式的知音之难”依然幽灵般影响着这颗现代诗心，以至于“因流亡与孤独而如此沁甜的诗人张枣，在启用该观念时，一定深谙其悲剧性”。

---

① 张枣著，颜炼军编选《张枣随笔选》，人民文学出版社 2012 年版，第 23 页。

② 颜炼军《诗歌的好故事——张枣论》，《文艺争鸣》2014 年第 1 期。句内引文同此出处，不赘。

正是在这个意义上，张枣诗中对“对话”模式的迷恋，恰恰是知音情结的另一个面向——孤独。

与茨维塔耶娃这样的“古人”对话，表面上看同样是“知音”的一种特殊体现，本质上却是自语的“孤独”，因为它的对话模式出于自我设置，是单向度的言说与倾听，而非真正的心灵交互的“沟通”。那么，倘若从这个意义上来理解张枣的话，“万古愁”或也可以纳入这样一个知音/孤独的谱系里来理解：所谓“万古愁”，就是对“知音”本质的悲剧性的不能释怀。它固然是一个经过了现代的理解力改造的新诗的诗学关键词，而其起源性的语境依然不可忽略：“与尔同销万古愁”——“与尔同销”的与、尔、同，不正是对话与知音？诗人之忧愁要销，只能寄望于有那么一个“尔”能“同”，寄望于“知音”和“对话”。

这是作为个体诗人的张枣的“万古愁”。引申到整个百年来的汉语新诗，它同样存在这样的“万古愁”——虽然“盛况空前”，它的“百年孤独”中到底“知音何在”？这其实是新诗发展至如今需要面对的核心问题。回到臧棣的说法，我们的诗学要能被这种萦怀于知音问题的“万古愁”所激活，必定面临如何理解新诗的“知音”的话题。这种寻求理解的冲动，是新诗之孤独的体现，也是它的内在动力。那么，在整个汉语文化中，新诗处于一个什么样的位置？它与古典诗传统之间有怎样的更加具体而非笼统的关系？它如何在面临其他文体的责难时自我辩护？在一般文化语境（相较于古典诗或其他艺术门类）中承担什么角色？在传播层面，它该如何像古典诗那样融入普通读者的理解当中？新诗自身（通过诗人的创作实践、批评家的阐述、选本的流通、个人诗集的出版、诗歌教育的推广等）对以上这些问题的回应，构成了这种“寻求理解”行为的基本面。这个基本面在二十一世纪以来，由于传播方式（比如互联网的介入）或出版生态（比如出版模式的变革）等因素的影响，获得了新的推进，深化了更多的可能性。

就新诗在新世纪的整体状况而言，于流行思潮、问题聚焦、诗歌批评、个体写作等多方面，呈现的趋势与走向似乎成了新诗史早期面貌的“反转镜像”。新诗早期创作与论争的领域所触及、讨论和深入过的某些话题，没有因为时间的流逝和观念的更新而消失，反而“卷土重来”，常谈常新。于是，新诗百年的历程呈现为语言、形式和观念的“衔尾蛇”（Ouroboros），绕了一圈，似乎回到了“起点”，但诗人与批评家们的劳作于跟进，又使得它拥有了“重新出发”的意味。

（作者单位：苏州大学文学院）

“民族形式”与中国问题

熊庆元

中共六届六中全会上，毛泽东对“民族形式”问题做了经典的论述。他说：

> 承继遗产，转过来就变为方法，对于指导当前的伟大运动，是有着重要的帮助的。共产党员是国际主义的马克思主义者，但马克思主义必须通过民族形式才能实现。没有抽象的马克思主义，只有具体的马克思主义。所谓具体的马克思主义，就是通过民族形式的马克思主义，就是把马克思主义应用到中国具体环境的具体斗争中去，而不是抽象地应用它。①

毛泽东的这一论述可谓影响深远，它直接引发了文艺界一场持续数年的论争，为数众多的文艺工作者不断围绕“民族形式”这一概

---

① 毛泽东《论新阶段》，《解放》第 57 期，1938 年 11 月 25 日，第 36 页。此处需说明的是，《论新阶段》一名与毛泽东在中共六届六中全会上所做的政治报告《抗日民族战争与抗日民族统一战线发展的新阶段》的题名有所不同，因引述的相关内容皆出于《解放》周刊发表的这一文本，为避歧义，下文凡提及该政治报告之处，一律称之为《论新阶段》。

念进行广泛而深入的阐述，论争延及全国[①]。从毛泽东的这段论述中，我们不难发现，此处“民族形式”的提法是与“马克思主义中国化”的理论和实践要求相一致的：学习理论是为了“把马克思主义应用到中国具体环境的具体斗争中去”，“承继遗产”是为了“指导当前的伟大运动”，因此，对于这一概念，我们必须进行历史的分析和理解。

“民族”和“形式”作为两大重要的现代政治范畴，始终延续在世界近代化（现代化）的历史发展脉络中。就中国近、现代史的演进来看，这两大政治范畴也不断经历着历史性的演变，常常以论争的方式调整或改变其外延与内涵。因此，中国二十世纪历次的理论论争，在一定意义上几乎都有其鲜明的政治向度。辛亥革命后，摆脱帝制的中国曾存在“五族共和”的理论表述，其内在于“民族主义”的理论范畴，随着一九二零年代中国共产主义革命的兴起，先前的“民族”概念开始寻求其自身新的政治内涵[②]。1927 年“国民革命”失败以后，中共的革命重心逐渐由城市转入农村，因缘于一九三零年代国共之间相异殊甚的政治实践，带有鲜明民族主义色彩的“民族”概念同中共的“阶级政治”诉求形成了强烈的张力，其在文艺层面则体现为当时国共之间关于“文艺大众化”和“民族文学”的论争[③]。就中国现代革

---

① “民族形式”一词来自苏联。历史地来看，它并非首先出现在中共六届六中全会的政治报告中，之前即已有人提到，因下文会述及相关史实，在此不赘。这里我仅重在指出《论新阶段》中关于“民族形式”的论述对其后围绕这一概念展开的理论论争所产生的直接而深远的影响。

② 比如，1928 年瞿秋白在《布尔塞维克》发表《世界革命中的民族主义》时就全面批判了孙中山的民族主义思想，指责其已沦为豪绅阶级的民族主义。（见《布尔塞维克》第 17、18 期，1928 年 2 月 13 日、19 日）

③ 国民党认为中共强调阶级而无视民族精神，中共则以对“大众”的阶级表述对抗国民党关于“民族文学”的“民族主义”论述。限于论题，不做展开，详见齐晓红《当文学遇到大众：1930 年代文艺大众化运动管窥》一文（载《文学评论》，2012 年，第 1 期）。

命史的自然赓续来看,尽管国共之间存在深刻的冲突,但它们基本都建立在一些共享的政治概念上,从这个层面讲,现代政治与革命政治的内在冲突构成了中国现代史的鲜明特征,二者勾画着不同的现代化进路、呈现出不同的共同体构想,亦绘制着不同的政治图景。然而,至1936年前后,中国文化界出现的“两个口号”论争使此前介于国共间的这些理论讨论的方式发生了阶段性的改变。这一论争主要围绕“国防文学”与“民族革命战争的大众文学”两个口号展开,其沿用了之前“文艺大众化”论战中基本的概念范畴,不同的是,在“大众”同“民族”和“阶级”的关系问题上,左翼内部却在此时产生了较大的分歧。在此,我们至少需要讨论两个相关的问题:一、为什么这一时期“民族”问题会重新浮现,它又为何会与“阶级”概念产生勾连;二、为什么“民族”与“阶级”的问题会出现在对“大众化”的延伸讨论中,何以左翼内部会因此而产生分歧。基于本文论旨,在此,我不准备详细介绍“两个口号”论争的具体情况,仅就其主要观点上的分歧略作说明。

1934年,“国防文学”首先出现在中国的《大晚报》上①。一年以后,周立波撰文重提这一口号,并认为“国防文学”是“解放民族的一样特殊武器”。在《关于“国防文学”》一文中,周立波指出,“国防文学”既非侵略的日耳曼主义,亦非“民族文学”的民族主义,而是与国际主义相配合以致力于中国民族解放的概念②。对“国防文学”的这

① “国防文学”这一说法最初被用来描述1930年苏联“赤卫海陆军文学同盟”(简称“洛卡夫”)所提倡的一种文学,其任务在于保卫社会主义国家与世界和平。1934年10月2日,在“大众语”论战中,《大晚报》登载了《“国防文学”》一文(作者署名为“企”),这一说法始在中国出现。见中国社会科学院文学研究所现代文学研究室编《“两个口号”论争资料选编》(上),人民文学出版社1982年版,第1—2页。

② 周立波《关于“国防文学”》,《时事新报·每周文学》,1935年12月21日。见《“两个口号”论争资料选编》(上),第3—4页。

些表述似乎鲜明体现出其与国民党“民族文学”论之间的分野。但随着讨论的深入，这一概念却遇到了挑战。我们知道，在二十世纪三十年代文学与语言的大众化论争中，左翼知识者对工农大众立场的坚持一方面是通过同国民党民族主义文学之法西斯性质的对峙来确立的，一方面亦通过所谓“民族即绅商”（瞿秋白语）的阶级论述来完成。及至“国防文学”提出，相关的理论阐述中对“民族”的界定开始发生变化，其更多指向了“中华民族”的概念，而不仅仅局限于此前单纯的阶级论述。然而，随着历史的发展，与“国防文学”相关的理论阐述却日见复杂，到“民族革命战争的大众文学”这一口号提出时，“大众”究竟指“人民”还是“工农”已经成为一个问题。

“民族革命战争的大众文学”这一口号最先是由鲁迅授意胡风提出的。在发表于1936年5月的《人民大众向文学要求什么?》一文中，胡风写道，“‘民族革命战争的大众文学’是统一了一切社会纠纷底主题的”，但他同时又强调这一口号“应该说明劳苦大众底利益和民族利益的一致，说明在民族革命战争中谁是组织者，谁是克敌的主要力量，谁是自觉的或不自觉的民族奸细”，“并不是解消了那些主题”①。由此可见，“民族革命战争的大众文学”这一口号的提出虽在相当程度上承认民族危亡的严峻情势下必须阶级矛盾服从民族矛盾，但它显然更重在强调不能因此而消泯阶级立场。所以，该口号一经提出便立即遭致“国防文学”论者的强烈不满。胡风的文章发表后不久，周扬便写作《现阶段的文学》一文予以驳斥。文中，周扬重申了“国防文学”的“全民族性”向度，认为其更符合1935年瓦窑堡会议上中共所提的“抗日民族统一战线”原则，而“民族革命战争的大众文学”将“工农大众文学”视为“民族革命的文学”的做法是“不了解民族

① 胡风《人民大众向文学要求什么?》，《文学丛报》第3期，1936年6月1日。见《“两个口号”论争资料选编》（上），第215—216页。

革命统一战线的重要意义”[①]。周扬将“国防文学”与“民族革命战争的大众文学”这两个口号完全对立起来的观点很快便遭到鲁迅的反对。鲁迅指出：

> 民族革命战争的大众文学，是无产阶级革命文学的一发展，是无产阶级革命文学在现在时候的真实的更广大的内容。……新的口号的提出，不能看做革命文学运动的停止，或者说‘此路不通’了。所以，决非停止了历来的反对法西主义，反对一切反动者的血的斗争，而是将这斗争更深入，更扩大，更实际，更细微曲折，将斗争具体化到抗日反汉奸的斗争，将一切斗争汇合到抗日反汉奸斗争这总流里去。决非革命文学要放弃它的阶级的领导的责任，而是将它的责任更加重，更放大，重到和大到要使全民族，不分阶级和党派，一致去对外。这个民族的立场，才真是阶级的立场。[②]

我们发现，鲁迅这段论述的目的似乎并不在于反对“国防文学”，而是为了指出这一口号在突出“抗日民族统一战线”意义的同时可能存在忽略文艺阶级性的政治倾向。这一观点值得玩味，从此后的历史发展来看，它也极富先见性。事实上，对“两个口号”论争的政治意义的理解同样不能脱离政党政治的历史维度。1936 年底，左翼内部关于“两个口号”论争正酣，而国民党却再度重提“民族文艺”。在官方颁布的《文艺宣传要旨》中，国民党以“两个口号”是“以宣传民族革命为烟幕，而以鼓吹阶级斗争为目的”为由，严禁对其进行引用和刊

---

① 周扬《现阶段的文学》，《光明》第 1 卷第 2 号，1936 年 6 月 25 日。见《“两个口号”论争资料选编》(上)，第 355—356 页。

② 鲁迅《论现在我们的文学运动——病中答访问者》，《文学界》第 1 卷第 2 号，1936 年 7 月 10 日。见《“两个口号”论争资料选编》(上)，第 9—10 页。

登[①]。国共双方这一时期同时诉诸对"民族"的讨论且在"两个口号"问题上表现出截然不同的态度,生动地表明"民族"概念已成为此时政治争论的焦点。以国民党论,"民族文艺"的提出不过只是其先前"民族文学论"的翻新,民族主义的意识形态一仍其旧,而其对"两个口号"的"辟斥"也仅仅停留在以民族主义反对阶级叙述。就左翼而言,"两个口号"论争的根本分歧则在于"民族"与"阶级"的关系问题:伴随着日本入侵之后日益深重的民族危机,"民族"与"阶级"究竟是对立还是具有某种一致性变成了理论论辩的核心,亦即是完全拥抱统一战线而不提阶级斗争,还是以民族利益为重但仍强调阶级斗争的必要性。而鲁迅所谓的"这个民族的立场,才真是阶级的立场"恰恰是要澄清这两大概念之间的辩证关系,并将此前"大众化"的文化和政治诉求在新的历史条件下继续向前推进。因此,其一方面强调历史的延续性,即左翼的阶级立场:"民族革命战争的大众文学,是无产阶级革命文学的一发展,是无产阶级革命文学在现在时候的真实的更广大的内容",一方面又突出"抗日民族统一战线"这一新的历史条件下阶级斗争的具体表现:"将斗争具体化到抗日反汉奸的斗争,将一切斗争汇合到抗日反汉奸斗争这总流里去"。

我们知道,"两个口号"论争中周扬与鲁迅、胡风之间的对立常被解读为后来王明同毛泽东"路线之争"的前奏,而后者在一定意义上则被看作"民族形式"论争的起由。从上文毛泽东对"民族形式"的表述中,我们不难发现,其"民族"概念似乎并未完全溢出鲁迅等人在"两个口号"论争中的具体阐述,那么,中共为何要在这一时期使用"民族形式"的概念并就此展开其后长达数年的理论论争呢?

中共对"民族形式"概念的采用,在我看来,至少基于以下几个方

① 中国国民党中央执行委员会宣传部编印《文艺宣传要旨》,1936 年 12 月。转引自倪伟《"民族"想象与国家统制——1929—1948 年南京政府的文艺政策及文学运动》,上海教育出版社 2003 年版,第 229 页。

面的原因。首先,尽管这一概念仍延续了此前“两个口号”论争中对“民族”这一政治范畴的重新界定以及由此而产生的新的历史理解,但它却是与“形式”问题相连带的,在具体的表述中,“民族形式”始终是一个固定的概念,其与“国际主义的内容”相对应,“民族”与“形式”并未被分而述之。就《论新阶段》一文来看,毛泽东在提到“民族形式”概念后,紧接着写道:

> 马克思主义的中国化……即是说,按照中国的特点去应用它,成为全党亟待了解并亟须解决的问题。洋八股必须废止,空洞抽象的调头必须少唱,教条主义必须休息,而代之以新鲜活泼的、为中国老百姓所喜闻乐见的中国作风与中国气派。把国际主义的内容与民族形式分离起来,是一点也不懂国际主义的人们的干法,我们则要把二者紧密地结合起来。①

如前所述,“形式”是一个重要的现代政治范畴,历史上围绕“形式”问题所展开的争论大多都基于不同的意识形态背景且有着各自相应的政治诉求,而马克思主义的“形式观”自其诞生之初便从未摆脱社会与历史的向度,“形式”始终是被放在“政治—文化”“历史—美学”的关系中来加以阐述的②。自五四以来,“形式”的变革一直是中国革命

---

① 毛泽东《论新阶段》,《解放》第57期,第37页。

② 历史上,马克思主义对于“形式”的这种观点乃是与资产阶级的“形式主义”(Formalism)形式观相对立的,然而在20世纪索绪尔结构主义语言学诞生以后,马克思主义的“形式观”发生了一定的变化,其在相当程度上吸收了结构主义的一些论述,尤其在它与俄国“形式主义”的关系问题上,产生了许多的讨论。这一情形在20世纪西方马克思主义的脉络中日见其彰,故有学者认为要理解20世纪西方马克思主义的问题,必须进入它与结构主义的复杂脉络之中才能看清。这一方面的讨论尤以詹姆逊(F. Jameson)为代表,可参考其《马克思主义与形式》《政治无意识》等著作,此不赘。关于西方哲学中“形式观”的演进问题,则可参看赵宪章《形式的诱惑》等。

的重要组成内容之一，它绵延在漫长的革命历史进程中，不断因应着新的历史条件而进行政治性的辩论和调整。一九三零年代以来，随着中共的政治实践不断深入农村，源自民间的“旧形式”自然获得了更多的关注。与主要集中在城市的“文艺大众化”论争激烈抨击“旧形式”的做法不同，中共苏区的文艺实践——因与农村的联系更为紧密和直接——对“旧形式”的态度则显得相对温和。至二十世纪三十年代中后期(尤其是全面抗战爆发以后)，随着民族危机的加剧，“利用旧形式”的文艺实践活动开始出现并进而引发了与此有关的文艺论争。

“利用旧形式”的文艺实践大约出现在 1937 年，紧续着“两个口号”论争的余波。抗战的全面爆发迫切地要求文化工作者加大宣传的范围和力度，于是，为争取更多的读者，这一时期便出现了大量利用旧形式的通俗作品，并形成了相当程度的通俗文艺运动①。《文艺阵地》和香港《申报》等报刊相继刊登了许多民间形式的文艺作品。同时，不少社团和宣传部门也开始组织通俗文艺的写作，如通俗读物编刊社、抗到底社、教育部民众读物组等。随着“利用旧形式”这一通俗化、大众化的文艺实践的范围不断扩大，文化界由此而产生了关于“利用旧形式”的讨论。1938 年 2 月 28 日，延安《新中华报》登载了两篇文章，分别是刘白羽的《关于旧形式的二三意见》和莎寨的《利用旧形式》，应该说这是文化界关于“利用旧形式”讨论的先声②。随

① 比如，穆木天、赵景深写过鼓词(如赵景深的《平型关》)，张天翼、艾芜、沙汀写过演义(如三人共同执笔的《芦沟桥演义》)等。老舍也曾追述其这一时期的创作实践：“我开始写通俗读物，那时候，正当台儿庄大捷，‘文章下乡’与‘文章入伍’的口号正喊得山摇地动。我写了旧形式新内容的戏剧，写了大鼓书，写了河南坠子。甚至于写了数来宝。”(《抗战文艺》，第 7 卷第 1 期，1941 年 1 月 1 日，第 77 页)

② 刘白羽认为文艺的作用应是朝向大众的，其在目前的任务要求文艺工作者去运用“旧形式”；而莎寨则认为形式是由内容决定的，不能脱离内容而空谈形式，因此利用旧形式的最终目的是要吸取其本质的精华而创造新形式。

后，这一年4月，在汉口，胡风与“七月社”的成员举行了“宣传、文学、旧形式的利用”座谈会。5月，针对“七月社”之前这场座谈会的相关内容，“通俗读物编刊社”召开“旧瓶装新酒”创作方法座谈会进行讨论，对胡风、艾青等人的观点加以辩驳[①]。可见，至1938年中期，“利用旧形式”已成为理论讨论的中心问题之一[②]。而这一理论论争也恰恰是在此时——讨论最为热烈之时——出现了新的变化。1938年7月，周文开始撰文批评“利用旧形式”的提法，认为“利用”一词欠妥，并以“地方形式的革新”代之[③]。随后，陈伯达发表《论文化运动中的民族传统》一文，在讨论“通俗化”运动时也着重强调了“地方化”的问题：“‘通俗化’运动……不但需要‘中国化’，而且还要加上‘地方化’，我们需要能善于具体地利用各地方的旧文化形式，以适合于各地方民间的需要。”[④]不过，他更重在指出应将“利用旧形式”推广为一场普遍的文化运动：

> 本来关于利用旧形式这个工作是已有人在那里做了。考古学家顾颉刚先生所主持的‘通俗读物编刊社’在这方面曾做过不少的工作。但是，利用旧形式的工作，实是还没有成为普遍的文

---

① 《关于“旧瓶装新酒”的创作方法座谈会记录》，《中国新文学大系(1937—1949)·第二集》(文艺理论卷二)，上海文艺出版社1990年版，第93—102页。

② 后来，周扬在其《对旧形式利用在文学上的一个看法》一文中就曾写道：“旧形式利用问题，成了抗战以来文艺界讨论最多的一个题目。”(载《中国文化》第1卷第1期，1940年2月5日)

③ 周文《唱本——地方形式的革新》，《文艺阵地》第1卷第6期，1938年7月1日。事实上，早在1934年，鲁迅在其讨论“旧形式”的文章中就曾避免使用“利用”一词，而代之以“采用”。(鲁迅《论“旧形式的采用”》，原载《中华日报》1934年5月4日，后收入《鲁迅全集》第6卷，人民文学出版社1981年版)

④ 陈伯达《论文化运动中的民族传统》，《解放》第46期，1938年7月23日，第27页。

化运动。……毫无疑问，由于抗战动员的需要，利用旧形式的问题最近已更进一步地引起了全文化界的注意，而且最近正有不少人已开始被牵动到这方面来工作。这个潮流将是不可遏制的，现在就是要推动这工作成为最普遍的文化运动。①

显然，周文和陈伯达此时都已意识到“利用旧形式”在其理论和实践层面的问题，但解决路径并不完全一致。然而，有意思的是，以陈伯达和周文为代表的这些互有差异的意见，最终却都被纳入了“民族形式”讨论的主题范畴，其主要集中在对“旧形式”及“利用旧形式”论争的讨论（如艾思奇的《旧形式运用的基本法则》②、陈伯达的《关于文艺的民族形式杂记》③、周扬的《对旧形式利用在文学上的一个看法》以及茅盾的《旧形式·民间形式·与民族形式》④等文），也曾提到“地方形式”的问题⑤。从这个层面来看，我们似乎可以说，恰恰

① 陈伯达《论文化运动中的民族传统》，第28页。

② 艾思奇《旧形式运用的基本法则》，《文艺战线》第1卷第3期，1939年4月16日。

③ 陈伯达《关于文艺的民族形式杂记》，《文艺战线》第1卷第3期，1939年4月16日。

④ 茅盾《旧形式·民间形式·与民族形式》，《中国文化》第2卷第1期，1940年9月25日。

⑤ 比如，杜埃在《民族形式创造诸问题》中就写道：“我们要在这些各个不同的地方形式中，找出它们之间的共通性，全国性，这才是完整的民族形式。”（香港《大公报·文艺》，1939年12月11—12日）不过，论争中直接使用“地方形式”一词的文章并不多，使用更为频繁的是“地方性”或“艺术上的地方性”等，如宗珏在《文艺之民族形式问题的展开》一文中说：“最有地方性的东西，在民族生活的深广的意义上说，也就是最有民族性。”（香港《大公报·文艺》，1939年12月12—13日）而柯仲平在《介绍〈查路条〉并论创造新的民族歌剧》一文中则写道：“在乡村的活动，艺术上的地方性，是被提到首要的地位上来。”（《文艺突击》新1卷第2期，1939年6月25日）

是“利用旧形式”论争的历史局限直接催生了此后“民族形式”的讨论[①]。然而，这一观点却仍不够充分，它并不能解释为什么 1938 年中共召开六届六中全会时要以政治报告的形式对其加以阐述。

中共对“民族形式”概念的采用显然不只是为了处理此前“利用旧形式”的文艺实践和讨论所遗留下来的问题。从前文引述的内容中，我们不难看出，在“旧形式”之外，这份报告同时还提到了“洋八股”“空洞抽象的调头”“教条主义”等问题，而这些都与此次政治会议所要回应和处理的历史问题有关。因此，历史地来看，中共六届六中全会上，“民族形式”首先是被作为政治概念来使用的。但是，问题还不止于此，我们进一步要问的是，这一政治的概念为什么会在 1938 年的 10 月被提及。而要回答这个问题，我们就必须先对中共六届六中全会召开的历史契机有一个相对清晰的认识。

六届六中全会的预备会议大概在 1938 年 9 月的中旬即已召开，其最直接的一个动因来自战时中共与共产国际的关系。由于对中国国内抗战的实际形势缺乏了解，当时的斯大林和共产国际认为因中共与中国工人阶级的力量明显不足，抗战主要仍应依靠国民党。因此，他们强调中国须参照西班牙内战的经验，在国共合作的基础上促成全国抗日民族统一战线的建立，国共双方不应存在谁领导谁的问题，“一切服从统一战线”，“一切经过统一战线”[②]。于是，1937 年 11 月底，共产国际便派遣时任中共驻共产国际代表、共产国际执委、主

---

① 这也是现今讨论“旧形式”与“民族形式”之关系时所普遍采取的观点。可参见石凤珍《从“旧形式”到“民族形式”》（载《西南民族大学学报》（人文社科版）2006 年第 3 期）、毕海《延安对“五四”新文艺的重审及其意义：以“民族形式”论争为中心》（载《现代文学研究丛刊》2013 年第 9 期）、张黎《“民族形式”：1939—1942 中国文学“现代性”方案的新想象》（载《中南大学学报》（社会科学版）2011 年第 10 期）等文。

② 中国社会科学院近代史研究所编译《共产国际有关中国革命的文献资料》（第 3 辑），中国社会科学出版社 1990 年版，第 19 页。

席团委员与候补书记的王明回延安贯彻推行它的“新政策”。王明刚到延安即召集中共领导层在 12 月 9 日至 13 日迅速召开了一次中央政治局会议，会上，王明高调传达了共产国际对中国抗战“统一战线”之现实任务的指示，随即与中共中央领导层发生激烈的摩擦，不久便离开延安赴武汉任中共中央长江局书记[①]。在武汉期间，王明仍力主推行共产国际关于“统一战线”的上述“政策”，完全罔顾中国抗战的具体形势，奉行右倾投降主义路线，犯了教条主义的错误，与延安方面所坚持的独立自主原则分庭抗礼，这一情况愈演愈烈，一直持续到 1938 年 9 月，前后长达近十月之久[②]。正是基于这一政治背景，中共遂决定于 1938 年秋召开六届六中全会，集中处理党内所存在的上述问题，进一步统一思想以免政党分裂之虞。由此我们便不难理解何以《论新阶段》在阐释“民族形式”时要把它同“马克思主义中国化”相关联而与“洋八股”“空洞抽象的调头”和“教条主义”对立起来。然而，这也只是问题的一个方面，并不能被视为这一时期中共提及“民族形式”概念的全部原因。

事实上，1938 年 10 月之所以会提“民族形式”，还与另一个重要因素有关，即由国内抗战情势的发展所引发的一系列经济、政治和文

---

① 王明前往武汉的时间是在 1938 年 12 月 23 日。关于王明在延安的相关史实，可参考李东朗《王明到达延安之后》(载《百年潮》2001 年第 11 期)等。

② 李德(即奥托 · 布劳恩)就曾将王明的武汉时期称为“第二政治局”([德]布劳恩《中国纪事》，东方出版社 2004 年版，第 282 页)。关于这方面的内容，亦可参见查默斯 · 约翰逊的《农民民族主义和共产党的权力：革命中国的浮现(1937—1945)》(Chalmers A. Johnson, *Peasant Nationalism and Communist Power* (1937—1945): *The Emergence of Revolutionary China*, Stanford, CA: Stanford University Press, 1962, pp. 37 - 38)和片冈哲野的《中国的革命和反抗：共产党和第二次统一战线》(Tetsuya Kataoka, *Revolution and Resistance in China*: *The Communists and the Second United Front*, Berkeley: University of California Press, 1978, pp. 12 - 83)等。

化方面的变化。从抗战史的宏观角度来看，1938 年无疑有着极为重要的历史意义。一般来说，如果按照“自然史”的时间线索对中共延安时期做一个历史分期的话，它可以被简明分为“抗战”和“内战”两段，其中，以 1942 年为界又可将“抗战”再细分为两个部分：从 1937 年抗战全面爆发到 1941 年“皖南事变”前后基本可被视为“延安早期”，其第一个转折即发生在 1938 年。在通行的抗战史叙述中，1938 年常被作为中国由战略防御渐渐过渡到战略相持的一年，这一描述大抵是基于国内日军、国军与中共军队之军事力量的消长情况做出的。然而，1938 年的转折意义并不仅仅体现在军事层面，其内涵要丰富得多。

1937 年 12 月 17 日，蒋介石发表《我军退出南京告国民书》，国民政府从南京移至武汉，由此正式开启了近一年的武汉抗战时期(其一直延续到次年 10 月 27 日汉口、武昌和汉阳三镇失守)①。随着国民政府的西迁，华北、华东战区以及沦陷区的许多抗日救亡团体与民众开始纷纷涌向武汉，武汉一时成了全国抗战的中心。不久后，蒋介石为争取民心，将原行营政训处与军委会第六部改组为政治部第三厅，主要负责组织和指导相关的文化工作。1938 年 3 月 27 日，在国民政府中央宣传部副部长周恩来与第三厅厅长郭沫若等人的组织下，文艺界代表 97 人在武汉发起成立了中华全国文艺界抗敌协会，简称“文协”。楼适夷在其起草的《中华全国文艺界抗敌协会发起旨趣》一文中就“文协”的初衷与目标做了说明：“我们应该把分散的各个战友的力量，团结起来，像前线将士用他们的枪一样，用我们的笔，

---

① 初到延安的王明这时迫切要求前往武汉实际上也与国民政府西迁有关，在他看来，只有在国民政府所在地才有可能更好地促成国共合作，完成共产国际所委派的建立“抗日民族统一战线”的任务。

来发动民众，捍卫祖国，粉碎敌寇，争取胜利。”[①]作为在抗日民族统一战线的政治前提下较早成立的全国性文艺组织，文协在促进全国的战时文艺方面的确成效斐然，一方面，全国范围内重要的知识分子和文艺工作者齐聚麾下，另一方面，它也不断在全国各地建立分会，积极推动并带领组建群众性的救亡团体，据统计，至武汉失守以前，在文协协助下组织和建立起的群众救亡团体共有七八十个[②]。毋庸置疑，这一时期作为抗战中心的武汉已然形成了强大的文化聚合力。然而，战争的深入始终伴随着局部的或区域性的人员流动，甚至可能在某些时期造成文化和政治中心整体性的迁移。尽管武汉在沦陷敌手之前始终都是中国战时文化的中心，但 1938 年仍有为数众多的文艺工作者或知识青年迁离武汉。尤其在 1938 年 6 月“武汉会战”发生以后，越来越多的知识者和青年开始从全国各地涌向延安。由于延安在抗战爆发后少遇战事，加之中共有意识地对外宣传其与各解放区和平民主的政治、文化氛围[③]，在抗战最初的几年里便已形成相当可观的文化工作者与知识青年“来延潮”。1936 年“西安事变”到 1941 年“皖南事变”的短短数年间，数以万计的知识青年奔赴延安，至一九四零年代初，在延的知识群体人数已达四万余人。其中，“1938 年上半年一直到秋天可以说是一个高潮。那时的国民党对这

---

① 《中华全国文艺界抗敌协会发起旨趣》，《文艺月刊·战时特刊》第 9 期，1938 年 4 月 1 日。

② 武汉市档案馆、八路军武汉办事处旧址纪念馆、武汉图书馆合编《武汉抗战史料选编》，1985 年版，第 163 页。关于文协的史实梳理，可参考段从学《“文协”与抗战时期文艺运动》一书（北京大学出版社 2012 年版）。

③ 在此可略举两例。早在 1938 年 2 月，中共就发行了单册《陕北的群众动员》（系杨实所编，由扬子江出版社出版）对外介绍延安“群运”的相关情况。武汉陷落后，中共又立即发行单册《陕北的青年学生生活》（收入了罗瑞卿、成仿吾等人的文章，1938 年 11 月由上海建社出版），以介绍延安的高校和文化、教育建设为主，并贴出招生简章、说明来延的方法，等等。

一情况并未引起注意，所以对边区也没有产生什么阻碍，像 1938 年夏秋之间奔向延安的有志之士可以说是摩肩接踵，络绎不绝的。每天都有百八十人到达延安”①。这里提到的“1938 年夏秋之间”正是“武汉会战”之时，而直到 1938 年末，等待批准进入陕甘宁边区的青年学生据称仍有两万人②。

战局的转化不仅造成知识人及文化群体的地域性流动，它同时也导致了新的政治和文化中心的形成。显然，1938 年 10 月武汉失守之后，延安——相对于武汉而言——已经在相当程度上成为中国战时文化的中心。如果说毛泽东在这一年集中写作《抗日游击战争的战略问题》《论持久战》《战争和战略问题》以及《论新阶段》等一系列文章主要是因应中国抗战从战略防御过渡到战略相持的历史阶段的话，那么，他在《论新阶段》中提及“民族形式”的一个重要原因则在于促成文化界的理论论辩，以此构造新的文化政治，而这也进一步为此后政党在抗战文化中的主导地位的确立奠定了基础。所以，在这个意义上，可以说《论新阶段》对“民族形式”的论述首先提供的是一个政治视野，它是基于战时中国特殊的国情和时势而作出的政治理论表述，这恰恰是毛泽东的“民族形式”概念及由其引发的理论论争同之前诸多类似的文艺论辩的根本分野所在。

（作者单位：扬州大学文学院）

① 屈伯川《延安自然科学院史料》，中共党史资料出版社 1986 年版，第 384 页。据八路军西安办事处统计，1938 年 5 月至 8 月，经该处介绍去延安的知识青年共有 2288 人，而这一年获该处批准以进入延安的青年则已达到了一万多人（张正光、张远新《延安知识分子群体的概况、成因及其基本特征》，《云南社会科学》2009 年第 2 期，第 128 页）。

② Jack Chen, Why They Go to Yenan, Asia 39, no. 1 (January 1939), p. 28, cited in John Israel, Donald W. Klein, Rebels and Bureaucrats: *China's December 9ers*. Berkeley: University of California Press, 1976, p. 179.

《红楼梦》与徐枕亚的长篇小说创作

柏英杰

作为“鸳鸯蝴蝶派”的鼻祖，徐枕亚以小说著称于世，但他的禀赋却更近于诗人。他身处清末民初新旧交替的时代，青年时本有机会了解近代新学或参与社会革命，但他对这些都不感兴趣。他在虞南师范只接受了一年新学教育便肄业回家，在这一年里他对学业似乎也不怎么上心[①]，此后更是与新学断了瓜葛。这倒不是因为他思想陈旧，而是因为他对现实世界的变化并不在意，他更喜欢沉溺于自己缠绵凄恻的诗意世界中。他八岁学诗，弱冠时已积诗八百余首[②]，即使后来成了小说家，写诗也从未断绝。翻开他的《枕亚浪墨》一至四集，我们总会看到连篇累牍的诗词，往往以一个题目连作几十首，内容也总是花愁月恨、春悲秋感之类。

因为《玉梨魂》的一纸风行，他走上了小说家的道路，但他既对现实世界缺乏敏感，写作短篇小说还可以依靠一点见闻和想象，面对长篇小说时，便不知如何架构故事、刻画人心了。他的方法是选择一部他最熟悉的经典小说作为取法对象，这部经典小说便是《红楼梦》。

---

① 徐枕亚此时与族叔徐笑云、兄天啸、友双热结社吟诗，并集四人诗辑成《四痴酬唱集》，见《徐枕亚年谱》，周文晓编《徐天啸与徐枕亚研究资料》，远方出版社 2003 年版，第 50 页。

② 见《徐枕亚传略》，周文晓编《徐天啸与徐枕亚研究资料》，第 45 页。

在以往关于徐枕亚的研究中，绝大多数的研究者只关注《玉梨魂》《雪鸿泪史》两部代表作，其他的作品则少有人问津，在提及《红楼梦》和这两部小说之关系时，也往往只有只言片语。夏志清先生在《〈玉梨魂〉新论》[①]一文中认为《玉梨魂》“充分运用了中国旧文学中一贯的‘感伤—言情’传统”。该传统包括李商隐、杜牧、李后主的诗词，以及《西厢记》《牡丹亭》《桃花扇》《长生殿》《红楼梦》等戏曲小说，主要倾向在于将爱情中孤独、绝望、哀怨等痛苦情绪予以诗化或抒情化。该传统作品中的“最高级”情人既要具备“情、才、愁”，又守身如玉、道德纯洁，林黛玉就是“最高级”情人的典型。夏先生的观点可谓高屋建瓴、切中肯綮，理解了“感伤—言情”传统，就把握住了《玉梨魂》对《红楼梦》继承之核心所在。然而因为题目所限，夏先生并未对《玉梨魂》继承《红楼梦》之处详加分析，也未论及徐枕亚的其他小说。笔者认为，若论及《红楼梦》与徐枕亚长篇小说创作之关系，必先了解他对《红楼梦》的认识，这主要体现在他二十岁时所写的《红楼梦余词》[②](1908)中。本文拟在解读《红楼梦余词》的基础上，在人物形象、具体情节等方面，对徐枕亚的五部长篇小说中效仿和借鉴《红楼梦》之处加以细致地分析，以冀较为完整地展现徐氏长篇小说对《红楼梦》的继承和创新之处。

一

《红楼梦余词》(以下简称“《梦余词》”)共六十首，每一首以《红楼

① [美]夏志清撰，欧阳子译《〈玉梨魂〉新论》，《明报月刊》1985 年第 9、10、11 期。

② 《红楼梦余词》曾以“红楼梦题词”或“红楼梦题辞”之名发表于《小说月报》卷三第 4 至 12 期。后收入民国四年(1915)《枕亚浪墨》初版卷三(后来诸版皆删去)，附陈惜誓评及徐枕亚跋语。

梦》中的一人一事为题(如《元春省亲》《李纨教子》)。正如鲁迅所说,“才子看到缠绵”,这六十首词绝大多数吟咏的是儿女情事。

徐枕亚在《梦余词》跋语中写道:“自恨年才弱冠,潦倒青衫。人海茫茫,知音何在。茶余酒罢,取《石头记》偶一展阅,颇起遐思,深恐异日深陷情坑,为情所误。是编之作,盖欲持以为情场战胜之券,且欲留以作情关报晓之钟。”

这里的“知音”当是指理想中的爱侣。徐枕亚年轻时幻想的“知音”是林黛玉。他在《石头记题词序》中说:“仆也呱呱堕地,生带愁根;咄咄书空,少称狂士。具有痴情,略解书中旨趣;悠扬遐想,欲寻石上姻缘。”[①]在自传小说《雪鸿泪史》中,作者的化身何梦霞也自陈:“止平日读《石头记》,对于潇湘妃子颇富感情,然徒羡痴公子之艳福,未敢效癞蛤蟆作天鹅想也。”

他之所以以林黛玉为“知音”,跟他耽溺于哀愁的天性有关。十一岁元旦时,他有诗云:“愁人哪有随时兴,锣鼓声休到耳边。”[②]据好友陈惜誓回忆,徐枕亚少年时便“有时忧从中来,悲歌乌乌,于咽丧气,潦倒若系囚。旁人骇顾愕笑目为痴,君则与余益自喜。磋夫,君固世所谓穷愁之人也”[③]。《梦余词》中以黛玉命名的共有十二首,数量最多。这些词特别偏重于描摹黛玉的悲凉心绪,如葬花、吟秋、病春、题帕等等。可见徐枕亚对黛玉的爱慕之处正在于她的哀怨气质。另一方面,同是“愁人”,徐枕亚认为黛玉之“愁”来自玉身世之痛和爱情之苦,对此他有深切的认识。以黛玉命名的这些词是《梦余词》中最精彩的部分,如《黛玉题帕》《黛玉思乡》等词作往往不拘泥小说情

① 徐枕亚、吴双热编《锦囊》,民权报出版部 1912 年版。

② 见《雪鸿泪史》第一章作者自评,徐枕亚《雪鸿泪史》,大众书局民国二十八年(1939)三版。

③ 惜誓《赠徐枕亚序》,《民权报》1913 年 7 月 1 日第十一版,转引自潘盛《“泪世界”的形成——徐枕亚小说创作研究》,复旦大学 2009 年博士论文。

节，展开丰富的联想，但都非常符合黛玉的性格。故而陈惜誓评《黛玉思乡》曰“凄怆不可多读”，又评《黛玉思乡》曰“沉痛”。

《梦余词》中以宝玉命名的共有七首，仅次于黛玉，但是在《妙玉赠梅》《紫鹃试玉》《龄官画蔷》等词作中，宝玉也是主角，实际上宝玉在《梦余词》中所占篇幅较黛玉还多。徐枕亚认为宝玉是“多情”之人，也是“悟情”之人。所谓“多情”有两重含义，一是宝玉对众女儿多情，二是众女儿对宝玉多情。如《平儿理妆》《香菱易裙》描写的是宝玉对女儿用情，《宝钗拂蝇》《探春赠履》《宝玉品茶》则描写女儿对宝玉用情。对于宝玉之“悟情”，《梦余词》中有《宝玉砸玉》《龄官画蔷》《宝玉悟情》《五儿移爱》《宝玉逃禅》等作品，基本上将《红楼梦》中宝玉“悟情”的重要情节都题咏了一番。从这些词作中，我们并不能看出徐枕亚对宝玉的性格心理有什么认识。他写宝玉之“多情”，只是对宝玉“风流队里横行”的际遇非常羡慕，故而津津乐道，细细描摹。至于他写宝玉的悟情，需要和他写黛玉的爱情之苦结合起来看。《梦余词》以《黛玉焚稿》《宝玉逃禅》二首作为压卷是深有意味的。黛玉沉溺于感情，不可避免地走向了死亡；宝玉在情感中不断体悟，最后选择了逃禅作为解脱。徐枕亚指出，黛玉在临死之前依然执着于爱情，词中以黛玉的口吻写道：“生生死死痴如我，纵教泪点可成河，也难扑灭心头火。”而宝玉在逃禅后，则“一领烟霞长共，再不向烦恼场中寻梦”，走向了大彻大悟。陈惜誓在评语中称，宝玉的大彻大悟才是“情场战胜券，情关报晓钟”。

对于《红楼梦》中另外一位女主角薛宝钗，徐枕亚视她为宝黛姻缘的第三者，对她殊无好感。宝钗在《梦余词》中只占三首，《宝钗扑蝶》中称：“好事从教妒，芳春占已迟。无端扑散梦魂飞，嗔他上别枝。”从宝钗扑蝶这一少女嬉戏行为中，徐枕亚读出破坏好姻缘的意味。

袭人和莺儿也是徐枕亚不喜欢的人物。《梦余词》中，袭人只占了一首，就是《袭人试梦》，在词中徐枕亚颇含讽刺地评道：“不知狐媚竟是何人。”莺儿是宝钗的侍婢,曾为宝玉的通灵宝玉结过络子。在《莺儿结络》中,徐枕亚写道:“不惜功夫抛却,要络他牢。枉费心思巧,空教组织劳。去去大荒山下,自在逍遥。”显然徐枕亚认为莺儿结络这个情节有着双重的含义,莺儿不仅要络住通灵宝玉,还要帮宝钗络住宝玉本人,但是最后的结果却是“枉费心思巧,空教组织劳”。

至于《红楼梦》中其他女子,徐枕亚对她们的认识则非常模糊,《梦余词》把她们一律写成了林黛玉式的悲情女子。如《湘云咏絮》就把湘云偶然的诗情写成了:“断肠人写断肠词,别有惜花心事,苦立尽斜晖。”又如《探春征社》,大观园众女儿的青春诗情,在他看来竟是“诗成字字香泪”。《晴雯撕扇》《湘云眠石》等词作也是如此。虽说《红楼梦》中众女子皆有悲情的一面,但也并非一味地凄苦。但《梦余词》写她们的哀愁既不伦不类,又流于俗套。这也可见除了宝黛爱情悲剧,徐枕亚对《红楼梦》其他方面体会得不深,或者并未留意。

1913年《民权报》征集《石头记题词》,徐枕亚写了三首律诗(署名“东海三郎”)①,分咏宝、黛、钗三人。在这三首诗中,宝玉仍是一个“悟情”的形象(“去去大荒山下路,便随浩气返鸿蒙”),黛玉还是一副凄苦的模样(“九死痴魂难续命,一生苦恨是无家”),而宝钗彻底成了心机深沉的第三者(“聪明绝世却藏稜,腹剑森森列几层”)。时隔五年,他的观点基本未变。一个作家能写出什么,往往取决于他能在文学经典中看出什么。他的几部长篇小说故事内容基本上都是宝黛式的婚恋悲剧,小说中的男女主角也基本上以他对宝、黛、钗等人看法而加以塑造,具体情节上也多模仿自《红楼梦》。

二

1912年徐枕亚在担任《民权报》编辑期间创作了长篇小说《玉梨

---

① 徐枕亚、吴双热编《锦囊》。

魂》,这部小说取材于作者的一段恋爱经历。1909 年他在担任无锡西仓镇鸿西小学堂教员时,与学生的寡母陈佩芬产生了一段秘密的恋情。后来二人迫于外界压力不得已而分手。陈佩芬将她的侄女蔡蕊珠许配给了徐枕亚。《玉梨魂》中的何梦霞即是徐枕亚本人,白梨影即是陈佩芬,崔筠倩即是蔡蕊珠。一年后徐枕亚在《小说丛报》上连载了他的第二部长篇小说《雪鸿泪史》,《雪鸿泪史》是《玉梨魂》的重写本,较之《玉梨魂》增添、修改了许多细节,但主要人物和主体情节还是和《玉梨魂》相同,两部小说可以一并讨论。虽然作者本人一直承认这两部小说乃是依据他的真实感情经历所写,但一直以来人们对这段恋情的具体经过所知甚少。直到后来发现了徐枕亚与陈佩芬的来往书信和诗词,这两部小说的真实本事才大白于世①。从信札内容来看,这两部小说近乎实录,小说中的许多情节如赠兰、血书、小人构陷等都实有其事,甚至陈佩芬对徐枕亚的称呼就是"霞君""霞郎",蔡蕊珠在信函中的代称就是"木笔"(小说中以木笔花象征崔筠倩)。但小说对这段感情还是做了许多的虚构和修饰,在笔者看来这些虚构和修饰之处正体现了《红楼梦》对这两部小说的深刻影响。

首先,这两部小说的男女主人公以《红楼梦》中宝黛自居,这种心态既凸显了他们的"才、情、愁",也影响了他们相知而爱又恪守礼法的恋爱模式。

《玉梨魂》在介绍何梦霞时特意提到,何梦霞"于诸书中尤心醉于《石头记》",《石头记》是"弄才之笔,谈情之书,写愁之作",何梦霞也是"才、情、愁"兼具的人物,对林黛玉"悠然遐想,冀天下有似之者"。何梦霞还曾以《红楼梦》中的人物"各综其事迹,系以一诗,笔艳墨香,销魂一世",遭到友人轻微的嘲讽:"痴公子几生修到,君有忻慕心,以是因果,恐将跌入大观园里,受诸苦恼去也。"这一段虽然是徐枕亚的

---

① 参见时萌《〈玉梨魂〉真相大白》,《苏州杂志》1997 年第 1 期,以及《徐枕亚与陈佩芬往回函札》,周文晓编《徐天啸与徐枕亚研究资料》,第 81—110 页。

夫子自道，但也暗示了何梦霞心里以宝玉自居，以林黛玉为他理想中的爱侣，日后跌入情场皆缘于此。（在《雪鸿泪史》自评中作者也指出："[梦霞]实阴以宝玉自拟，而后日之奇缘会合，即胎于是。"①）

虽然何梦霞以宝玉自居，但作者并不打算把他写成另一个宝玉，何梦霞毕竟是作者本人的化身，作者要把他写成个"才、情、愁"兼具的才子和情种，作者以宝玉为"多情""悟情"之人，并不符合"才、情、愁"的标准。《红楼梦》最具"才、情、愁"的当属黛玉，作者本人显然也意识到了这一点，所以干脆将"黛玉葬花"搬到《玉梨魂》的第一章，让何梦霞刻意效仿黛玉，上演了一出"梦霞葬花"的好戏。

何梦霞的恋人白梨影也以黛玉自居。在读过何梦霞的《红楼梦影事诗》后，她将何梦霞称为"怡红后身"，又自称："梨影何人，敢嗟薄命？使梨影而不抱达观，亦效颦卿之怨苦自戕？"这个情节并非完完全全出于虚构，陈佩芬在信件里曾说："自从看《梦余词》之后，但觉我心牵牵君矣。"但她并未将徐枕亚和她比作宝黛。在两人的长期通信中，他们自比的是司马相如和卓文君。陈佩芬喜爱诗词，而族人"尽是木偶，愚极顽徒"，她倾慕于徐枕亚是因为他的文才，而且二人也并非只是精神恋爱，在信件中陈佩芬经常和徐枕亚商量如何避人耳目地欢会。以二人的当时情形来看，以司马相如和卓文君来形容他们显然更为贴切。小说中白梨影以林黛玉自居，其实是作者有意将她比作黛玉。白梨影虽是个寡妇，和林黛玉闺中少女的身份上大不相同，但二人都是"才、情、愁"兼具的薄命女子，这也正是小说着力描写之处。

何白二人既以宝黛自居，这就决定了他们的恋爱方式上也是以宝黛之爱为典范。《红楼梦》中宝黛之相互倾心是因为二人在精神上的知己，而且二人在爱情中没有丝毫逾越礼法的行为。何白二人也是如此。他们之相慕不仅是因为"才"，更重要的是在"情"和"愁"上

① 见《雪鸿泪史》第一章作者自评。

相互理解。两人平常依靠书信传情，只见面交谈过两次，在精神恋爱方面似较宝黛更为纯粹。

其次，在具体的情节上，这两部小说也刻意模仿了《红楼梦》中经典情节，在模仿中还有深层的借鉴和巧妙的翻新，最明显的例子是“梦霞葬花”和“筠倩弹琴”。

《红楼梦》中黛玉共有两次葬花。第一次葬花在第二十三回，是宝黛二人在共读西厢、两心相印后共同葬花。第二次葬花在第二十七至二十八回，黛玉歪派了宝玉之后，独自悲吟《葬花词》，唯独宝玉听见，并且痛哭。两次葬花都有宝玉参与，也都加深了宝黛的知己之感，而《葬花词》的出现，则预示着黛玉终有一天“花落人亡两不知”。对于“黛玉葬花”的丰富内涵，写过《黛玉葬花》的徐枕亚无疑心领而神会。“梦霞葬花”也不仅是何梦霞的一次抒情独白，葬花之后，他还听见了白梨影的对花夜哭。白梨影看到了何梦霞刻下的“梨花香冢”之碑，愁肠深为所触。白梨影的幽艳和痴情让他大有同病相怜之感，从此埋下情根。何梦霞并未写下《葬花词》，《葬花词》预示人物命运的功能则由“梨花香冢”承担。“梨花香冢”不仅是葬花之所在，也预示了白梨影的香消玉殒。另一方面，花冢还是爱情的见证，《红楼梦》中黛玉听说宝玉的婚讯正是在“沁芳桥那边山石背后当日同宝玉葬花之处”。在《玉梨魂》结尾处，“作者”和石痴来到门庭破败、久已尘封的崔家凭吊旧迹，不仅象征着白梨影和崔筠倩的梨花、木笔都已不在，花冢也荡然无存。这一点颇令人费解，在古代文学中，生死之恋总要留一些痕迹供人怀念，如《韩凭夫妇》中的相思树和鸳鸯鸟，如果考虑到这部小说的自叙传性质，我们似乎更能体会到作者细致的文心：花冢的消失正象征着爱情的终结，这既是指小说中的何白之恋，也是指现实中的徐陈之恋。

“筠倩弹琴”模仿的是《红楼梦》中的“黛玉弹琴”。“黛玉弹琴”见《红楼梦》第八十七回，宝钗寄书与黛玉，书中有四章歌辞叹二人身世之悲。黛玉不胜凄楚，也和了四章歌辞，谱成琴曲。恰宝玉、妙玉二人经过潇湘馆，听到叮咚之声。宝玉听得音调甚悲，妙玉便与他讲解。听到后面，琴弦崩断，妙玉疾忙走了，弄得宝玉满腹狐疑。这一情节在《红楼梦》中既不有名也不重要，但这一情节凸显了黛玉的文人气质和内心深处的孤独感，又以弦断预示其爱情的悲剧。在《玉梨魂》中，白梨影设计了"李代桃僵"之计，筠倩、梦霞二人迫于压力勉强应允，但各怀抑郁的心事。一日，梦霞偶然听见哀怨的琴歌之声。梦霞听出乃是筠倩自叹身世，怨恨不自由的婚姻。梦霞心中大愧，想还筠倩自由之身，又听见梨影与筠倩对话声，梦霞乃离开。筠倩虽是主人公，但出场甚晚，读者仅知道她是个新式女学生，热衷婚姻自由之说，"妩媚中含有一种英爽气"，对她的内心却一无所知。熟读《红楼梦》的作者便模仿了"黛玉弹琴"，在简短的篇幅内，丰富地表现了筠倩孤独悲凉的内心世界。不同于《红楼梦》中林黛玉四叠乐句的文雅、含蓄，崔筠倩所唱的乐句十分浅露白，哀叹了她父老母死、兄长早夭，寡嫂孤苦，自己婚姻又不自由的困境。这个情节还彻底地改变了故事的结局。何梦霞原本准备不得已地接受无爱的婚姻，小说将以三人"各得其所"为结局。但听了筠倩的琴歌之后，他才意识到这一婚姻伤害的是他个人，而且还有另一个女子的自由和幸福。于是梦霞作书指责梨影，白梨影在悔恨哀怨中抑郁而死。梨影之死又促使了筠倩和梦霞的死亡，《玉梨魂》《雪鸿泪史》之"哀情"就更加深了一个层次。

三

写完《雪鸿泪史》后，徐枕亚的长篇小说水准急剧下降，再也没有一部作品引起当时社会的广泛关注，也很少进入文学研究者的视野。夏志清先生曾对此作出解释，他认为："徐枕亚主要是一位诗人，以及擅长取材于亲身经验的作家。他一旦脱离自传范畴而编造故事，笔下人物就写得不成功。他愈是努力想维持'悲剧小说家'的令誉，故事就愈不可信。"[1]笔者基本赞成夏先生的观点。《玉梨魂》《雪鸿泪史》的成功并不能说明徐枕亚是一个优秀的小说家，事实上，他在这两部小说之后才开始了小说家的"学徒期"。他在创作第三部长篇小说《双鬟记》[2](1915)时，完全不会编造故事，几乎是在亦步亦趋地模仿《红楼梦》。但是在《双鬟记》之后，他就走出了"学徒期"，《余之妻》(1916)《燕雁离魂记》(1922)的故事都颇为可观，这两部作品在人物和情节模式上对《红楼梦》也有巧妙的模仿和借鉴。

《双鬟记》的故事并不复杂，乡绅王樵舲之子二云和表妹蕙姑相恋，二云母亲王夫人的侄女琪仙深爱二云，琪仙的丫鬟秋鸿明白主子的心事，想方设法拆散蕙姑和二云的恋情。蕙姑的丫鬟棠儿为了蕙姑和秋鸿暗暗展开了较量。在秋鸿的怂恿下，二云之兄大云将蕙姑和二云私恋的证据，交到了父亲樵舲手上，樵舲痛打二云，遣走了蕙姑。二云病危，樵舲只得请回蕙姑，并默许他们相恋。临死前，樵舲留下遗嘱，希望二云和蕙姑成婚。秋鸿并未因此罢休，她又怂恿大云去赢得了蕙姑父亲的信任，蕙姑成了大云之妻，二云则娶了琪仙。秋鸿为让二云断了对蕙姑的爱恋，便下毒欲毒死蕙姑，不料反害死了大云。秋鸿服毒而死，死前交代了罪状。琪仙生一子后昏晕而死，王夫人、二云不久病亡，蕙姑亦自缢而死。

很显然，《双鬟记》的故事改编自《红楼梦》的宝黛钗三人的情感纠葛，其中的大多数人物也能在《红楼梦》中找到原型。二云、蕙姑、琪仙的原型是贾宝玉、林黛玉、薛宝钗，王樵舲、王夫人、大云的原型是贾政、王夫人、贾环。秋鸿、棠儿二人的身份很像《红楼梦》中的莺

① [美]夏志清撰，欧阳子译《〈玉梨魂〉新论》(上)，《明报月刊》1985年第9期，第62页。

② 此书本以《棒打鸳鸯录》为题发表于《小说丛报》13—22期。次年9月由上海小说丛报社出版单行本，改名《双鬟记》。

儿和紫鹃，她们一邪一忠的性格也符合徐枕亚对莺儿和紫鹃的认识[①]。在具体情节上，《红楼梦》中大量情节都被《双鬟记》所挪用。如“共读《西厢》”“宝黛心生嫌隙”“宝玉挨打”“钗黛探病”等情节在《双鬟记》中就成了“共读《红楼》”“二云、蕙姑心生嫌隙”“二云挨打”“蕙姑、琪仙探二云”等情节与之对应。不仅如此，为了模仿《红楼梦》中的大观园，《双鬟记》中还有个小有园。大观园里有怡红院、潇湘馆、蘅芜苑、芦雪广等，小有园里也有活碧池、天香阁、梨笑轩、盥薇院、冷红亭等。在中国古代小说里，对经典小说的模仿乃是常事，评价一部小说的优劣并不看重故事是否原创，但《双鬟记》对《红楼梦》的模仿可谓是颇为拙劣。

首先是人物性格单薄，面目模糊，甚至不伦不类。二云和蕙姑被称为“怡红后身，潇湘影子”，但二云不过是“平日羞涩类新妇，与人应答，呐呐不能出口”，而蕙姑只是一味的娇小姐脾气，只是姿容秀丽，性喜寂寞而已。这两人连一般的才子佳人小说中的主人公尚且不如，更见不出有什么宝黛的神采。至于琪仙，作者则将他对薛宝钗的所有偏见都汇集到她身上，把她写成了一个彻底的反面人物。小说中不仅借二云之口称其为“持重寡言，满脸道学，落寞不近人情”，又称“天下惟大度之人其心深险不可测，如琪仙者，亦王莽学周公之偏”。尤其是二云被打后，琪仙前来看视，本是模仿《红楼梦》中宝钗看望宝玉的一段情节，作者特意把探望的时间选在深夜，又大加评论：“又念琪仙平日落落大方，亦出此暧昧之行径，平日间高视阔步，自命清流，背地里送暖偷寒，若蕙姑与二云虽难两意缠绵，多情难制，而体防所在，彼此皆严，斤斤未敢或越，似此深夜无人，悄地作临邛之叩。如蕙姑必不肯贬其金玉之躯，轻易出此，以彼较此，则所谓清者不清，浊者不浊。”

---

① 徐枕亚认为紫鹃是黛玉的忠诚侍婢，在《雪鸿泪史》中曾将白梨影的侍婢秋儿和紫鹃进行了比较，见《雪鸿泪史》第十二章作者自评。

更糟糕的是大云这个人物，作者本打算把他写贾环的翻版，实际上却将他写成了一个顽童、傻瓜、无赖的合体。在小说的前半部，他似乎是一个低能儿，十六岁的少年却像是七八岁的恶劣顽童，举止和年龄毫不相称。到了小说后半部，他与陆芷梅聚饮村肆时，又能嘘寒问暖，敬礼长辈，表面大方客气，内心狡诈奸猾。《红楼梦》里贾环也是从一个顽童逐渐长成为一个恶徒，作者对此虽模仿得很忠实，但他忽视了《红楼梦》里贾环的个性是渐变的，跨越了童年、少年两个阶段，而大云出场时已十六岁，在小说中的篇幅又不多，他的性格骤变根本不能令人信服。

其次是未能充分利用小说中的环境因素。《红楼梦》中环境因素与人物、情节密不可分。如潇湘馆之于林黛玉，蘅芜苑之于薛宝钗，都起到了衬托人物性格的作用。而“芦雪厂联诗”更是塑造了一个白雪红梅的琉璃世界。作者对此也有领会，他让蕙姑选择居住在罗浮馆，琪仙居住在天香阁，乃是分别以梅花和牡丹来比喻二人。这一点上，罗浮馆、天香阁起到了和潇湘馆、蘅芜苑相同的作用。可惜、作者不免虎头蛇尾，他在开篇详加描写的活碧池、梨笑轩、盥薇院等地，则在后文中或偶然一见，或再未露面，根本没有给读者留下什么印象。

再次，作者并不甘心完全模仿《红楼梦》，在具体情节上略有改动，但凡改动处都俗恶不堪，如二云、蕙姑共读《红楼梦》一段：

> 既二云忽检出《西厢记艳词通戏语》一回，示蕙姑曰：“妹试阅此如何？”蕙姑阅毕，不解二云之意。二云笑曰：“妹试思之，此事颇类今日情形否？吾便是多愁多病身，你便是倾国倾城貌。”蕙姑闻言，柳眉翠耸，杏脸霞飞，羞态杂呈，怒容莫遏。二云不待其发言即起立长揖曰：“吾固知妹不耐，将效黛玉之薄言往愬。吾今先学宝玉之负荆请罪矣。”蕙姑斜其凤目，怒视二云，一半含笑，一半含嗔，戟指詈之曰：“汝……”二云笑应曰：“……汝是潇湘影子，吾即怡红后身耳。”蕙姑窘极蹶起言曰：“汝真无赖，欺人

至此,吾必诉诸舅氏。”言已欲行,二云追谢之,呼“好妹妹”者无算。蕙姑乃止。

《红楼梦》里宝玉用《西厢记》里词句表达自己的感情,是真情的自然流露,黛玉生气也是出于她的敏感和自尊。而这段“共读《红楼》”中,二云很像是有所预谋,故意对蕙姑进行挑逗,简直是个流氓无赖。而蕙姑居然“一半含笑,一半含嗔”,毫无闺秀的风范,如同是和二云在调情。这段情节没有“共读《西厢》”真情实意的神韵,仿佛是《金瓶梅》中西门庆和潘金莲的相互挑逗。把少男少女的真情表达写成了无耻油滑的挑逗,大约也不是作者所预想的,但可以看出作者对情节的描摹缺乏把握和分寸。其他模仿《红楼梦》的情节也大抵如此。

四

《余之妻》写的也是青年男女的婚恋悲剧,但故事情节非常复杂:史秋星和秦玉织自幼订下婚约,情感甚笃。玉织父亲秦翁老来贪财,又受小人怂恿。毁掉婚约,将玉织嫁给了富翁金长源。玉织嫁后不肯屈从,保住了清白之身。秋星来到悲愤之下来到了上海。哈尔滨富商宋玉卿、宋心史兄妹的父亲曾受秋星之父史公的大恩,父亲临终遗命史公如有儿子,则将心史嫁给他。玉卿几度南下寻找史公后人,终于在上海找到了秋星,于是带着秋星回到了哈尔滨。秋星在玉卿的帮助下年余即成为富商,而心史在和秋星的接触中,对他也产生了爱意。秋星在长春得到了玉织的消息,回到了故乡。此时金长源已死,玉织守寡。秦翁临终忏悔,希望秋星娶他次女明霞为妻。秋星心念玉织,一口拒绝,秦翁含恨而死。玉织为成全秋星和明霞的婚事,自杀身亡。此时又传来心史病亡的噩耗,秋星悲痛中勉强和明霞成婚,三年生下二子,后离家出走,不知所终。

《余之妻》在人物塑造上还是借鉴了《红楼梦》。作者借男主人公史秋星之口说“余尝戏呼妹为颦儿后身，余亦以痴宝玉自况”，无疑是将史秋星、秦玉织这对青梅竹马的恋人比作宝玉和黛玉。但作者的高明之处在于遗貌取神。史秋星和宝玉相似之处只在于痴情不改，在玉织出嫁后，他又从杭州到哈尔滨，相隔万里，面对宋心史的好意依然毫不动摇，最终也和宝玉一样抛妻弃子，离家出走。秦玉织和黛玉一样坚守爱情，鄙夷铜臭恶俗，在嫁给金长源后，一袭白衣，以刀自卫。虽不像黛玉般多愁善感，但具有同样的痴情和傲骨。另一女主人公宋心史则是模仿了宝钗。和宝钗一样是富商家的女儿，心史不但能料理家政，而且知书达理、温柔大方。她对史秋星怀有深情，平日对他无微不至地照顾，在他生重病时，又不避嫌疑地悉心呵护。她既坦白她的爱情，又对史、秦之爱表示理解和尊重。在塑造这个人物时，徐枕亚抛弃了以往对宝钗的偏见，宋心史身上集中了宝钗的诸多优点。她和玉织一柔一刚，一妩媚一清高，超越了以往徐氏小说中女主人公的善恶之分，而深得《红楼梦》中钗黛二人“两峰对峙、双水分流”之致。

《红楼梦》中，贾宝玉和林黛玉有天上的“木石前盟”，和薛宝钗有人间的“金玉良缘”。“木石前盟”的基础是两心相许，忠贞不渝；“金玉良缘”的基础是现实的家族利益方面。《余之妻》中史、秦二人的爱情仿佛“木石前盟”，史、宋二人的遗命婚约则像“金玉良缘”。对史秋星而言，无望地等待玉织是对爱情的坚守，而心史以及能带来的温柔富贵则是现实的召唤。在小说结尾处，史秋星抛妻弃子，离家出走，这很像《红楼梦》中的“宝玉逃禅”。但史秋星娶的是秦明霞，他们之间毫无感情可言，在婚恋的悲剧程度上，《余之妻》较《红楼梦》更甚。此书以《余之妻》命名，史秋星心中的“余之妻”正是秦玉织。虽然秦玉织白璧无瑕地回来了，但除了史秋星外所有人都未去想她和史秋星破镜重圆，包括她自己，因为她已经背上了“寡妇”的身份，她只能选择让妹妹去“李代桃僵”。作者当年和陈佩芬的一段情缘也正是如此，结尾处的这一改动，并非作者要刻意以悲情动人，而是寄托了他的一段心曲。

《燕雁离魂记》是徐枕亚的最后一部长篇小说，这部小说体现了作者对《红楼梦》更深入的理解和更富有新意的借鉴。“燕雁离魂”取“燕去雁来，一般离魂”之意，此书仍是写陆戛夫与范潄卿、蔡蕙馨一男二女的爱情故事，除了表现爱情悲剧外还有对潄卿、蕙馨二人的赞美和哀悼——即是《红楼梦》“作者自云”之“使闺阁昭传”。

此书结构巧妙，故事也颇为新奇，前七章写童稚时期二女因情而相妒，后七章写成人后二女因家变而想让。如许廑父所评：“此书先以两方情妒并列，中间为之绾合，作一大段落；书末复借二人之境况而互为情让以终，与前此情妒遥遥相对，布局极工，盖惟妒之甚者，为能让之甚。妒与让皆情之至也，寻常言情常以妒招祸，而此则转以让结其□，是文情场之异闻，小说之极例也。”①

此书自然还是以宝、黛、钗三人为人物模仿对象，但却有两大新的借鉴《红楼梦》之处，一是前七章专写小儿女间“一日好了，两日恼了”的微妙故事，二是写两个小女孩之间的相妒故事。一般小说中作为宝玉等人化身的人物都是青年男女，少有人注意到宝玉等人产生感情时尚属少年儿童时期。《红楼梦》中黛玉对宝钗本有微妙的妒意，但这种妒意非常纯真，不能完全视为情场对手之间的敌对意识，还包含了儿童心理中被他人吸引了玩伴后而产生的失落的情绪。

这两点一向为历来仿写《红楼梦》的小说所忽视，徐枕亚却别具慧眼地发现了并加以扩张，形成了《燕雁离魂记》一半的篇幅。在小说的前半部大抵都是小儿女喁喁私语的故事，他们谈论养猫、放风筝等小孩之间的乐事，也有赌气、吵闹的小波澜。由于这样的故事内容，使得小说的情节基本都是琐碎小事。作者在这些小事中把握人

---

① 见《燕雁离魂记》第十四章回末评，徐枕亚《燕雁离魂记》，世界书局1924年版。

物性格、环境氛围上极有分寸。如第三章结尾处：

> 蕙馨乃向舅母及母一一致辞，后及余。余颇怏怏，又坚订明日再来。蕙馨笑曰："彼此甚近，每日可以往来，何亟亟也。"乃复与漱卿告辞。漱卿但微点其首，不留亦不言。蕙馨弗及理会，匆匆去。余急追送，才及门外，闻漱卿厉呼："戛哥哥！"蕙馨急止余弗送，且笑曰："漱妹妹唤汝，宜速去。"余经漱卿唤，亦意不自持，遂弗送也。返身入就床头问："漱妹何言？"漱卿弗答，但作色向余冷笑。余大惑，以为我弗留蕙馨，故遭其怒也，则低声曰："惠姊姊言明日再来也。"语未竟，漱卿呼曰："彼来否与我何干？且我今亦欲返耳，久居汝家胡为者。"余骇惑俱集，诚弗知何由逢怒于彼。而漱卿已侧身向内沉沉睡去矣。

这一段巧妙地写出了三个小孩的不同个性，戛夫是一个爱博而心劳，陷于情网纠葛中而懵懂的孩童，蕙馨知礼、聪明、大度，漱卿则任性、气量狭小而略显刻薄。这一段要和前文对照着看，前文中漱卿生病卧床，蕙馨前来看视，两个女孩子一见如故，唧唧咕咕地闲话家常。戛夫也很喜欢蕙馨，在漱卿睡后，他同蕙馨至花园游玩。漱卿对蕙馨态度的陡然变化，正由于"情妒"；而蕙馨迅速地就理解了漱卿的心思，竭力避免冲突。短短一刻，"情场"上已有了一段"交锋"。作者的分寸在于点到即止，以戛夫的视角来写这段"交锋"，看似琐碎，却有无限波澜，深得《红楼梦》的叙事精髓。

此书的后半部，故事节奏加快，叙事重心更趋向于漱卿、蕙馨二人的奇特遭遇。漱卿之父死后，漱卿的兄长头脑糊涂，视戛夫为仇雠，漱卿深感爱情无望，故情愿让出。而蕙馨遭逢家变，为报兄仇，她也退出情场，自卖为娼，寻找机会刺杀了仇人。在小说的结尾，作者借蕙馨和漱卿的日记交代了结局：蕙馨下了死牢，漱卿病死异乡。这不仅是爱情的悲剧，也是命运无常的悲剧。值得注意的是，此书以陆戛夫的视角写成，却脱去了以往徐氏小说中男主人公那种沾沾自得的“自怜”，他和《红楼梦》中的叙述者一样，带着无限的追忆和哀伤。小儿女时的“情场”故事，仿佛大观园极盛之时，而成人之后二女之悲辛遭遇，则如宁荣二府家败人亡之后。在人生的乐与悲之间，抒发了沉重的感慨。徐氏小说自《玉梨魂》以来，虽然对女子颇多赞美和哀悼，但往往被男主人公压抑不住的自怜自赞所冲淡。《燕雁离魂记》中男主人公形象彻底淡化，两个女主角的故事成了绝对的叙述中心，彻底凸显了“使闺阁昭传”的主题。

综观徐枕亚的长篇小说，我们可以看出他一直以《红楼梦》为长篇小说的典范而加以学习。虽然他对《红楼梦》的认识较为浮浅，也有偏颇，但除了《双鬟记》外，其他长篇小说对《红楼梦》的模仿和借鉴都较为成功。虽然鲁迅说“自有《红楼梦》出来以后，传统的思想和写法都打破了”，但事实上在《红楼梦》之后“才子佳人”的势力不退反进，《后红楼梦》《续红楼梦》《红楼复梦》《红楼补梦》等《红楼梦》续书大抵补百廿回本的“缺陷”，让宝黛钗等人得到皆大欢喜的“大团圆”。道光以后狭邪小说盛行，开始用《红楼梦》的笔调去写优伶和妓女之事，除了《花月痕》等少数作品，其他小说的格调都不算高，害得《红楼梦》都遭到了“诲淫”之讥[①]，徐枕亚的小说虽然通俗，但并不媚俗，他以真诚的态度直写人生经历，既写出了高尚纯洁的儿女真情，又揭露了礼教压迫下的婚恋悲剧，可以说深得《红楼梦》“谈情”之“大旨”。“五四”作家丁玲、庐隐少年时都喜欢《玉梨魂》[②]，而新文学中“自叙传”小说、“家庭小说”在主题思想、叙事视角、抒情氛围上和《玉梨魂》《雪鸿泪史》颇多相似，可以说，徐枕亚既是《红楼梦》的忠实继承者，

---

① 梁启超《译印政治小说序》，阿英编《晚清文学丛钞·小说戏曲研究卷》，中华书局1960年版，第13页。

② 见丁玲《鲁迅先生于我》，《鲁迅研究年刊·1981》，第11页；庐隐《中学时代》，《庐隐散文》，上海科学技术文献出版社2013年版，第208页。

又是《红楼梦》与“五四”新文学之间一个独特的联接。据此而言，徐枕亚及其小说创作当在中国近现代小说史上，留下它应有的痕迹。近代以来，小说的创作主要受西方文学思潮和作品的影响，但古代小说经典仍为小说家们广泛推崇。古代小说经典对于近现代小说创作的意义，是一个值得关注和深入研究的课题，本文虽然考察的是《红楼梦》对徐枕亚长篇小说之影响这一具体问题，但亦可为古今小说的演变研究，提供一个可资参考的个案。

（作者单位：扬州大学文学院）

E 考据与现代文学研究

金传胜

虽然相比于古代文学而言，现代文学的历史仅有百余年，但现代文学史料的发掘与研究仍然值得重视。史料的舛误或者阙失，直接会影响对于作家与文学史的描述、理解与考察是否准确、全面。没有可靠的史料作为基础，很难做出可靠的研究。现代文学史料的阙失与散佚存在许多原因。有客观的缘故，如纸质文稿、报刊等的老化等；也有属于“人祸”的根由，如人为方面对文献的独占、损毁、破坏、篡改、伪造等。如据周作人自述，1923 年 7 月的日记中原记有与鲁迅与周作人失和有关的内容，但被他“用剪刀剪去了”，导致第一手文献的阙失。抗战、“文革”便是史料遭受人为破坏最为严重的两个时期。

在具体的作家研究中，目前大多数现代文学史上占据重要地位的文人都出版了著作全集，但若干比较重要的作品依然可能被遗漏，不利于对于作家的全面认知。一些未出全集的现代作家，他们作品与相关史料的整理工作就更不乐观。如女作家苏青在新时期后得到较多关注，经常与张爱玲并称，相关文集也大量再版。但是目前学界对于苏青史料的挖掘非常滞后，尚有许多课题值得深入探讨，如苏青与小报的关系。一方面是因为苏青在小报上发表了大量作品，而这些作品尚未引起研究者的重视。目前已知苏青最早见诸小报的作品是 1944 年发表于《东方日报》的影评《观天外笙歌》，此后一直到

1949年，她都与小报联系紧密。如《续结婚十年》连载于《沪报》，《朦胧月》连载于《诚报》，《鸳鸯湖》连载于《小日报》，《鱼水欢》连载于《力报》，甚至还在《光化日报》上主持《读者信箱》栏目，专门回复读者来信。另一方面由于苏青曾直接进入小报界，主编过《今报·女人圈》，张爱玲化名"世民"的散文随之出现于此，显然是苏青的约稿。

一　何为史料？

史料按照属性大致可以分为文献史料、实物史料和口述史料三类。文献史料以文字形态存在，主要包括报刊、书籍、文学档案和作家手稿、书信、日记等；实物史料指的是不以文字形态存在的音像制品、作家遗物等。口述史料是记录历史事件当事人或目击者等的回忆而保存的口头凭证。文献史料具有数量庞大、样态丰富、保存形态好、可信度高等特征，因而构成了史料研究的主体。

如谢泳所言，"中国现代文学是以现代印刷为基本特征的"。现代报刊与书籍作为主要文本载体和传播方式，见证了中国现代文学的发生发展，对于中国现代文学研究而言，具有重要的文献史料价值，故长期以来得到了研究界的关注。尤其是报刊类出版物，是现代文学史料研究的重要资料来源。本雅明认为现代文明中"日常的文学生活是以期刊为中心展开的"，梁启超曰"自报章兴，吾国之文体，为之一变"，均是强调现代报刊之于文学的深刻影响。围绕期刊史料出现的相关问题，也是与古典文献学最大的不同之处。

一般而言，史料分为直接史料与间接史料。理论上说，对于现代文学而言，作家手稿、日记、书信，文学社团的章程、名录等原始文本是直接史料，作家的事后回忆、后人的记录等是间接史料。但实际研究中，两者并无明晰、固定的界限。我们一般将作品的初版本、报刊的原刊本等，也纳入直接史料的范畴。纸质文献经过扫描、影印等数字化处理而形成的电子文本大体也可被视为直接史料，但是它们在数字化处理的过程中可能会出现增删、变形等问题，不可不察。一些经过扫描的文本会有发生错排、遗漏等意外情况，造成电子文本的错版现象。因而如有条件，最好将电子资源与纸质文献或缩微胶卷进行对照。

二　如何找史料?

纸质出版物是现代文学史料研究的基本类型。因此可以说，哪里有书刊，哪里就有现代文学史料。对于现代文学史料研究而言，首先关注的应是现代报纸、刊物与图书。图书馆、实体旧书店乃至网上旧书店等，都是可以发现与搜集史料的所在。老一辈的研究者们都是奔波于各大图书馆和旧书肆之中，进行"文物考古"般的发掘工作。而随着现代图书馆技术的发展，纸质文献的数据化已经成为一大趋势，这也为史料研究带来了新的机遇与挑战。

目前已有多种报刊类电子数据库投入使用，以下分别介绍：

1. 晚清民国期刊全文数据库(全国报刊索引)

本数据库由上海图书馆开发，主要收录晚晴民国时期的期刊全文，另有《新闻报》数据库、字林洋行英文报纸数据库、《时报》数据库、小报数据库，但暂未购买。

2. 爱如生系列数据库

主要包括中国基本古籍库、申报数据库、中国近代报刊库。

3. CADAL 数字图书馆

全称 China Academic Digital Associative Library(大学数字图书馆国际合作计划)，可查阅图书、期刊、学位论文等。

另外还有大成老旧刊全文数据库、中国国家图书馆民国报纸期刊资源、香港文学资料库等数据库可供检索与使用。诸多的数据库资源有所重合，但可以相互补充。

以下介绍一下晚清民国期刊全文数据库(全国报刊索引)的使用

方法与注意事项：

1. 目前主要有简单搜索、高级搜索两种，支持简体和繁体，可获得全文的是近代期刊，即晚清民国期刊。期刊可以整本浏览、预览和下载，也可以查询刊物的相关信息。

2. 一般搜索关键词为作者、篇名、刊物，支持多个关键词检索，但灵敏度不高。此外，由于原刊信息的错误，录入者的疏忽等原因，数据库存在一些错误。

三　史料研究的种类

（一）目录学

文献学的入门是目录学，现代文学史料研究的门径也应是目录学，主要包括图书、报刊、影像目录等。全面收录中国现代文学创作与期刊目录史料著作的，是阿英 1930 年代编的《中国新文学大系·史料索引》。新中国成立后，相继出版了一系列大型的文学书目与期刊目录，比较重要的有：《中国现代文学总书目》，分为"散文卷""小说卷""戏剧卷""诗歌卷""翻译文学卷"；吴俊、李今、刘晓丽等编的《中国现代文学期刊目录新编》，详细列出了每种期刊的具体篇目；董健编《中国现代戏剧总目提要》等。对于具体的作家而言，则有作家的著作目录和研究资料目录可以参考。合格的目录应该具备两个条件：一是齐全，二是准确。齐全就要尽可能多地掌握文献，对于一些已经佚失或知道出处、尚待发现的作品，最好能以存目处理，以备后人查考、钩稽。这一方面有些学者与编者就做得很好，如《徐玉诺诗文辑存》中便附有《徐玉诺佚文存目》，《赵树理全集》附录有《尚未找到的作品目录》和《拟写作品目录》。准确就是要如实地记录图书、期刊、作品的信息，看似简单，但有时也会存在"陷阱"。如由于手民之误或其他原因，期刊文章的题目、署名在目录与正文中可能有所不同，将作者姓名排错的情况极为常见，甚至还会出现"张冠李戴"的错误。如《万象》1944 年新年号(第 3 年第 7 期)发表了芦焚的几篇作品,目录中显示署名芦焚的是《妇人》,但内文中该小说作者却是高岑。实际上是目录中误将两人名字颠倒,真正属于芦焚的应是散文《邮差先生》。查阅有关书目、期刊目录,还只是史料研究的起步。对于查阅到的史料,若要进步研究,则涉及版本的选择等问题。

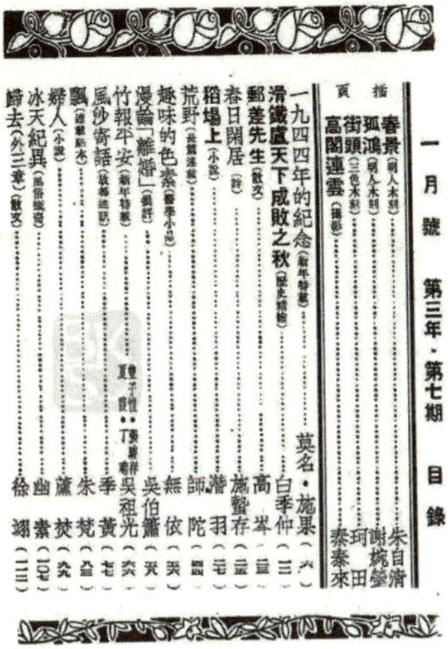

一月號 第三年·第七期 目錄

插頁

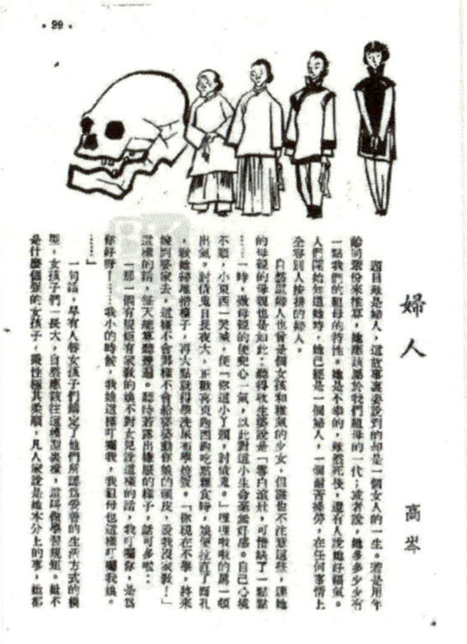

·99·

婦人

高岑

(二) 版本学

研究现代文学作家作品,应当具有版本意识。现代文学的版本有初刊本、初版本、修订本、定本等类型,修订本又可能包括数个版本。注意与辨析文学作品版本的变迁,不仅有助于理解作家的创作过程,考察作家思想情感、创作规范和审美原则的历史演变,而且可以深入地理解作家的创作心理以及时代规范对于文学的规约。作家对作品的修改,存在多种情况。一种是出于提高艺术质量的考虑,对作品进行了完善与修改。一种是出于意识形态方面的顾忌,对旧作进行了改写,特别是 1949 年后,许多作家对民国时期的作品进行了大量的删修,形成了复杂的版本系统。作家师陀的作品版本变动就皆有以上两个方面的情况。民国时期,他的许多文章先发表各大报刊，之后作了一定的改动结集出版单行本。1949 年后，他的小说付诸再版时，曾做过不同程度的修改。如其代表作《无望村的馆主》最初连载于《正言报》，是为初刊本，后经修订由开明书店 1941 年初版。1983 年，福建人民出版社再版时经过“伤筋动骨的修改”，从而形成了“开明本”和“福建本”两个主要的版本。如果以 1983 年的版本去讨论 1940 年代的叙事艺术，显然结论是不靠谱甚至可能是荒谬的。

（三）辑佚学

如虽然目前已经出版大量文化名人的全集，但集外之作不可避免。出现这种情况的原因很多，试举两个主要原因。

一是现代报纸期刊数量庞大，一些边缘刊物比较稀少，容易被忽视。二是现代作家使用笔名的情况极为常见，一些笔名尚不为人所知，或尚未找到其归属权，如“江兼霞”这一笔名。一些使用不常见的笔名的名家作品，容易成为“漏网之鱼”，沉睡于历史的尘埃中。因此，在搜集作家集外文的时候，可以从期刊和笔名入手，根据作家已出的文集、全集和年谱以及前人的研究资料，确定其是否为散佚之作。具体研究中，又需注意以下几点：

1. 同文异题要小心！一些文章会改头换面，重新发表或被转载，因此不仅需要查核篇名，还需核对文章内容。尤其是一些他人记录的讲演记录，因未经演讲者的审阅，题目时常由记录者拟定，再交付发表，因此造成看似不同文章，实际只是同次讲演的不同版本而已。

2. 共用署名需谨慎！长期以来，载入史册的都是一些知名人士。报刊上也留下了一些名不见经传人物的作品，可能在署名上与名家“撞名”。比如舒舍予，除老舍外，还有一位活跃于通俗文学界。“达夫”可能是郁达夫，也可能是王达夫。再如“冰心”这一署名，除了谢冰心，至少还有魏冰心等使用。一般认为黑婴、穆时英都有“伐扬”这一笔名。再如近年来有学者以笔名“柳青”为线索，查阅了《中央日报 · 平明副刊》上的署名作品，认为是作家柳青的早期佚作，虽做了一番考证,但却难以令人信服。因此在根据笔名搜检史料时,应该要慎之又慎,可结合刊物特征、作品风格等信息加以整体辨析。

如上海《中央日报》1928 年 8 月 31 日《红与黑》副刊第 18 号刊载了一篇署名"评梅"的《清华归来》,经考证系石评梅的集外文。一则"评梅"是石评梅常用之署名。二因石评梅曾在此刊发表过《林楠的日记》,已收入《石评梅全集》。三是文章叙述北师大附中学生赴清华大学参加华北球类运动会的经过,且末注写作地点"白屋",与石评梅生平相符。再如 1942 年 7 月 20 日桂林《大公报·文艺》副刊刊载了一篇署名"叔文"的散文《思想·信仰·工作(赠育侨随军同学)》,不得不引人注意,因为"叔文"是张兆和的笔名。由标题可知,此文是作者为即将离开学校随军参战的同学而作。末尾标明"四月,昆明",即写于 1942 年 4 月的昆明,而彼时的张兆和正在育侨中学兼课。此外,作为中国公学英文系的毕业生,张兆和具有良好的英文修养,熟悉西方文化,并曾有多篇译作发表。上文中提到的巴斯卡尔(现译"帕斯卡尔")、托尔斯泰、服尔泰(现译"伏尔泰")等经典名家无疑都是张兆和所熟读的对象。因此,综合笔名、生平行迹和作品内容来分析,我们认为此文作者就是张兆和。

另外既有的一些作家辞典等工具书也可能有误。如彭芳草、彭家煌并非一人,但一些资料视为同一人。一些作家事后追认的笔名,也可能"张冠李戴"。如 1921 年出版的《小说月报》曾发表慕之的小说《不幸的人》,后有刊载落华生(许地山)所著小说《换巢鸾凤》,篇后有一段署名"慕之"的附注。由于当时是茅盾主编,于是人们(包括茅盾自己)都认为"慕之"乃茅盾。陈福康先生发现郑振铎 1920 年代曾在母校的刊物上发表过一篇小说《一个不幸的车夫》,与《不幸的人》的内容一样,由此说明慕之并非茅盾,而是郑振铎。

另外,还有抄袭、托名作伪等情况,也是需要明辨的。如《上海周报》1933 年第 2 卷第 15 期发表了一篇署名郁达夫的《陈启修的党生活》,对陈大肆嘲讽,很可能是一篇伪作。

（四）其他研究

（1）辨伪

《北方学者对于大众语各问题的意见》一直被视为20世纪30年代大众语运动重要文献史料，但近来有学者对之进行了考察，考证出它其实是一篇通过剪辑拼接而成的伪作。首先刘半农、刘梦苇已经去世，不可能参会。其次，赵元任、林语堂等不在北京。再次，据《胡适日记》《顾颉刚日记》《周作人日记》等，都无他们参会的记录。研究者通过进一步梳理，考出所谓的谈话记录只是对于各人已经发表文章的摘录与拼接。由此证明所谓的关于大众语的座谈会纯属子虚乌有。

（2）考证

现代举凡重要的作家，都已出版了相关传记，一些还留下了自传或回忆录，但是他们的生平行藏依然在某些阶段模糊不清，不乏失载与不明之处；至于作家本人的自传或回忆录，则多多少少存在一些美化或遮蔽现象，不可尽信。

如茅盾回忆录《我走过的道路》，且不论后半部是由亲属续写的，即使前半部分，也由于一些主观和客观的原因，有许多错误，据沈卫威先生考证，多达百余处。最为典型的是，茅盾刻意"清空"了自己与秦德君女士的交往与恋情，以及秦女士对其创作的帮助与影响。对于作家生平的研究，档案、书信、日记、传记、年谱、他人的相关回忆等史料都是重要的参考。大体来说，档案、书信的真实性最高，日记次之，传记等资料再次之。离历史现场时间越近的文献史料，其可信度越高。但是对于公开发表的书信、日记等，也要保持一定的警惕。因为当事人或其后人、编者等可能对某些内容进行删改，甚至可能篡写。

如诗人朱湘在给友人的信中对当世文化名流多有指摘与批评，因此赵景深在整理出版诗人朱湘的书信时，为了避免不必要的纠纷，将一些文字略去。如诗人致罗暟岚的一封信："暟岚：信收到了。《催租》知道已经刊载××。”一是已知罗的作品并无《催租》，只有一篇小说《租差》，故《催租》当指《租差》。二是《租差》1927 年 6 月刊于《国闻周报》第 4 卷第 23 期，因此阙文“××”疑为“《国闻》”或“《国闻周报》”。进而可见此信系年亦值得推敲。此函最初仅署“十月九日”，时隔多年后，收信人罗暟岚断为“十七年”，即 1928 年，似属误判。既然《租差》1927 年 6 月便已发表，揆诸朱湘与国内亲友通信之频繁，他知道此事不可能迟至一年后。朱湘信中还向罗催稿：“你的《东镇》短篇小说集望快些由家中拿出，自己整理一下，寄给我替你校对一遍，付印。”并表明不想抛弃“新文”一名，希望继续出版“新文丛书”。关于《东镇》，朱湘与罗暟岚、罗念生 1927 至 1928 年间的通信多有涉及。如 1927 年 5 月 16 日诗人致罗的信中嘱咐：“你的《东镇》望快些编好，寄来给我，好编作丛书第二种（我的《新诗选》七月半印成后就印《东镇》）。”到了 1928 年 5 月 19 日，前文已录的信中言明“《东镇》不收的理由是‘书稿太多’”，即此时《东镇》当已编迄，但开明书店决定不收。合而观之，“十月九日”的此通书信当作于 1927 年，而非 1928 年。

与朱湘的遗简一样，现代作家的书信有时落款仅署月日，甚至年月皆无只见日期，这就需要研究者对它们的写作时间加以考订。如 1949 年平襟亚编的《作家书简》中有一封赵清阁致陆丹林的书信手迹：

丹林先生：

拙作第二幕缮就奉上，请查收赐覆！本幕共两万字，前函误算为一万七千字。乃是时尚未抄完也。稿费请即赐下为荷！

下期《人之初》何日出版？念念！

大作《有用每□》今日已刊出，希源源惠稿。

祝

□安

赵清阁　廿日

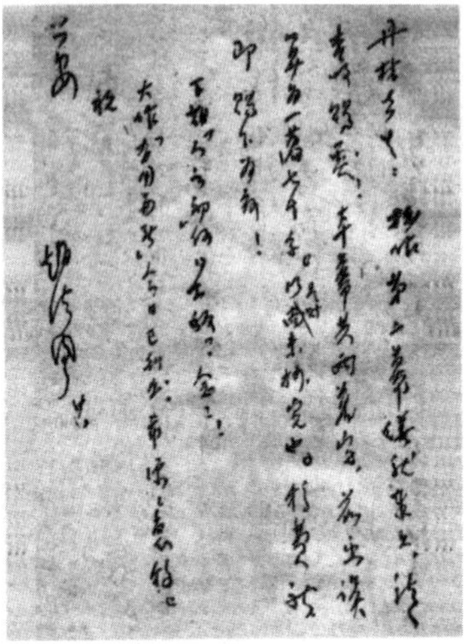

信中所说的《人之初》是一份文艺刊物，月刊，1945 年 12 月 15 日创办，编辑刘思训，主任陆丹林，今见 2 期。其中创刊号刊有赵清阁的《禅林归鸟》（四幕悲剧）第 1 幕，第 2 期出版于 1946 年 1 月 15 日，登有该剧的第 2 幕。据此可知，赵清阁致陆的书信应作于第 1 期与第 2 期之间，即 1945 年 12 月 20 日。

史料是文史研究的基础。韦勒克、沃伦指出搜集研究材料是学术研究的初步性工作，但也对某些文献工作者提出善意的批评："但他们往往过分集中于材料的搜集和梳理，而忽略从材料中可能获得的最终含义。"史料研究应该从考订与编排出发，深入发掘史料的意义，生发出其别具一格的学术价值，带给人新的思考与启发，推进相关研究课题。当然，即使不从事史料学研究，也应具有一定的史料意识。"多求原本，勤考史源。"这不仅是现代文学史料研究的重要原则，也应是人文学科研究的基本要求。

（作者单位：扬州大学文学院）

非物质文化遗产保护中的文化权利维度辨析

——以发展中国家保护本国民俗的诉求为例*

马千里

20 世纪 90 年代，国际社会对于非物质文化遗产（以下简称“非遗”）的保护逐渐形成共识。1997—1998 年，联合国教科文组织（以下简称“教科文组织”）启动了“宣布人类口头和非物质遗产代表作”(Proclamation of Masterpieces of the Oral and Intangible Heritage of Humanity)计划。与之相关的申报活动随即在世界范围内广泛展开。2001 年 5 月，第一批 19 项代表作得到通过。2003 年 12 月，《保护非物质文化遗产公约》（以下简称“《公约》”）在教科文组织第 32 届全体大会上获得通过，进一步提高了世界范围内非遗保护活动的机制化和法制化水平①。当然，国际层面非遗保护理念与实践的形成并非一日之功，而是有着认识论、目的论和价值论等多方面的源头。全面认识这些源头，有利于非遗保护的实践者们更加深入地理解《公约》的宗旨和精神，从而在保护工作中避免或减少损害社区、群体或个人的情况发生。近几十年来，除了作为认识论基础的学界对口头

---

* 本文原载于《文博学刊》2019 年第 1 期。

① 关于《保护非物质文化遗产公约》的形成历程可参考巴莫曲布嫫《非物质文化遗产：从概念到实践》，《民族艺术》2008 年第 1 期。

传统在人类文明进程中的重要地位和价值的发现①,以及作为价值论基础的二战后联合国和教科文组织推动实现人类普遍文化权利和文化多样性的理念外②,发展中国家对本国民俗进行保护的诉求也是直接促成国际层面非遗保护理念和实践的重要因素之一。本文主要通过梳理各国,特别是二战后由发展中国家发起并在国际层面形成影响的保护民俗的大讨论的历史过程,以阐明持有非遗的社区参与保护这些非遗的活动的重要性,以及在这一过程中维护社区权益的必要性。

一 国际层面民俗保护诉求的由来

早在18、19世纪之交,保护民俗的呼声就已在欧洲出现。德国浪漫主义的代表赫德尔就呼吁发掘、重建和"拯救"德国的民族民间文化,重振德意志民族精神,以抵御法语和法国文化的同化作用。法国早期的民俗研究团体凯尔特学会(Académie celtique,1804—1813)也曾提出:"所有法兰西帝国范围内的民间方言、土语和隐语,以及从上述语言衍生出来的言语、神名、记忆和习俗的初始形式都需

① 关于国际学界对口头传统在人类知识传承乃至文明进程中的重要地位和作用的发现以及这一发现对非遗保护理念与实践形成发展的影响,可参考朝戈金《非物质文化遗产保护的人文学术维度》,《东吴学术》2013年第2期;朝戈金《非物质文化遗产:从学理到实践》,《西北民族大学学报》(哲学社会科学版)2015年第2期;巴莫曲布嫫《口头传统·书写文化·电子传媒——兼谈文化多样性讨论中的民俗学视界》,《广西民族研究》2004年第2期。

② 关于二战后联合国和教科文组织推动实现人类普遍文化权利和文化多样性的理念对非遗保护理念与实践产生与发展的影响,可参考刘永明《权利与发展:非物质文化遗产保护原则(上)》,《西南民族大学学报》(人文社科版)2006年第1期;刘永明《权利与发展:非物质文化遗产保护原则(下)》,《西南民族大学学报》(人文社科版)2006年第2期。

要得到恢复……需要对所有的古物、记忆、习俗和传统进行采录、比较和解释。”[①]这一时期保护民俗的理念和实践带有鲜明的浪漫主义和民族主义色彩，从“民俗退化论”出发，将当时存在的民俗事象与本国境内在历史上存在过的文化传统相对比，以期重构一种理想的、完整的本民族古代文明，从而服务于建构民族国家认同的需要。该阶段民俗研究者的理念和行为被视为“民俗保护”的第一波浪潮[②]。

二战后，随着世界范围内非殖民化运动的深入发展，在获得独立的民族国家中普遍产生了建构自身民族传统和民族国家认同的思潮与实践。这也是解决殖民主义引发的民族认同危机的必然举措。一方面，为了与殖民主义思想相抗衡，对本国民族民间文化进行有选择的保护在发展中国家成为文化政策的重点。另一方面，在二战后的跨文化交流中，西方发达国家单方面输入发展中国家的民间文化资源用于商业开发依然是主流。全球文化权力格局中由来已久的“中心—边缘”结构并未得到根本上的改变。在这一过程中，发展中国家没有从中收获任何益处，而发达国家的组织或个人却从中获取了大量商业利益。对于这一情况，在当时的国际版权法中并不存在相应的条款。在此背景下，从 60 年代开始，一些发展中国家如突尼斯(1967)、智利(1970)、摩洛哥(1970)和阿尔及利亚(1973)等国开始将民间文学艺术纳入国内版权法保护的范畴[③]。

---

① Eloi Johanneau, “Discours d'ouverture. Sur l'établissement de l'Académie Celtique, les objets de ses recherches et le plan de ses travaux”, lu *à* la première assemblée générale de cette Académie ; le 9 germinal an XIII, par le Secrétaire perpétuel”, *Mémoires de l'Académie celtique*, tome I, 1807, pp. 63-64. 另见马千里《法国民俗学的史前史——凯尔特学会钩沉(1804—1813)》,《民间文化论坛》2017 年第 2 期，第 73 页。

② 王杰文编著《北欧民间文化研究》，学苑出版社 2012 年版，第 138 页。

③ 巴莫曲布嫫《非物质文化遗产：从概念到实践》,《民族艺术》2008 年第 1 期，第 11 页。

1973 年,玻利维亚政府就民俗保护问题向教科文组织总干事递交了一份提案,希望教科文组织关注民俗,并在国际版权公约中添加条款,以保护民俗形式在保持、宣传和传播等过程中的版权。该提案提出后,教科文组织和世界知识产权组织(WIPO)开始重视这一问题,并在后来的诸多国际会议中讨论了扩大版权法或保护民俗方面的专门立法等问题[①],由此揭开了民俗保护的第二波浪潮[②]。

1982 年 2 月,教科文组织在巴黎召开主题为"保护民间传统或民俗"的会议。会议试图通过分析民俗的不同层面,制定相关措施来保护民俗的延续与发展,使其免遭歪曲使用。事实上,民俗保护不仅涉及保障传统社区对于民间传统的经济利益,避免民间传统遭到社区外的组织或个人出于商业目的的滥用,同时也特别涉及保护民间传统不受"去语境化"的歪曲使用。民间传统往往被电子的或其他现代化的手段转移到原先持有这些传统的社区之外,并赋予某种新的意义。这种意义与其被转移前所含有的意义不同,而这种由现代媒介生产出的新的意义有时会破坏传统原生社区的文化和社会认同,损害社区成员之间的关系,伤害他们的自尊与文化象征[③]。

1982 年 6 月至 7 月,世界知识产权组织在瑞士日内瓦召开政府间专家会议,通过了一项版权法草案,即《关于保护民俗不受非法利用与其他偏见行为的国际法条文模式》(*Model Provision for National Laws on the Protection of Expressions of Folklore against Illicit Exploitation and Other Prejudicial Actions*),以保护民俗不受歪曲、滥用和经济剥削[④]。这部草案的理论基础包括两个方面。

① 安德明《非物质文化遗产保护:民俗学的两难选择》,《河南社会科学》2008 年第 1 期,第 15 页。

② 《北欧民间文化研究》,第 138 页。

③ 《北欧民间文化研究》,第 96 页。

④ 《北欧民间文化研究》,第 106 页。

第一是对民俗的使用，不论是演述还是发表，都必须得到授权，并且如果其使用带来经济收益，该收益的一部分应当回馈民俗的持有者。第二，如果对民俗的使用未经授权或在伦理上损害了民俗持有者的利益，该使用行为就是非法的，必须受到惩罚。然而按照劳里·航柯(Lauri Honko)的话来说，这部法律草案只是一只没有牙齿的老虎，因为它从未被任何国家签署过，其理念对于其他领域的著作权和民俗有关的讨论也没有产生影响①。

二　发展中国家与发达国家对于民俗保护认识上的差异

事实上，由于活态民俗处于不断的发展和变化过程中，不像书面的文学作品一样有着易于保护的固定形式，这就使得版权法对民俗的保护难以实施。在 1984 年 12 月于巴黎召开的同样主题的国际会议上，发展中国家依然倾向于制定严厉的国际层面的版权法以保护本国的民俗文化免遭侵害，同时希望在发展中国家之间保持密切合作和资源共享。发达国家的代表则从各国发展情况和各自民俗文化的界定、搜集、研究和保存状况的多样性出发，主张制定适用于各国和各地区的文化保护法案②。从两类国家在这一点上的分歧可以看出，虽然都是保护民俗，但在现代化程度不同的国家其任务也有区别。二战后，由于现代化和生活方式的突变以及物质主义的泛滥，发达国家的民众更多经历了精神空虚和价值观方面的危机。与发展中国家强调民俗保护的政治维度和维护经济权益的功用相比，西方国

---

① Lauri Honko, "Copyright and Folklore", Paper read at the National Seminar on Copyright Law and Matters, Mangalore University, Mangalore, Karnataka, India, on February 9, 2001, http://www.folklorefellows.fi/copyright-and-folklore/.

② 《北欧民间文化研究》，第 129 页。

家对上述问题的回应侧重于文化和精神方面，通过强调地方主义，挖掘传统的民歌和故事以复兴被遗忘已久的知识，并在此基础上创造新的知识①。

1985 年 1 月，教科文组织就民俗保护问题在巴黎再次召开会议。会议针对劳里·航柯提供的草案对“民俗保护的范围和形式”进行了讨论，并且涉及了具体操作层面的议题，比如全球化的民俗分类标准，编制收藏民俗材料的机构的目录，以及如何为保护民俗提供知识和技术援助等②。1989 年 4 月，教科文组织成员国代表对《“保护民俗”意见草案》(*Draft Recommendation on the Safeguarding of Folklore*)进行了最后一轮的讨论，期间再次体现出发展中国家和发达国家对于民俗保护在观念上的差异。发展中国家侧重于借助本国的民俗文化来建构未来，而发达国家往往将民俗视为过去的文化事象。民俗在发达国家的地位明显低于发展中国家。

发展中国家的民俗保护问题除了涉及政治维度和保护传统文化社区经济权益的因素外，这些国家对长期以来国际社会仅仅注重有形遗产保护的批判同样值得关注。教科文组织大会于 1972 年通过了《保护世界文化和自然遗产公约》(以下简称“1972 年《公约》”)，而当时就有人提出要重视人类无形遗产的价值。众所周知，1972 年《公约》主要涉及的是建筑类遗产。欧洲国家的传统建筑多采用砖石结构，抗损毁力强，建筑遗产保存相对完整。而发展中国家如中国和东南亚国家多采用竹木结构，传统建筑的抗损毁力弱，地上建筑遗产保存情况相对较差。此外，法国大革命期间对古建筑和文物的破坏引发了遗产保护的理念，而这一源自西方的理念又不可避免地深刻影响着 1972 年《公约》在世界范围内的实施。这种西方中心主义的遗产保护理念，特别是对古建筑“真实性”的强调在指导实践上往往

---

① 《北欧民间文化研究》，第 96 页。

② 《北欧民间文化研究》，第 136 页。

排斥着非西方国家的遗产。以上因素使得1972年《公约》的保护对象集中体现为西方发达国家的历史建筑，因而很快遭到许多第三世界国家的批评。深受法国遗产语境影响的世界遗产名录还被视为“建筑物的泛滥”(abus monumental)[①]。从这个意义上说，发展中国家对于民俗保护的诉求也体现着在国际遗产保护体系中传统意义上的“边缘”对于“中心”的冲击，映射出发展中国家对于国际层面遗产话语权的争夺。

三 民俗学家在国际层面民俗保护讨论中的作用

公允地说，北欧民俗学界，特别是作为其代表的劳里·航柯在20世纪80年代(1982—1989)讨论民俗保护的会议中发挥了重要作用。由于大部分北欧国家都经历过后来发展中国家所遭遇的问题，因而对这些国家的诉求有过一定的体会。与德国和美国这一类发达国家相比，北欧国家的民俗学在国内的地位更高，其学科机构已经相当健全与成熟，拥有研究机构、教学机构、档案馆、博物馆乃至民俗旅游机构等一整套教学、研究和推广机构，以及在人文与社会科学学科规律指导下的对民间传统进行搜集、整理、档案化、研究、出版和应用等一整套保护民俗的实践经验。反之在发展中国家，尽管政府和各种社会力量对于保护民俗有着强烈的诉求，但却缺乏学术理论基础和实际操作经验。教科文组织自身也缺少民俗学领域的专家[②]。在此背景下，教科文组织于1982年组建了保护民俗专家委员会[③]。同

① Régis Debray. *L'Abus Monumental*, Actes des Entretiens du patrimoine, Palais de Chaillot, novembre 1998, Paris: Fayard, 1999.

② 《北欧民间文化研究》，第105—106页。

③ 巴莫曲布嫫《非物质文化遗产：从概念到实践》，《民族艺术》2008年第1期，第6页。

年，芬兰、挪威和瑞典的民俗学家开始参加上文所述的一系列国际会议。劳里·航柯还为1989年11月通过的《保护民间创作建议案》的起草工作撰写了两份工作文件①。

值得一提的是，20世纪60年代以来，北欧民俗学者逐渐意识到一切学术活动只有与社会发展相关才具有意义，对诸如"伪民俗"(fakelore)这样在别国普遍遭到批判的现象给予了相当理性的对待。在此基础上，劳里·航柯于20世纪80年代提出"民俗过程"(folklore process)理论②，将民俗过程视为"任何文化中的民俗的一种定型的生命史"，并将其细分为22个阶段(前12个阶段属于民俗的"第一次生命"，后10个阶段属于民俗的"第二次生命")③，从而从本质上拓展了民俗的外延。与之前的民俗研究范式相比，该理论的精髓在于提倡了一种全新的伦理情境，将原先田野调查中的信息提供者变成了直接的共同研究者，认为传统社区对学者的认可比学者学术上的成就更为重要，使得"学术帝国主义"逐渐转变为学者与群体或

---

① 这两份工作文件分别为《"民俗保护"意见草案》(Draft Recommendation on the Safeguarding of Folklore)和《关于"民俗保护"致成员国草案》(Draft Recommendation to Member States on the Safeguarding of Folklore)，见 Lauri Honko, "Copyright and Folklore", Paper read at the National Seminar on Copyright Law and Matters, Mangalore University, Mangalore, Karnataka, India, on February 9, 2001, http://www.folklorefellows.fi/copyright-and-folklore/.

② 关于"民俗过程"理论，可参考劳里·航柯撰，户晓辉译《民俗过程中的文化身份和研究伦理》，《民间文化论坛》2005年第4期；王杰文《走向"文化研究"的芬兰民俗学》，《广西民族大学学报》(哲学社会科学版)2015年第5期，以及王杰文编著的《北欧民间文化研究》，第138—140页。

③ 《民俗过程中的文化身份和研究伦理》，《民间文化论坛》2005年第4期，第102页。

个人之间更有意义、更加持久的关系①。这一理论还关注世界范围内绝大多数文化社区(不论有无直接的政治权力)对于保存、研究和传承自身传统文化和精神遗产的诉求,在政治层面呼应了发展中国家保护本国民俗的要求。根据“民俗过程”理论研究的思想成果,民俗学家需要积极参与建构现代社会的日常生活,民俗学研究需要纳入伦理的维度,或者说充分考虑社区的诉求②。

该理论强调了社区在民俗保护中的重要地位。这一理念无疑为1989年通过的《保护民间创作建议案》奠定了理论基础,成为全球层面非遗保护理念和实践形成与发展的助推器,同时也构成了非遗清单编制中社区参与原则的理论渊源。在1989年4月在巴黎举行的教科文组织“民俗保护”政府专家特别委员会会议期间,劳里·航柯提交了《“民俗保护”意见草案》供成员国代表讨论。这份文件就集中关注了民俗资料基础设施的创建,以便为民俗在其初始情境内外的再利用提供机会,从而使民俗文化能够得到更广泛的传播并促进国际性的文化交流③。

四 《保护民间创作建议案》的内容、意义和不足

1989年11月15日,联合国教科文组织大会第25届会议通过了《保护民间创作建议案》(*Recommendation on the Safeguarding of Traditional Culture and Folklore*,以下简称“《建议案》”)。在国际层面对保护民俗问题的讨论终于形成了阶段性的以教科文组织法

---

① 《民俗过程中的文化身份和研究伦理》,《民间文化论坛》2005年第4期,第101页。

② 《北欧民间文化研究》,第152页。

③ 《民俗过程中的文化身份和研究伦理》,《民间文化论坛》2005年第4期,第102页。

律文书为形式的成果。然而,该文书名称的英文和法文版(教科文组织最主要的两种工作语言)有着明显的区别。英文版的名称一般直译为《保护传统文化和民俗建议案》,法文版的名称《*Recommandation sur la sauvegarde de la culture traditionnelle et populaire*》则直译为《保护传统和民间文化建议案》。西班牙文版名称《*Recomendación sobre la salvaguardia de la cultura tradicional y popular*》的字面意义则与法文版完全对应。在国际法律文书英法文版本中出现此类明显的差异实际体现的正是民俗(folklore)和民俗学(英文 folkloristics,法文 folklore)在一些国家学界和民众中相当负面的形象,以及各国之间学科理念的不同。在《建议案》草案的讨论过程中,法国代表就曾激烈反对使用"民俗"(folklore)一词①。

尽管如此,《建议案》的出台依然堪称是民俗或者说民间创作保护知识体系构建中的重要进展。《建议案》首先从社区主体的角度出发对民间创作进行了定义,强调了民间创作(或传统的民间文化)是"来自某一文化社区的全部创作",这些创作"由某一群体或一些个体所表达并被认为是符合社区期望的作为其文化和社会特性的表达形式……"其次,《建议案》对民间创作的鉴别(identification)也进行了一定阐释,即"编制国家从事民间创作之机构目录","建立鉴别和登记体系","鼓励建立民间创作标准化分类法"等。这些内容与后来的2003年《公约》中有关非遗清单编制的部分相对应,并且更为详细,

① 二战期间,由于一些法国民俗学者与纳粹德国及其傀儡法国维希政权进行合作,法国民俗学的声誉在战后受到很大影响。同时由于该学科依然用已经过时的"遗留物"的观点看待民间传统,没有在研究中引入动态的和语境分析的视角,因而很快失去了学术可信度,并最终从法国的学科体系中消失。如今,作为学科的民俗学(folklore)和作为研究对象名称的民俗(folklore)在法国都包含相当负面的含义。取代法国民俗学的法国本土民族学(ethnologie de la France)则成为在该国保护民间传统,以及后来保护非物质文化遗产的主要学科基础。

体现出《建议案》侧重于以有形的形式记录和保存民间传统①。对于民间创作的“保存”，《建议案》采用的是带有明显博物馆学和物质文化遗产保护色彩的“conservation”，突出的是类似《公约》中建档(documentation)的保护内容，即对有关民俗的有形的资料文件进行保存与管理。对于民间创作的“保护”(preservation)方面，《建议案》侧重的是对民间创作传统及其传播者的维护，强调以各种方式保障民间创作传统的地位，并对其从经济上给予支持。在“民间创作的传播(dissemination)”部分，《建议案》体现出“民俗过程”理论中“民俗的第二次生命”，即通过广泛的研讨、培训、出版、广播电视传播和国内外交流合作等方式将作为“生命体”的民俗与社会发展紧密联系起来。从某种意义上看，“民间创作的维护(protection)”是20世纪70年代以来争论民俗的知识产权保护的一个基本结论。《建议案》一方面认为对民间创作进行“知识产权”保护是远远不够的，需要采取多种措施，另一方面则体现出“民俗过程”理论中的伦理维度和大量发展中国家多年来保护遗产持有社区权益的诉求，包括对信息提供者和信息收集者各种利益的维护。此外，《建议案》还对有关的国际合作(international co-operation)形式从机构建设和信息传播等方面进行了细化②。

从通过《建议案》的教科文组织大会第25届会议所达成的共识来看，国际社会一方面认识到需要采取措施对民俗进行保护，以避免

---

① 联合国教科文组织编，关世杰等译《2000年世界文化报告：文化的多样性、冲突与多元共存》，北京大学出版社2002年版，第163—164页。

② 《保护民间创作建议案》中文版可参见联合国教科文组织《大会第二十五届会议记录》，巴黎，1989年，第126—128页，http://unesdoc.unesco.org/images/0008/000846/084696cb.pdf#page=1；英文版可参见UNESCO, “Records of the General Conference, wenty-fifth Session”, Paris, 1989, pp. 237-244, http://unesdoc.unesco.org/images/0008/000846/084696e.pdf#page=242.

对民俗的产业化和商业利用损害民俗所表达的文化认同，另一方面也提醒民俗学界需要对民俗的政治应用功能进行客观分析，避免二十世纪上半叶欧洲一些国家的极端民族主义利用民俗所造成的灾难性后果①。在理念推广的层面，这些共识都可被视为《建议案》所取得的成果。

摩洛哥遗产专家艾哈迈德·斯昆惕（Ahmed Skounti）曾经指出，《建议案》使用的“传统与民间文化”（法文 culture traditionnelle et populaire）这一概念反映了当时人文和社会科学界的认识水平②。由于 1972 年《保护世界自然和文化遗产公约》已形成深远影响，教科文组织文书在需要扩大遗产概念以涵盖文化的非物质方面时受到了限制，“非物质文化遗产”的概念未能在《建议案》中得到体现。值得一提的是，尽管《建议案》为保护民间创作或传统与民间文化构建了总体框架，但由于这一类规范性文书不像公约那样具有约束力，《建议案》在非遗保护方面未能产生实质性的效果③。

余 论

综上所述，尽管早在 18、19 世纪之交欧洲就出现了保护民俗的第一波浪潮，但直到 20 世纪 70 年代，发展中国家才开始集中要求通过国际知识产权立法来保护本国传统社区的权益。到了 20 世纪 80 年代，教科文组织和国际知识产权组织发起了关于民俗保护的讨论。通过这些诉求和讨论，持有传统的社区为自身争取在遗产保护中的

① 《北欧民间文化研究》，第 157 页。

② 艾哈迈德·斯昆惕（Ahamed Skounti）撰，马千里译，巴莫曲布嫫校《非物质文化遗产及其遗产化反思》，《民族文学研究》2017 年第 4 期，第 59 页。

③ 《非物质文化遗产及其遗产化反思》，《民族文学研究》2017 年第 4 期，第 60 页。

主体地位和经济权益，而独立后的发展中国家则通过对本国民俗进行有选择的保护以构建民族和国家认同。与此同时，在民俗保护的学理基础方面，以劳里·航柯为代表的北欧民俗学界在这一理念机制化和法制化的初步尝试中发挥了不可忽略的引领作用。劳里·航柯的“民俗过程”不仅成为《建议案》的理论基础，也在目的论的层面拓展了民俗学研究的伦理维度，呼应了发展中国家保护本国民俗及相应社区权益的要求。此外，尽管 1972 年《公约》在遗产定义上的局限性一直受到大量发展中国家的批评，但却依然没有被 1989 年的《建议案》从根本上突破。得到关注和保护的遗产依然主要集中于发达国家，且基本限于物质形态的文化遗产。直到 2002 至 2003 年间起草《保护非物质文化遗产公约》时，发展中国家对国际层面遗产话语权的诉求仍未得到满足。作为起草《公约》的摩洛哥代表，斯昆惕就时常听到其他发展中国家专家的意见。他们认为起草《公约》正是为了抵偿“发达国家垄断 1972 年公约”①。目前，尽管 2003 年《公约》已经生效实施达十多年之久，广大发展中国家依然是教科文组织推广非遗保护理念、培养非遗保护能力的主要对象。

总之，提高社区参与非遗保护的程度，在参与过程中保障相关社区、群体和个人的权利符合改善社会治理和文化行政的现实需要，回应了 20 世纪 70 年代以来发展中国家保护本国民俗，维护传统持有社区权利的诉求。从这个角度看，教科文组织所主张的在非遗的确认和申报中要确保社区或群体的知情同意，确保只有被社区认可的社区外人员才能参与清单编制，以及尊重享用非物质文化遗产的习俗做法等基本准则也就具有了历史和现实的合理性。

（作者单位：扬州大学外国语学院）

---

① 《非物质文化遗产及其遗产化反思》，《民族文学研究》2017 年第 4 期，第 59 页。